普通高等教育人工智能系列教材

人工智能基础

杨 杰　黄晓霖　高 岳　乔 宇　屠恩美　编著

机 械 工 业 出 版 社

本书内容主要涉及人工智能经典及实用的关键技术，以及人工智能近年来最新发展的技术，具体包括人脑认知、经典人工智能、经典人工神经网络、优化与智能计算、统计学习方法、深度学习、强化学习、自然语言处理、智能机器人。为了便于读者理解，在介绍关键技术的同时，列举了一些应用实例；主要章后均附有习题。

本书结合了编者多年来从事人工智能科研和教学的经验，注重内容的实用性和先进性。本书可作为普通高等院校理工科专业的“人工智能”通识课程的教材。

本书配有教学课件和习题答案，选用本书作教材的教师可登录 www. cmpedu. com 注册后下载，或联系微信号 13910750469 索取。

图书在版编目（CIP）数据

人工智能基础/杨杰等编著. —北京：机械工业出版社，2020.4（2024.6 重印）
普通高等教育人工智能系列教材
ISBN 978-7-111-64900-7

Ⅰ.①人… Ⅱ.①杨… Ⅲ.①人工智能－高等学校－教材 Ⅳ.①TP18

中国版本图书馆 CIP 数据核字（2020）第 035951 号

机械工业出版社（北京市百万庄大街 22 号　邮政编码 100037）
策划编辑：吉　玲　责任编辑：吉　玲　王小东
责任校对：张　薇　封面设计：张　静
责任印制：部　敏
北京富资园科技发展有限公司印刷
2024 年 6 月第 1 版第 6 次印刷
184mm×260mm · 13 印张 · 321 千字
标准书号：ISBN 978-7-111-64900-7
定价：35.00 元

电话服务	网络服务
客服电话：010-88361066	机　工　官　网：www. cmpbook. com
010-88379833	机　工　官　博：weibo. com/cmp1952
010-68326294	金　　书　　网：www. golden-book. com
封底无防伪标均为盗版	机工教育服务网：www. cmpedu. com

前　言

人工智能学科的诞生经历了漫长的历史过程，也经历了多次兴衰，拥有不同的学派。近年来，随着以深度学习为代表的机器学习技术在计算机视觉、自然语言处理、大数据分析等领域得到成功应用，同时大数据时代可获取的海量数据以及以 GPU 为代表的高性能计算技术的发展，为以深度学习为代表的机器学习技术创造了很好的条件，再加上 AlphaGo 打败了人类围棋棋手，人工智能技术迎来了春天。美国和欧洲相继启动了人工智能研究计划，我国也启动了新一代人工智能重大研究计划，并且将发展人工智能技术列入政府工作报告。人工智能将引领新一轮工业革命，将大大改善和影响人类的未来生活。因此，人工智能课程将作为大学本科生的通识课程，大专、中专和高中生也有必要开设人工智能导论的科普课程。

本书结合了编者多年来从事人工智能领域科研和教学的经验，选择了人工智能的经典及实用的关键技术，以及人工智能近年来最新发展的技术作为主要内容，让读者很好地理解人工智能的发展历史，在了解和掌握经典人工智能技术的基础上更好地理解和掌握最新的人工智能技术。本书在介绍关键技术和最新发展的技术的同时，简要介绍重要的应用实例，如计算机视觉、医学辅助诊断、图像语义分割、自然语言处理、智能机器人，有利于学生学会如何将课本知识应用于实际。本书附有习题，让读者通过习题来更好地掌握所学知识，提高理论联系实际的能力。本书在使用过程中跳过部分对于数学基础和编程实现要求高的内容，适合作为大学本科生的“人工智能”通识课程的教材。

本书作为人工智能专业的基础启蒙教材，如果读者对于其中某些内容的技术细节和最新发展动态感兴趣，可以进一步参考人工智能领域的专业期刊和专业会议的学术论文。当前人工智能技术处于高速发展阶段，最新技术不断涌现，本书将在修订版进一步及时添加最新技术和最新应用。由于编者水平有限，书中错误或不当之处在所难免，恳请读者和专家指正，这也将在后续修订版中加以改进完善。

作　者

目 录

第1章

绪　论

导　读

基本内容：人工智能是进入新世纪以后计算机科学中最活跃的一个分支，是一门综合性的交叉和边缘学科，并且和互联网技术相结合，渗透到人类生活的方方面面。学习人工智能需要了解人工智能的基本概念和发展历史。本章首先介绍人工智能的基本概念，并说明从不同角度给出的人工智能的各种定义；其次介绍人工智能的起源和发展历史，使读者了解人工智能的发展过程，历史上科学巨匠为人工智能学科做出的贡献，为之后学习和更好理解人工智能奠定基础；最后介绍人工智能的各个研究方向及应用领域，使读者能够更好地了解人工智能的作用。

学习要点：掌握人工智能的定义及发展历史，人工智能的各种学派及其理论；了解著名科学家在人工智能发展中做出的贡献；熟悉人工智能的研究及应用领域。

1.1　人工智能的定义

人工智能（Artificial Intelligence，AI）是计算机科学的一个分支，是研究智能的实质并且使计算机表现出类似人类智能的学科。它涉及逻辑学、计算机科学、脑科学、神经生理学、心理学、哲学、语言学、信息论、控制论等多个学科，是一门综合性的交叉和边缘学科。

在2016年的围棋人机世纪大战中，人工智能围棋程序“阿尔法围棋”（AlphaGo）和人类顶级围棋选手之一韩国李世石展开五局围棋对决。“阿尔法围棋”依靠最新的人工智能技术——深度学习，以4:1战胜李世石。它的胜利被列为《科学》（*Science*）公布的2016年度十大重大科技突破中的第二位。“阿尔法围棋”不仅在比分上打败了李世石，更重要的是在下棋功力上显示出远远超过人类棋手的棋力。“阿尔法围棋”下棋的风格不像人类棋手，可以说是超越了人类的风格。它不仅具有强大计算能力的优势，甚至在一定程度上似乎拥有了与人类非常相似的直觉能力和独特的智能。所以，“阿尔法围棋”的胜利是人工智能领域的一个重要里程碑，而且引发了人工智能在整个人类社会的研究热潮。

AlphaGo 的应用：哈萨比斯在建造 AlphaGo 的时候，是计划它能够应用于解决现实世界的问题，比如气候模型或者疾病分析。癌症、气候变迁、能源、基因组学、宏观经济学、金融系统、物理学等，太多人们想掌握的系统知识正变得极其复杂。如此巨大的信息量让最聪明的人穷其一生也无法完全掌握。那么，如何才能从如此庞大的数据量中筛选出正确的见解呢？而一种通用人工智能思维的方式则是自动将非结构化信息转换为可使用知识的过程。我们所研究的东西可能是针对任何问题的元解决方法（Meta-solution）。

AlphaGo 的核心技术：AlphaGo 的核心是两种不同的深度神经网络，即值网络（Value Network）和策略网络（Policy Network）。它们的任务在于合作“挑选”出那些比较有前途的棋步，抛弃明显的差棋，从而将计算量控制在计算机可以完成的范围里——本质上，这和人类棋手所做的一样。值网络负责减少搜索的深度。AI 会一边推算一边判断局面，局面明显劣势的时候，就直接抛弃某些路线，不用一条道算到黑。策略网络负责减少搜索的宽度。面对眼前的一盘棋，有些棋步是明显不该走的，比如不该随便送子给别人吃。

今天的 AlphaGo 与当年的“深蓝”之间最大的区别就在于：“深蓝”是“教”出来的——IBM 的程序员从国际象棋大师那里获得信息，提炼出特定的规则和领悟，再通过预编程灌输给机器，即采用传统的人工智能技术。AlphaGo 是自己“学”出来的——DeepMind 的程序员为它灌输的是如何学习的能力，随后它通过自己不断的训练和研究学会围棋，即采用深度学习技术。某种程度上讲，AlphaGo 的棋艺不是开发者教给它的，而是自学成才的。

在电影《模仿游戏》中，人工智能之父阿兰·图灵以少年时代的同性恋人为原型设计了他的机器。图灵当年的想法是设计一个“像孩子一样思考”的机器。因为他认为人类智能的秘密是学习的能力。

什么是人工智能？目前还没有一个公认的定义，甚至存在完全相悖的观点。总的来说，人工智能有以下几种普遍接受的定义[1-2]。

定义 1.1　人工智能是一种使计算机能够思维，使机器具有智力的激动人心的新尝试[3]。

定义 1.2　人工智能是那些与人的思维、决策、问题求解和学习等有关活动的自动化[4]。

定义 1.3　人工智能是用计算模型研究智力行为[5]。

定义 1.4　人工智能是研究那些使理解、推理和行为成为可能的计算[6]。

定义 1.5　人工智能是一种能够执行需要人的智能的创造性机器的技术[7]。

定义 1.6　人工智能研究如何使计算机做事让人过得更好[8]。

定义 1.7　人工智能是一门通过计算过程力图理解和模仿智能行为的学科[9]。

定义 1.8　人工智能是计算机科学中与智能行为自动化有关的一个分支[10]。

其中，定义 1.1 和定义 1.2 涉及拟人思维，定义 1.3 和定义 1.4 与理性思维有关，定义 1.5 和定义 1.6 涉及拟人行为，定义 1.7 和定义 1.8 与拟人理性行为有关。

1.2 人工智能的诞生

人工智能学科的诞生经历了漫长的过程。历史上一些伟大的科学家和思想家对此做出了巨大的贡献，为今天的人工智能研究做了长足和充分的准备[1-2]。例如：

亚里士多德（Aristotle）（公元前384—322）：古希腊伟大的哲学家、思想家，研究人类思维规律的鼻祖，为形式逻辑奠定了基础，提出了推理方法，给出了形式逻辑的一些基本定律，创造了三段论法。

弗朗西斯·培根（Francis Bacon）（1561—1626）：英国哲学家和自然科学家，系统提出了归纳法，成为和亚里士多德的演绎法相辅相成的思维法则。

莱布尼茨（Leibnitz）（1646—1716）：德国数学家和哲学家，提出了关于数理逻辑的思想，即把形式逻辑符号化，从而对人的思维进行运算和推理的思想。

布尔（Boole）（1815—1864）：英国数学家、逻辑学家，主要贡献是初步实现了莱布尼茨关于思维符号化和数学化的思想，提出了一种崭新的代数系统——布尔代数，凡是传统逻辑能处理的问题，布尔代数都能处理。

歌德尔（Gödel）（1906—1978）：美籍奥地利数理逻辑学家，研究数理逻辑中的一些带根本性的问题，即不完全性定理和连续假设的相对协调性证明，指出了把人的思维形式化和机械化的某些极限，在理论上证明了有些事情是机器做不到的。

图灵（Turing）（1912—1954）：英国数学家，于1936年提出了一种理想计算机的数学模型（图灵机）。现已公认，所有可计算函数都能用图灵机计算，这为电子计算机的构建提供了理论根据。1950年，他还提出了著名的“图灵实验”，给智能的标准提供了明确的定义。

莫克利（J. W. Mauchly）（1907—1980）：美国数学家，和他的学生埃克特（J. P. Eckert）于1946年研制成功了世界上第一台通用电子数字计算机ENIAC。

冯·诺依曼（Von Neumann）（1903—1957）：美籍匈牙利数学家，提出了以二进制和程序存储控制为核心的通用电子数字计算机体系结构原理，奠定了现代电子计算机体系结构的基础。

麦卡锡（John McCarthy）（1927—2011）：美国数学家、计算机科学家与认知科学家，“人工智能之父”。他首次提出了人工智能（AI）概念，发明了Lisp语言和“情景验算”，研究不寻常的常识推理。

中国也有很多科学家对人工智能的发展做出了重要的贡献。吴文俊院士（1919—2017）是其中的杰出代表之一，他在自动推理领域做出了先驱性工作，提出了定理自动证明的吴方法，被公认为机器证明的三大方法之一。为了纪念他在人工智能领域的卓越贡献，以他名字命名的“吴文俊人工智能科学技术奖”被誉为“中国智能科学技术最高奖”，代表中国人工智能领域的最高荣誉。

1956年夏季，以麦卡锡、明斯基、罗切斯特和申农等为首的一批有远见卓识的年轻科学家在一起聚会，共同学习和探讨用机器模拟智能的各种问题。在会上，经麦卡锡提议，决定使用“人工智能”一词来概括这个研究方向。这次具有历史意义的会议标志着人工智能这个学科的正式诞生。1969年召开了第一届国际人工智能联合会议（International Joint Conference on AI，IJCAI），此后每两年召开一次。1970年《人工智能》国际杂志（International Journal of AI）创刊。这些对开展人工智能国际学术活动和交流，促进人工智能的研究和发展起到积极作用。1980年，卡内基梅隆大学为数字设备公司设计了一套名为XCON的“专家系统”。这是一种采用人工智能程序的系统，可以简单地理解为“知识库+推理机”的组合，是一套具有完整专业知识和经验的计算机智能系统。20世纪90年代以来，专家系统、机器翻译、机器视觉和问题求解等方面的研究已有实际应用，同时，机器学习和人工神经网络的研究深入展开形成了高潮。当前比较热门的信息过滤、分类、数据挖掘等都属于机器学习的知识范畴。另外，不同学派间的争论也非常激烈，这些都进一步促进了人工智能的发展。

1.3 人工智能研究的各种学派及其理论

人工智能是一门新兴的学科，对它的研究产生了很多学派。人工智能研究的学派包括逻辑学派、认知学派、知识工程学派、联结学派、分布式学派、进化论学派，不同学派的研究内容与研究途径有所不同。

符号学派（Symbolicism），又称为逻辑学派（Logicism）、心理学派（Psychlogism）或计算机学派（Computerism），是传统人工智能的主流学派。符号主义认为人对客观世界认识的认知基元是符号，而且认知过程即符号操作的过程。该学派的研究内容就是基于逻辑的知识表示和推理机制，例如，如何用谓词逻辑表示知识，如何用归纳推理方法总结知识。

联结学派（Connectionism），又称为仿生学派（Bionicsism）或生理学派（Physiologism），认为人工智能源于仿生学，特别是人脑模型的研究。该学派的原理主要为神经网络及神经网络间的连接机制与学习算法。深度学习技术属于联结主义学派。

行为学派（Actionism），又称为进化论学派（Evolutionism）或控制论学派（Cyberneticsism），其原理为控制论及感知和行动，认为人工智能源于控制论，智能依赖感知和行动，无需基于符号的推理。这一学派的代表作首推布鲁克斯（Brooks）的六足行走机器人，它被看作新一代的“控制论动物”，是一个基于感知-动作模式的模拟昆虫行为的控制系统。

1.4 人工智能的研究及应用领域

人工智能研究及应用领域很多，大多是结合具体领域进行的，主要研究领域包括问题求解、机器学习、专家系统、模式识别、自动定理证明、自然语言理解等。

1. 问题求解

人工智能的第一个大成就是发展了能够求解难题的下棋（如国际象棋）程序，它包含问题的表示、分解、搜索与归约等。经典的问题如八皇后问题、旅行者问题等。

2. 机器学习

学习是人类智能的主要标志和获得知识的基本手段。要使机器像人一样拥有知识和智能，就必须使机器具有获得知识的能力。计算机获得知识有两种途径：直接获得和学习获得（机器学习）。学习是一个有特定目的的知识获取过程，其内部表现为新知识结构的不断建立和修改，而外部表现为性能的改善。

3. 专家系统

一般地说，专家系统是一个智能计算机程序系统，其内部具有大量专家水平的某个领域知识与经验，能够利用人类专家的知识和解决问题的方法来解决该领域的问题。发展专家系统的关键是表达和运用专家知识，即来自人类专家的并已被证明对解决有关领域内的典型问题是有用的事实和过程。

4. 模式识别

模式的本意是指一些供模仿的标准式样或标本。模式识别就是指识别出给定物体所模仿的标本。人工智能所研究的模式识别是指用计算机代替人类或帮助人类感知模式，是对人类感知外界功能的模拟，研究的是计算机模式识别系统，也就是使一个计算机系统具有模拟人类通过感官接受外界信息、识别和理解周围环境的感知能力。例如，识别自己所需要的工具、产品。模式识别主要应用于图像处理。

5. 自动定理证明

自动定理证明的研究在人工智能方法的发展中曾经产生过重要的影响和推动作用，是人工智能中最先进行研究并得到成功应用的一个研究领域。许多非数学领域的任务，如医疗诊断、信息检索、机器人规划和难题求解等，都可以转化成定理证明问题，所以自动定理证明的研究具有普遍意义。

定理证明的实质是关于前提 P 和结论 Q，证明 $P \rightarrow Q$ 的永真性。但是要证明 $P \rightarrow Q$ 的永真性一般来说是很困难的，通常采用的方法是反证法，即先否定逻辑结论 Q，再根据否定后的逻辑结论 $\sim Q$ 和前提条件 P，推出矛盾的结论，即可证明原问题。

6. 自动程序设计

自动程序设计包括程序综合与程序正确性验证。程序综合用于实现自动编程，即用户只需告诉计算机要“做什么”，无须说明“怎样做”，计算机就可以自动实现程序的设计。程序正确性的验证是要研究出一套理论和方法，证明程序的正确性。自动程序设计研究的重大贡献之一是作为问题求解策略的调整概念。现有研究成果发现，对程序设计或机器人控制问题，先产生一个不费事的有错误的解，然后再修改它（使它正确工作），这种做法一般要比坚持要求第一个解就完全没有缺陷的做法有效得多。

7. 自然语言理解

如果能让计算机“听懂”“看懂”人类自身的语言（如汉语、英语、法语等），那将使更多的人可以使用计算机，大大提高计算机的利用率。自然语言理解就是研究如何让计算机理解人类自然语言的一个研究领域，从宏观上看，自然语言理解是指机器能够执行人类所期望的某些语言功能。

8. 机器人学

人工智能研究日益受到重视的另一个分支是机器人学，其中包括对操作机器人装置程序的研究。这个领域所研究的问题，从机器人手臂的最佳移动到实现机器人目标的动作序列的规划方法，无所不包。目前已经建立了一些比较复杂的机器人系统。

9. 人工神经网络

人工神经网络处理直觉和形象思维信息具有比传统处理方式好得多的效果。人工神经网络已在模式识别、图像处理、组合优化、自动控制、信息处理、机器人学和人工智能的其他领域获得日益广泛的应用。深度学习是人工神经网络的最新发展技术。

10. 智能检索

科学技术的迅速发展，出现了“知识爆炸”的情况，研究智能检索系统已成为科技持续快速发展的重要保证，主要可分为基于文字的智能检索、基于语义的智能检索、基于图像的智能检索。

本章小结

人工智能是计算机科学的一个重要研究领域，是当前科学技术中正在迅速发展，新思想、新观点、新理论、新技术不断涌现的一个学科。本章简单介绍了人工智能的诞生及其发展过程，以及人工智能的基本定义，并对人工智能研究的各个学派及其研究领域进行了讨论。

参考文献

[1] 张仰森. 人工智能教程 [M]. 北京：高等教育出版社，2008.
[2] RUSSELL，STUART J，PETER N. Artificial intelligence：a modern approach [M]. Malaysia：Pearson Education Limited，2016.
[3] HAUGELAND J. Artificial intelligence：the very idea [J]. Robotica，1989，5 (2)：137-287.
[4] BELLMAN M H，DICK G. Subacute sclerosing panencephalitis [J]. Postgraduate Medical Journal，1978，54 (635)：587-590.
[5] MCDERMOTT D，EUGENE C. Introduction to artificial intelligence [J]. Acm Sigart Bulletin，1985，71 (47)：15-15.
[6] WINSTON P H. Artificial intelligence [M]. 3rd ed. New Jersey：Addison Wesley，1992.
[7] KURZWEIL R. The age of intelligent machines [M]. MA：MIT Press，1992.
[8] RICH E，KNIGHT K. Artificial intelligence [M]. 2nd ed. Columbus：McGraw-Hill，1991.
[9] SCHALKOFF R J. Artificial intelligence：an engineering approach [M]. Columbus：McGraw Hill，1990.
[10] LUGER G F，STUBBLEFIELD W A. Artificial intelligence：structures and strategies for complex problem solving [M]. 3rd ed. Zurich：Pearson Schweiz AG，1993.

第2章

人脑认知

导　读

基本内容：人体的所有活动（包括运动、感知、思维、代谢等）都是由神经系统控制的。人体的神经系统包括中枢神经系统和外周神经系统。中枢神经系统包括人脑和脊髓，是整个神经系统的主体。外周神经系统主要由神经纤维组成，连接人体各部分与中枢神经系统进而实现神经信号的收集和传输。在人体神经系统中人脑是“中央控制器”，是人进行思维和决策的器官，因此人脑是整个神经系统的核心。本章主要介绍人脑的一些基本认知知识，包括脑认知研究、人脑的基本结构、脑神经细胞和神经信号传递、视觉和听觉神经通路。

学习要点：了解人脑认知的不同尺度概念；了解人脑的基本结构特征；理解神经信号传导的过程；了解视觉和听觉信号的感知过程。

2.1　脑科学与脑认知

人脑是人体最重要、最神秘的器官，也是已知自然界中最复杂和深奥的系统。进入21世纪，世界各国掀起了新一轮的人脑研究热潮，纷纷出台脑科学研究计划，斥巨资设立相关研究项目。这一方面是出于人类战胜各种精神以及神经性相关疾病（如自闭症、癫痫、阿尔兹海默症等）的实际需求，另一方面也是由于人工智能的兴起，人们迫切希望能够从人脑的研究中得到启发设计出更加先进的智能算法。因此，对于人脑的研究也是当下最热门和具有挑战性的方向之一。脑科学就是以人脑为研究对象，研究脑的结构和功能的科学，其研究领域涉及神经科学、生物学、社会学、心理学、计算机科学等。脑认知的研究是脑科学研究中的一个重要方向，是神经科学和认知科学研究的结合，其研究目标就是要回答诸如“人类的智慧从何而来？人脑是如何产生并控制人的情绪、思维、记忆和性格等品性的？导致不同人的智力差异本质原因是什么？”等基本问题。对这些问题的研究能够让人们更深刻地理解人脑内在的机理，从而为其他研究（如精神疾病的康复、人工智能算法的设计）提供线索和启发。

从神经科学的角度看，脑认知的研究主要以生物有机体为研究对象，在不同的尺度上研究大脑的结构和神经活动的内在机理并以此作为依据来对人脑的功能和特性进行研究，如图 2-1 所示，包括微观尺度的基因和蛋白质研究、介观尺度上的细胞突触和神经环路及网络结构研究、宏观尺度上的大脑功能分区和行为意识研究。

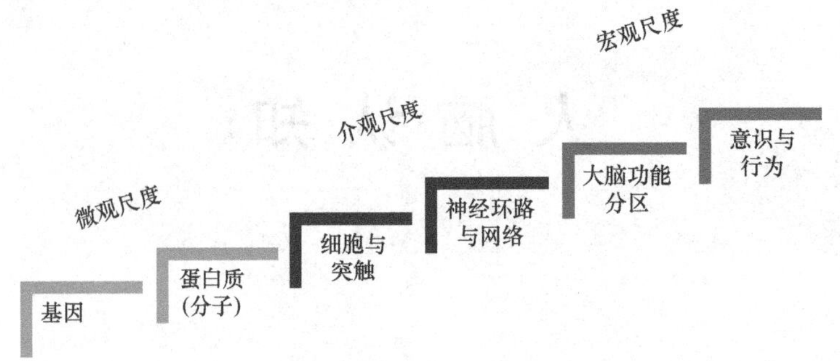

图 2-1　脑认知研究的不同尺度——神经科学

在微观尺度上，基因和蛋白质分子的结构差异是大脑区别于其他身体器官的根本原因，同时在不同人以及同一人的不同发育阶段（如胚胎期、成人期和衰老期），基因和蛋白质的结构所发挥的功能也会不同，其外在表现就是人脑发育的阶段性差异。例如，研究人员发现[1]，一种异常的纺锤状小头畸形相关（Abnormal Spindle-like Microcephaly-associated，ASPM）的基因在人类胚胎发育过程中影响大脑灰质的生长。在小头症案例中，ASPM 的灭活使得人类大脑的体积减少了 50%，与黑猩猩的大脑相当。ASPM 调节干细胞和外放射神经胶质细胞之间的转换时间，从而影响到后续各种神经细胞的比例。调节 ASPM 可以改变大脑中的神经细胞数量，或许就是因为人类的 ASPM 基因发生了突变才让我们有了与众不同的大脑。另有研究表明[2]，阿尔兹海默症（俗称老年痴呆症）患者的脑中聚集了 β-淀粉样蛋白无法及时排出，而实验中小鼠大脑中这些蛋白质的聚集最终能够引起小鼠患上类似阿尔兹海默症疾病，因此这些发现为治疗阿尔兹海默症提供了新的方向。微观尺度上的研究对于揭示许多大脑现象（如脑疾病的诱因和发生机理）的本质具有重要的意义。

在介观尺度上，脑细胞以及它们所组成的神经环路和生物神经网络是脑科学研究的主要部分。大脑中不同性质和功能的神经元通过各种形式的复杂连接，在不同水平上构成神经环路和网络，从而支撑神经信号在大脑中的各种传输和处理任务，如串联、并联、前馈、正反馈、负反馈等多种形式活动。对这些神经环路和网络的基本功能和相互间协作的关系进行研究的结果，对于理解大脑的运行机理和基本功能具有重要的意义。例如，有研究表明[3]，自闭症患者脑突触形态学发生了变化，主要表现为树突棘密度、树突棘形态比例及突触后致密物质的异常，这些可能与突触的发生、修剪及成熟过程受到干扰相关，脑神经的突触异常引起多条神经信号通路发生改变，从而影响自闭症患者的交际和交流能力，这对于自闭症研究和治疗提供了重要线索。另外，介观尺度的研究对现在的人工智能发展也具有重要的借鉴意义，如现在神经网络与深度学习中的多层前馈网络和循环网络都是在模拟生物神经网络结构的基础上而设计的。

在宏观尺度上，通过研究人们发现大脑在处理不同任务时各部分并非地位均等，而是具有不同的功能分区（如视觉分区、听觉分区等）从而分别对应处理不同的任务。宏观尺度上的研究就是试图揭示大脑这种模块化的结构间交流与协作的机理，理解由此而产生的个体行为和意识上的表现，如听觉和视觉的处理机制、情绪和情感的产生和表达机理等。这将有助于科学家和医生研究大脑结构和疾病的个体差异，并有望以此发展出诊断脑部疾病的新方法。

从认知科学的角度看，脑认知主要研究信息如何在大脑中形成以及转录过程，包括对感知、智能、语言、计算、推理甚至意识等信息处理的复杂体系和诸多现象的研究和模型化。这些研究也可以划分为从微观到宏观的四个不同级别，分别是信号级别、符号级别、语义级别和行为级别，如图 2-2 所示。

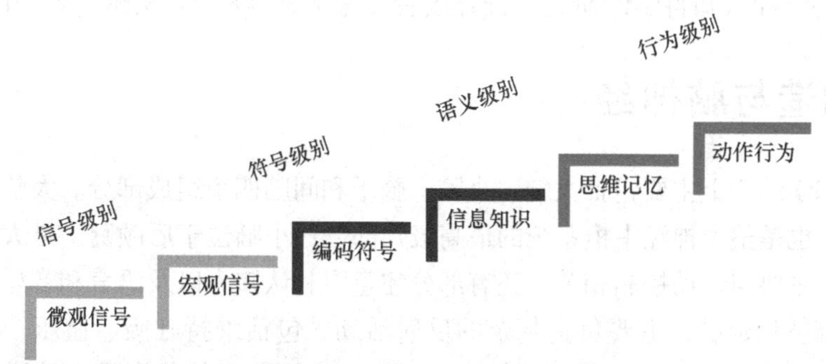

图 2-2　脑认知研究人脑的不同尺度——认知科学

微观信号尺度上的研究主要对象是神经细胞个体以及细胞间的神经信号产生、传递和表达机理，如有研究[4]揭示了神经细胞是如何在瞬间管理其信号的传输过程的；而宏观信号则是研究大脑活动时细胞群体或大脑局部的信号特征来推断人的思维和意识状态，如通过核磁共振发现脑局部活动特征或者通过监测大脑特定部位的信号特性来判断人脑活动状态等。例如，在一项研究中[5]，研究人员应用功能性核磁共振成像（Functional Magnetic Resonance Imaging，fMRI）来记录志愿者进行一项简单的视觉范畴的辨别作业时的脑部活动模式，发现了人在有意识和无意识时脑电信号的差别，这项发现可帮助研究人员评估当患者处于麻醉或昏迷时的意识状态，还可能用于研究像精神分裂症、自闭症及分离性障碍等疾病的脑功能。信号级别的研究通常借助于现在先进的医学测量成像设备和技术，如神经电极、脑成像技术（如 fMRI、正电子发射型计算机断层显像等）和脑电波测量（如脑电图）等。

符号级别包括部分宏观信号和编码符号层次的研究，主要是考查外部事物刺激下的神经活动特征和表现方式，或者说生理学模式和心理学模式之间的对应关系，包括心理活动的产生和物质基础、心理图像的表达等。例如，研究人员利用先进的脑成像技术，观察了大脑对某种具体事物的编码过程，并能通过脑活动标记知道一个人正在想什么[6]。这使得其他研究人员可以继续追踪一个新概念变成脑中新标记的过程，还可能开发出一种新的测评工具，评价学习复杂概念（如高中的物理概念）的过程，并通过 fMRI 图形分析，诊断出学生对一个概念的哪些方面有所误解或忽视，以帮助指导下一步的教学互动。

脑认知的语义级别研究包括信息知识和思维记忆层次。人的认知过程中一个主要特征就是能够从外界的输入中提取出有用的信息并分析总结形成知识存储在大脑中，而这个过程是如何在大脑中进行的至今人们知之甚少，相信这也是未来相当长一段时间脑科学研究中所面临的最重要也是最具挑战性的任务。

行为级别的研究包括思维和动作行为层次的研究，试图揭示人的不同思维和行为的生理基础和运行机制。例如，已有研究表明[7]，不同的人之所以在思维和行为上各有千秋，是与大脑的物理连接有密切联系的，同时不同的个体在大脑主管感觉（如触觉、视觉等）的区域上结构都很相近，而主管控制和注意力的区域的结构却大不相同。这项研究在未来可能使脑外科手术在针对不同的病人时能够采取不同的策略以适应个体差异性，还可以帮助修正由个体差异导致的神经影像学研究的统计数据偏差。

最后需要说明的是，脑认知的研究涉及范围广泛，这里只做了一个较为概况性的介绍，关于更多神经科学和认知科学的研究，推荐读者参考文献［8］和文献［9］中的内容。

2.2　脑构造与脑神经

人脑在形态学结构上主要包括大脑、小脑、脑干和间脑四个组成部分。大脑是人脑中最大最主要的部分，也是整个神经中枢系统的最高级别部分；小脑位于后颅窝，是大脑半球之下的一个独立结构，主要与运动控制相关，还有部分注意力和认知力以及语言和音乐处理功能；脑干包括中脑、脑桥和延髓，主要负责复杂的反射活动，包括维持呼吸、血压、心跳等生理体征；间脑位于大脑和中脑之间，包括丘脑和下丘脑，主要与身体代谢及内脏活动相关。

大脑外形顶面隆起呈圆弧状，内侧面平摊。大脑由一条前后方向的中央深沟分割为左右两个半球，采用交叉的方式控制人体的活动，即左半球主要控制右半边身体的活动，而右半球主要控制左半边身体的活动。同时左右半球在功能上又有不同的分工，左半球偏“理工”，擅长逻辑、数学、分析、语言等思维，而右半球偏“文艺”，擅长艺术、创造、想象、直觉、音乐、空间等思维。大脑表面被大脑皮层所覆盖，呈现沟壑状的褶皱，这些褶皱可以在有限的空间范围内增加大脑皮层的表面积，从而可以包含更多的神经细胞以支持更高级的思维活动。大脑的每个脑半球被 3 条沟分为 5 个叶，如图 2-3 所示。

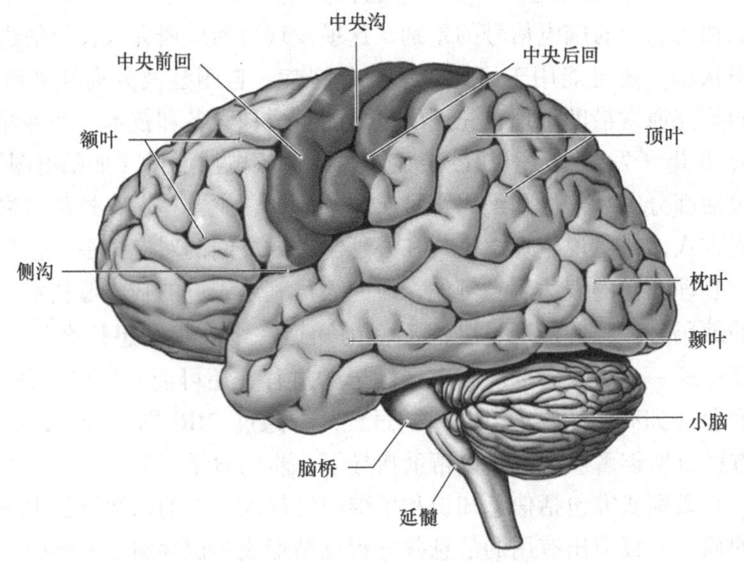

图 2-3　大脑半球表面（引自 Pearson Education，Inc.）

从图 2-3 中可以看出，中央沟前方是额叶，后方上面是顶叶，顶叶下方是枕叶，颞叶位于侧沟下方顶叶的外侧。岛叶位于外侧沟的深处，无法在大脑表面显式地标识出来。颞叶和枕叶的下方是小脑，其内侧是脑桥。顾名思义，脑桥把下方的延髓和中脑以及大脑连接起来。小脑则是人体运动的重要调节中枢，在维持身体平衡和保持运动协调中起着重要作用。延髓下方连接着脊髓，脊髓可以看作是人体神经信号的大动脉，把人脑与外周神经系统连接起来。

大脑的左右两个半球靠胼胝体连接，其位于脑叶下方，如图 2-4 所示。胼胝体下方卵圆形灰质团是丘脑，主要负责把来自全身的感觉信息（除嗅觉）传递到大脑皮层，因此是感觉信息传导的中转站。丘脑再往前下方是下丘脑，主要负责体液内分泌和内脏活动调节。丘脑后下方是松果体和四叠体，其中松果体负责分泌褪黑激素，而四叠体是视觉和听觉反射运动的低级中枢。下丘脑的前下方是视交叉，来自每只眼睛的视神经在此处形成交叉，然后再延伸到对侧的视觉中枢。四叠体前方紧挨着的是中脑水道，连接着上面的第三脑室和下面的第四脑室。在丘脑的下方、视交叉和四叠体中间位置有一对圆形隆起，称为乳头体，与人的情绪活动相关。脑桥上方有一个外形类似于海马的腺体称为海马体，与人的记忆紧密相关。

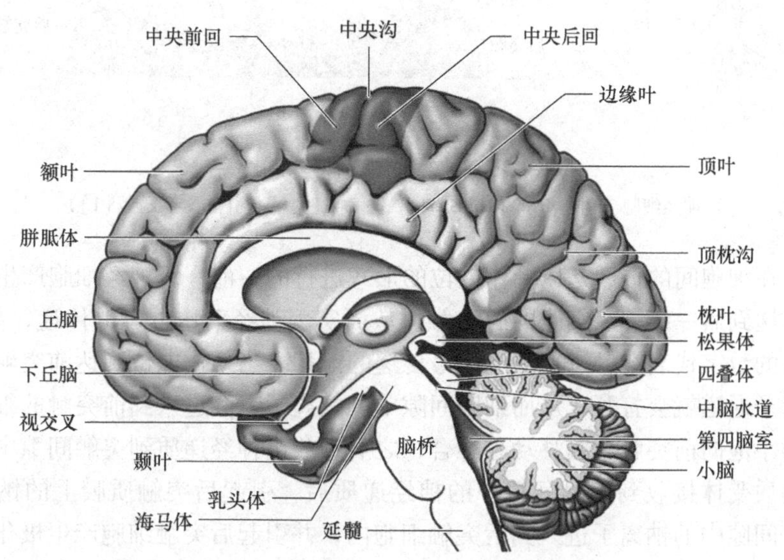

图 2-4 大脑半球内切面（引自 Pearson Education，Inc.）

大脑表面所覆盖的大脑皮质（也称为灰质）是神经活动的最高中枢，其厚度为 2 ~ 4mm，由神经细胞分层构成，从表面往深层依次是分子层、外颗粒层、外锥体细胞层、内颗粒层、内锥体细胞层和多形细胞层。大脑皮质再往深处是一层浅色结构，称为白质（也称为髓质），是神经细胞的轴突所在，负责大脑皮质不同区域间的信息交流和共享。

大脑中的细胞按功能主要包括两类：一类是神经细胞，总数约 140 亿个，约占脑细胞总数的十分之一，其主要功能是从事脑神经活动；另一类是胶质细胞，约占大脑总量的十分之九，其主要功能是为神经细胞提供支撑和营养供给，相当于神经细胞的“后勤部队”。这里主要介绍脑神经细胞的基本结构。

脑神经细胞又称为神经元，是一种高度分化的人体细胞。它们形态多样，结构复杂，功能各异。但总的来说，每种神经细胞都包括几个组成部分：细胞体、树突、轴突以及连接突触，如图 2-5a 所示。每个神经细胞经树突接收来自其他神经细胞的信号，然后在细胞体中进行综合处理，处理后的神经信号由轴突传递出去，经由突触传递给下一级神经细胞。

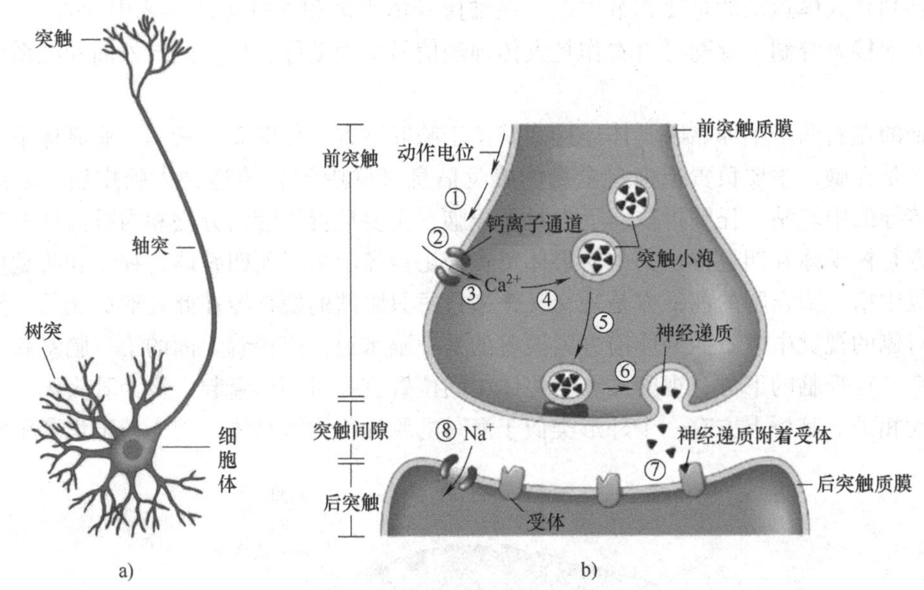

图 2-5　神经细胞和神经突触

a）神经细胞（引自 UNC Healthcare）　b）神经突触（引自参考文献［1］）

神经信号在细胞间的传递是以动作电位的形式进行的，前一级神经细胞产生的动作电位经过前突触传递到后一级神经细胞的后突触，从而实现神经动作电位的传递，如图 2-5b 所示，小圆圈内的数字代表突触进行神经信号传递的流程。当动作电位到达前突触后，前突触质膜上的钙离子通道就会打开，从而细胞间隙中的钙离子就会进入到前突触的细胞质中；钙离子引起突触小泡向前突触质膜移动并融合，之后释放出神经递质到突触间隙中；后突触质膜上的神经递质受体接收到突触间隙中的神经递质后，引起后突触质膜上的钠离子通道打开，从而细胞间隙中的钠离子进入到后突触细胞内，并引起后突触细胞产生极化反应，产生新的动作电位传递到后一级的细胞体中。后续神经信号传递过程以此类推。

2.3　视觉和听觉感知

1. 视觉感知

视觉是人接收外界信息的主要方式，因此大脑处理视觉信息的系统也特别发达。这里主要介绍视觉信息的感知和处理过程。

如图 2-6a 所示，外界景物所反射的光线通过瞳孔进入到眼球内部，根据小孔成像原理，由晶状体进行调节聚焦后在眼球后侧的视网膜上可呈现出景物的倒立清晰影像。对于不同方位和距离的景物，眼睛由眼球肌肉带动眼球转动进行方位确定，之后晶状体肌肉通过控制晶状体的薄厚来进行远近成像的聚焦，景物越远则晶状体越薄。瞳孔的大小通过虹膜进行调整，从而可以控制进入眼球内部的光线量。眼角膜具有屈光作用，可以集中进入眼球的光线，同时眼角膜作为眼球最外层组织也可以保护眼球免于异物进入。视网膜上的景物影像经过感光细胞感知和神经细胞处理后形成视觉神经信息，由视神经集中传入大脑进行后续加工处理，最终在大脑的高级视觉中枢完成解译和识别。眼球正后方视网膜上有两个特殊的“区域”：一个是正对瞳孔的小块凹陷区域，称为中央凹，这里光线感知细胞和神经细胞的分布较其他视网膜区域高出许多，在生理结构上保证了人眼可以感知更清晰的景物图像，对应于人眼的视力集中点；二是中央凹下方血管和视神经穿过的区域，称为“盲点”，这个小区域没有视网膜因此无法感知景物影像，但因为这个小区域面积占整个视网膜比例非常小，而且人的两只眼睛具有互补成像作用，在实际中感觉不到盲点区域的存在。

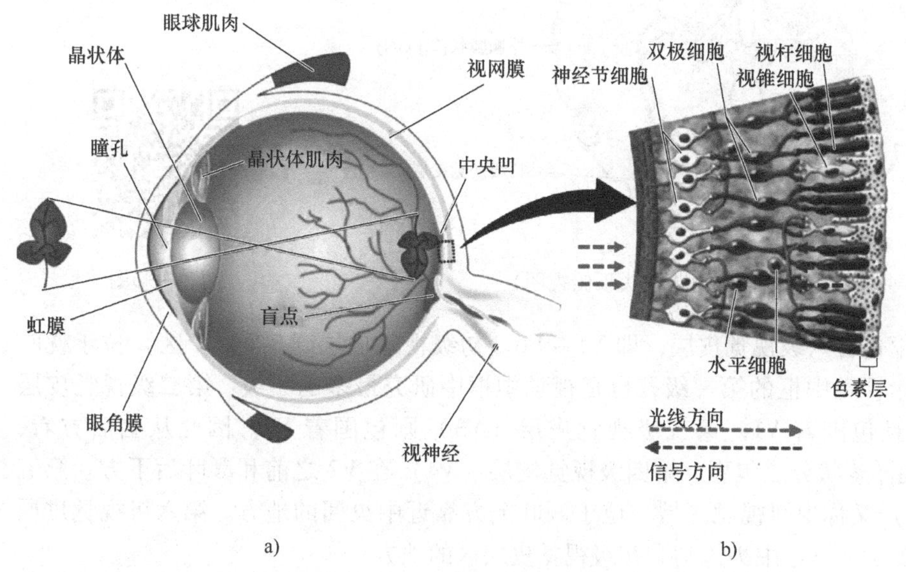

图2-6 彩图

图2-6 眼球的视觉感知过程

a）眼球结构 b）视网膜结构（引自参考文献［2］）

视网膜是图像感知的第一站，其结构如图2-6b所示。光线进入眼球后，穿过视网膜到最里面（图2-6b的最右端），被视杆细胞和视锥细胞所感知。视锥细胞主要密集分布在中央凹区域，其他区域相对稀疏，它们的主要功能是对白天强光的感知。而视杆细胞则分布在中央凹之外的区域，它们的感光敏锐度是视锥细胞的上百倍，因此主要感知夜晚的弱光。视锥细胞和视杆细胞产生动作电位传导给水平细胞和双极细胞，再通过神经节细胞汇总后由视神经输送给大脑的视觉中枢。需要强调的是，在视网膜中光线的方向和神经信号的传播方向是相反的，如图2-6b中的箭头所示。

视觉信号的感知、传输和处理都是左右分开进行的，如图2-7所示。两个眼球的左侧视网膜（青色标记部分）主要感受右侧视野的景物，而右侧视网膜（红色标记部分）则主要感受左侧视野景物。每只眼睛也会把左右两侧感受到的信号用两路视神经分开传输，然后在视交叉处进行同侧视神经交叉合并，之后左路视神经只包含来自右侧视野的景物信息，而右路视神经只包含来自左侧视野的景物信息。两路视神经信号都经过左右两侧的外侧膝状体进行中继处理后，分别送入左右两侧的初级视觉皮层进行更高一级的分析和识别处理。

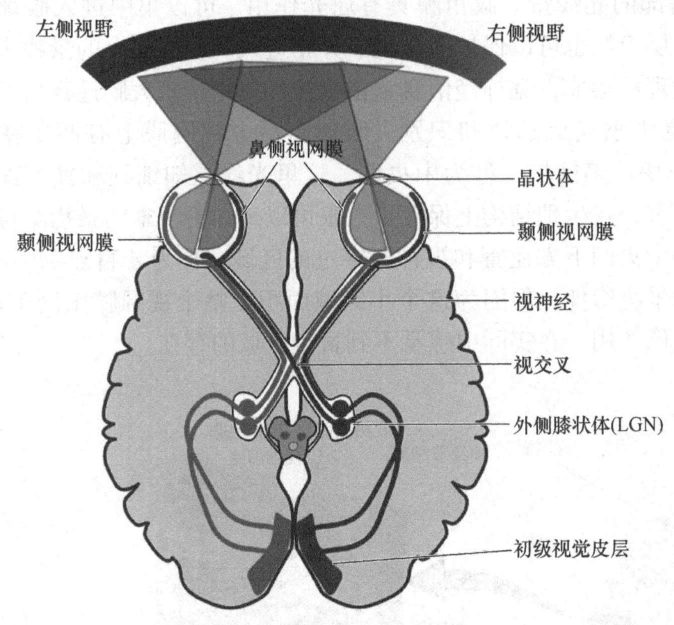

图 2-7　视觉信号通路（头顶俯视图）

图 2-7 彩图

高级视觉中枢包含六级视觉皮层，即 V1 ~ V6。初级视觉皮层（又称 V1 区）位于枕叶的最后段，是高级视觉中枢的第一级，也是视觉中枢中研究最多的一级。第二级视觉皮层（V2）紧挨着并且包围着 V1。第三级视觉皮层（V3）则包围着 V2。因此从脑后方看，V1 ~ V3 区域呈现洋葱状分层包裹。第四级视觉皮层（V4）在 V2 之前和颞叶后下方。第五级视觉皮层（V5）又称中间视觉区域，位于颞叶上方靠近中央回的地方。第六级视觉皮层（V6）位于枕叶皮层区靠近中央深沟和初级视觉皮层区的地方。

初级视觉皮层区的神经细胞在视网膜上具有对应的感受野，即当视网膜上对应的某片区域中出现特定的视觉刺激（如对比强烈的图像边缘）时，与之对应的神经细胞就会产生动作电位。初级视觉皮层区产生的神经信号分两路传往第二级视觉皮层区，即腹侧视觉通路和背侧视觉通路，如图 2-8 所示。前者从第二级视觉皮层传入第三级和第四级视觉皮层，之后进入颞下皮质区；后者从第二级视觉皮层继续传入到第五级（又称中颞叶区）和第六级视觉皮层（又称背内侧区域），并最终进入到后顶叶皮质区。

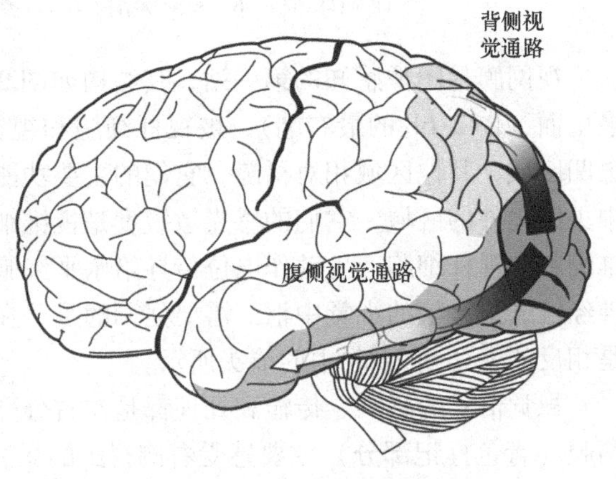

图 2-8　高级视觉通路

视觉通路中高一级的视觉皮层接收从低一级的视觉皮层所传递来的信息并进行更深入的处理和分析，不同层级和通路所具有的功能也不相同。例如，腹侧视觉通路和背侧视觉通路在提取视觉神经信息时侧重点不同。腹侧视觉通路主要功能包括形状识别和物体的表示，也包括长期记忆功能，因此腹侧视觉通路又叫“什么通路”。背侧视觉通路主要与运动、物体位置表示相关，同时也包括控制眼睛（尤其是眼睛扫视和视线转移的控制）以及手臂，因此背侧视觉通路又称为“哪里通路”或者“如何通路”。

2. 听觉感知

除了视觉，听觉是人类感知外界的另一个主要方式，同时听觉与视觉也具有互补功能。这里主要介绍听觉系统和听觉感知的过程。

听觉感知系统主要由耳朵和听觉中枢两部分组成。耳朵是声音收集和声音感知的前端，它把声音信号转换为神经信号并传输给大脑的听觉中枢进行分析和理解。耳朵的主要构造分为外耳、中耳和内耳三个部分，如图2-9所示。

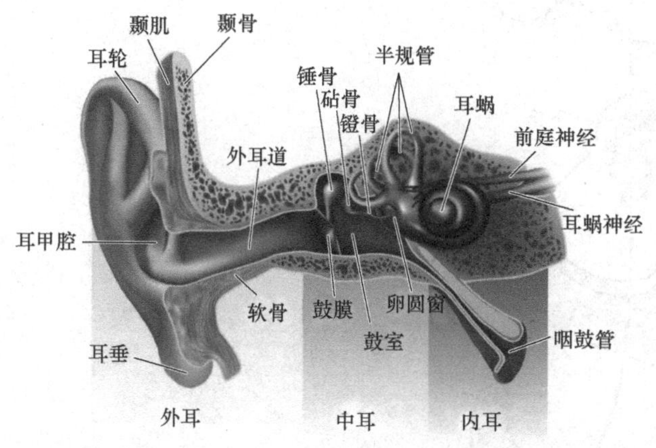

图2-9　耳朵结构（图片引自 perterjunaidy/Fotolia）

图2-9 彩图

外耳部分又包括外面的耳轮、耳甲腔、耳垂等（统称为耳廓），以及通往中耳的外耳道。耳廓圆弧构造形状对声音的收集、声源方位的辨别和声波能量的聚集很有帮助，外耳道对3～12kHz（典型的人类声音频率在3kHz左右）的声波具有放大作用。耳廓收集的声波经过外耳道传入中耳，然后声波带动鼓膜振动。

中耳包括鼓膜、听小骨、半规管和咽鼓管，其中听小骨有三块（锤骨、砧骨和镫骨），位于鼓膜后方中空的鼓室中。鼓膜对声波产生的共鸣振动极其敏感和精确，其最小振幅可低至0.01nm，约为氢原子直径的1/10。鼓膜的主要功能是把声波转换为模体的机械振动，然后经过三块听小骨把振动继续通过卵圆窗传导至内耳的耳蜗。半规管是三个相互垂直的环状管，主要感受头部的方位和加速信息，用来维持人体的平衡。咽鼓管连接鼓室和咽部，从而与口鼻腔相连通，可以平衡鼓膜两侧的气压。在整个中耳传播过程中，声音被放大约20dB，相应的声音强度增强了约4倍，这对细微声音的感知至关重要。内耳主要包括耳蜗和听觉传导神经（前庭神经和耳蜗神经）。耳蜗是耳朵的听觉感受器，是一个呈螺旋状逐渐收缩的骨质通道。声音的感知主要是耳蜗内基底膜上柯替氏螺旋器完成的，其内部的内毛细胞能够感受基底膜所接收到的来自中耳的机械振动，并将其转换为神经电信号再由耳蜗神经和前庭神经传递到听觉中枢进行进一步的分析和识别，如图2-10所示。

与视觉信号通路不同，听觉神经信号的传输分为主次两个通路，在图2-10中分别用红色和绿色线表示，红色的主听觉通路只负责处理来自耳蜗的听觉感知信号，而绿色的次级通路（又称网状感觉通路）则处理包括听觉信息在内的所有类型的感知信号并决定它们送给大脑处理的优先级顺序（例如，在边阅读边听音乐时，当听到喜欢的歌时注意力能够在书和音乐之间不自主地进行切换）。

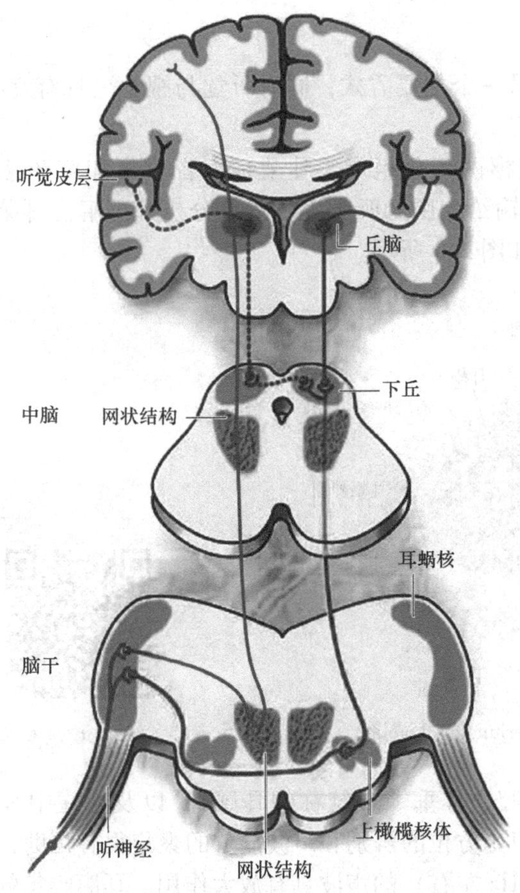

图 2-10　听觉信号通路（图片引自 Rémy Pujol）

图 2-10 彩图

主听觉通路分五级。脑干中的耳蜗核是第一级听觉中枢，它通过神经通路接收来自同侧耳蜗核神经节细胞信号，并完成一些基本的声音信息解码，如持续时长、强度和频率。脑干中的上橄榄核体是第二级听觉中枢，主要接收来自对侧的耳蜗核神经信息，也包括部分来自同侧耳蜗核的神经信息，并在此完成神经通路的交叉，其主要功能包括感受两耳的声音信号差异（包括时间差、方位差以及强度差）。上橄榄核体处理后的听觉信号进入第三级听觉中枢（位于中脑的下丘），这一级对分辨声源方向和声源定位至关重要。丘脑是听觉中枢的第四级，听觉信号在这里进行综合和中继后，被传入听觉中枢的最高级听觉皮层进行最终的分析和识别。这里需要说明的是，图 2-10 中为了便于说明和理解，只标出了单侧的神经通路，实际中两只耳朵对应的双侧通路具有同等对称的分布和作用。次级听觉通路也是从耳蜗核开始的，不同的是次级通路的神经信号在中间分别传递至脑干和中脑的网状结构中，在这些地方不同类型的感受器信息进行综合并决定后续处理的优先级。之后神经信息被送到非特异性丘脑，并最终送到大脑中的多感知皮层进行处理。

2.4 记忆与思维认知

认知是人处理信息的能力和获得知识的重要过程，也就是人对从不同的来源（感知、体验、信念等）接收到的信息进行吸收和处理并将它们转换成知识的能力。认知包括许多部分，如感知、学习、注意力、记忆、语言、思维等，其中感知、思维和记忆是认知中最为重要的组成部分。感知的主要渠道就是上一节介绍的视觉感知和听觉感知（其他还有嗅觉、触觉等），学习以及语言在后续的章节中会涉及，因此本节主要介绍人的记忆认知和思维认知。

1. 记忆认知

从认知科学上讲，记忆是人的大脑对感知的事物进行加工处理后并保存下来的过程，类似于现在计算机中的信息存储过程。但记忆不是简单的信息储存过程，因为人脑的记忆不是事无巨细地记录感知到的一切信息，而是经过一定的加工处理且选择性地保存下来部分感兴趣的信息，并且会与已经存在的记忆进行整合。人的记忆按照信息保存时间的长短可以分为三种，即瞬时记忆、工作记忆和长期记忆。瞬时记忆是大脑在极短时间内对少量的信息进行保持而非存储，供稍后的一小段时间内回忆和重现，通常发生在秒级时间范围。例如，拨电话前临时看下电话号码并短暂记住供后面拨号用。工作记忆指大脑对感知的信息进行加工处理后临时存储下来供后面完成某个任务使用，其实际范畴在数秒到数小时级别。与瞬时记忆相比，工作记忆更侧重信息的加工处理而非简单地重现。例如，向某人展示一串数字（如电话号码），然后让他依次说出看到哪些数字，这是简单地重现看到的数字，属于瞬时记忆；而如果问他这串数字有什么规律，这就要对数字信息进行处理找出规律，属于工作记忆。长期记忆是大脑对感知的信息进行处理后长期保存的一种记忆方式，通常这种记忆可以持续数天到数年甚至终身。例如，小时候一份意想不到的生日礼物带来的惊喜情景很多年后回想起来依然记忆犹新。

脑科学研究中一个很重要且有挑战性的任务就是揭示人脑记忆的神经学机理，即人的大脑中如何保存信息、以何种形式组织这些信息。德国生物学家理查德·西蒙（Richard Semon）在1904年提出了“记忆痕迹”观点，即记忆的痕迹是由一组不连续的大脑细胞连接之后拼凑起来的生理回路，称为engram。1953年，27岁的美国人亨利·莫莱森（Henry Molaison）为了治疗癫痫症，切除了大脑中2/3的海马体（如图2-4中所示），事后发现这次手术摧毁了莫莱森产生新记忆的能力，而他原来的记忆则保留了下来，这证明海马体与人的记忆具有密切关系。此后的几十年间，研究者逐渐了解到神经元通过电脉冲传递信息的机制，并破译了许多在神经元之间传递的电信号，揭示了学习和记忆如何对应于神经元之间突触的加强机理。2012年，日本生物学家利根川进利用光遗传学技术，在麻省理工学院的实验室里首次揭示了记忆痕迹的真实存在[10]。2017年4月，利根川进的实验又揭示了记忆痕迹如何在大脑海马体中产生，然后上传、存储到大脑皮层的详细过程[11]。研究人员通过设计实验对小鼠进入特定区域后进行轻微电击，使得小鼠产生恐惧记忆（表现为原地僵住不动）。通过在实验中标记小鼠的记忆细胞，然后在不同的时间用光控的方式人工激活这些记忆细胞来观察这些激活行为是否引发了小鼠的行为反应（停在原地不动）。研究人员标记了大脑三个区域的记忆细胞：海马体、前额叶皮层和存储记忆中情绪联系的基底外侧杏仁核。实验的结果出乎意料，这与以往记忆巩固的标准理论（该理论认为通常短期记忆首先在海马体中形成然后逐渐转移到大脑皮层形成长期记忆）相反，研究人员在恐惧反应实验一天之后，发现事件的记忆被同时存储在海马体和前额叶皮层的 engram 细胞中。然而，前额叶皮层中的 engram 细胞呈现“沉寂”状态——当被人为地用光激活时，它们可以引发小鼠原地僵住不动的行为，但是在自然回忆期间它们没有被激活。在接下来的两周内，如同解剖和生理活动变化所反映出的现象那样，前额叶皮层中沉寂的记忆细胞逐渐转变为活跃细胞，直到这些细胞成为动物自然回忆事件中的必要组成结构。在这一时期结束时，海马体的 engram 细胞变得沉寂，在自然回忆中不再被激活。然而，海马体中的记忆痕迹仍然存在：用光还原这些细胞仍然会引起小鼠的恐惧记忆，促使小鼠产生保持不动的行为。这一新发现对记忆保存细节的解析，为扭转记忆失败或记忆过于活跃提供了新的思路和方法，同时也为治疗许多与记忆相关的疾病开辟了新的潜在研究方向。

2. 思维认知

从认知科学上讲，人脑的思维认知主要包括分析与综合、比较与分类和抽象与概括三种思维过程。其中分析与综合是最基本的思维活动。分析是指在头脑中把事物的整体分解为各个组成部分的过程，或者把整体中的个别特性、个别方面分解出来的过程；综合是指在头脑中把对象的各个组成部分联系起来，或把事物的个别特性、个别方面结合成整体的过程。分析和综合是相反而又紧密联系的同一思维过程不可分割的两个方面。比较是在头脑中确定对象之间差异点和共同点的思维过程；分类是根据对象的共同点和差异点，把它们区分为不同类别的思维过程。抽象是在分析、综合、比较的基础上，抽取同类事物共同的、本质的特征而舍弃非本质特征的思维过程；概括是把事物的共同点、本质特征综合起来的思维过程。思维的具体形式包括感性思维、理性思维、抽象思维和灵感思维。感性思维是大脑直接根据所接触的外界事物时感官直接感觉到的信息进行思考和判断的思维活动，也就是人们常说的直觉。理性思维是对感官接收的外界信息进行分析和综合，达到对事物多方面属性或本质的把握的思维过程，是比感性思维更加深刻的一种思维活动。抽象思维建立在抽象概念的基础上，利用分析和逻辑推理来进行思维活动，是一种比理性思维更高级的思维活动。灵感思维常称作顿悟思维，即瞬间获得思维结果，是以其他思维形式的长期存在为基础的潜识思维活动。

如果从生理学上讲，人的思维活动本质上是人脑中神经细胞间的一种化学介质和电信号的传递过程。既然思维过程是一种电和化学的过程，而电的过程又必定伴有电磁场的传播，因而，脑波就应是思维过程中电磁信息外传的重要标志。人在进行不同的思维活动时，大脑中不同区域的活跃程度以及活动方式也会表现出不同的特征。现在主流的脑机接口研究就是通过采集人脑在进行思维活动时所散发的电磁场信号（如脑电波信号）进行分析，然后判断出人的思维活动内容并发送相应的执行指令来控制外部物体运动。研究发现，人的左右大脑在思维偏好上具有显著的区别，如图 2-11 所示。人脑左半球擅长理科思维：抽象、逻辑、推理和语言思维；而右半球则擅长文艺思维：音乐、绘画、设计等

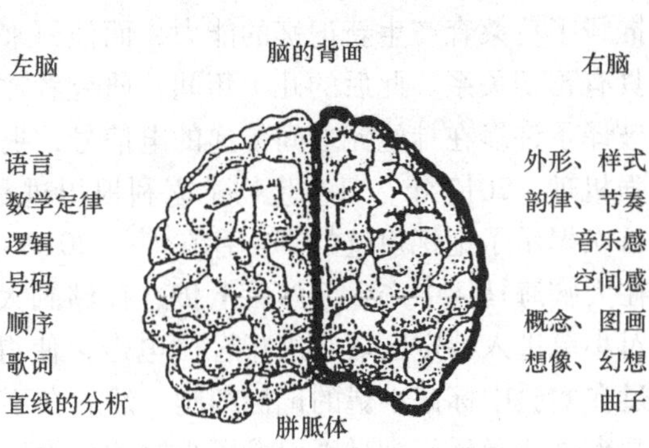

图 2-11　人脑的思维分工

艺术创造相关的思维活动。

思维活动是人类最隐秘和深奥的特有现象，长期以来人们试图直接对人脑的思维活动进行“读取”。借助于高级脑成像和脑信号检测设备，人们已经初步实现了人脑思维的检测与判别。例如，研究者利用高级 fMRI 扫描仪，可以确定大脑在思考不同问题时是如何激活不同区域的，并发现不同的人其实会以同样的方式思考同样的事情，从而可以根据人脑的不同活动状态判断其思考的内容[12]。另一项最新研究表明，大脑成像或可预测个体将来的学习、犯罪及健康相关的行为，并且可以预测出个体对药物或行为疗法的反应情况，相关研究或为进行个体化教育及临床实践提供帮助[13]。

本章小结

人脑的研究虽然已经进行了很长时间，但是亿万年进化出的人脑结构高度复杂、精妙和深奥，因此即使在今天科技如此发达情况下人们对人脑的了解依然有限，至今仍然有许多关于人脑的现象和问题没有明确答案。例如，人脑是如何组织和存储海量信息的；人脑的学习机制（或算法）是什么，是否和现在深度学习的训练过程相似，等。本章为了便于理解同时考虑到读者的实际需求和知识背景，力求精简，努力使读者从全局和整体过程上去理解大脑和视觉、听觉机理，而忽略了大量的底层生物学层面的机理细节，同时探讨相关细节也超出了本书的范围。如果读者有兴趣，推荐参考所列的参考文献［14-16］进一步了解相关知识。

习　题

2.1　结合图 2-1 和图 2-2，试举例说明脑认知研究中不同尺度的应用场景。

2.2　结合图 2-5，画出神经信号从一个神经细胞传递到另一个神经细胞的流程图，并归纳前突触与后突触的区别。

2.3　结合图 2-6，试从生物进化的角度思考为什么视网膜上光线和信号的传递方向是相反的以及这种结构的优势。

2.4　在图 2-4 中指出图 2-10 中不同听觉信号通路对应的位置。

参考文献

[1] BOND J，EMMA R，GANESH H，et al. ASPM is a major determinant of cerebral cortical size [J]. Nature Genetics，2002，2 (34)：316-320.

[2] KIM T，GEORGE S V，MAJA D，et al. Human LilrB2 is a β-amyloid receptor and its murine homolog PirB regulates synaptic plasticity in an Alzheimer's model [J]. Science，2013，6152 (341)：1399-1404.

[3] 邵世怡，陈琳，蒋权，等. 基于突触功能异常的自闭症发病机制研究进展 [J]. Cephalalgia，2004，2 (24)：99-109.

[4] MOHRMANN R，HEIDI D W，MATTHIJS V，et al. Fast vesicle fusion in living cells requires at least three SNARE complexes [J]. Science，2010，10 (1126)：1-10.

[5] SCHURGER A，FRANCISCO P，ANNE T，et al. Reproducibility distinguishes conscious from nonconscious

neural representations [J]. Science, 2010, 5961 (327): 97-99.

[6] BAUER A J, MARCEL A J. Monitoring the growth of the neural representations of new animal concepts [J]. Human Brain Mapping, 2015, 8 (36): 3213-3226.

[7] MUELLER S, WANG D H, MICHAEL D F, et al. Individual variability in functional connectivity architecture of the human brain [J]. Neuron, 2013, 3 (77): 586-595.

[8] MARK F B, BARRY W C, MICHAEL A P. Neuroscience: exploring the brain [M]. Netherlands: Wolters Kluwer, 2015.

[9] REISBERG D, SHERI S. Cognition: exploring the science of the mind [M]. New York: W. W. Norton & Company, 2015.

[10] LIU X, STEVE R, PETTI T P, et al. Optogenetic stimulation of a hippocampal engram activates fear memory recall [J]. Nature, 2012, 7394 (484): 381-385.

[11] KITAMURA T, SACHIE K O, DHEERAJ S R, et al. Engrams and circuits crucial for systems consolidation of a memory [J]. Science, 2017, 6333 (356): 73-78.

[12] SHINKAREVA S V, ROBERT A M, VICENTE L M, et al. Using fMRI brain activation to identify cognitive states associated with perception of tools and dwellings [J]. PLoS One, 2008, 1 (e1394): 1-9.

[13] GABRIELI JOHN D E, SATRAJIT S G, SUSAN W G. Prediction as a humanitarian and pragmatic contribution from human cognitive neuroscience [J]. Neuron, 2015, 1 (85): 11-26.

[14] NICHOLLS J G, ROBERT M A, BRUCE G W, et al. From neuron to brain [M]. Sunderland: Sinauer Associates, 2001.

[15] BEAR M F, BARRY W C, MICHAEL A P. Neuroscience [M]. Philadelphia: Lippincott Williams & Wilkins, 2007.

[16] 丁斐. 神经生物学 [M]. 2版. 北京：科学出版社，2016.

第3章

经典人工智能

导　读

基本内容： 经典人工智能理论建立在数理逻辑和推理方法的基础上，是早期人工智能研究的重点，也是现在各种人工智能技术的基础。本章介绍知识表示方法、搜索策略、确定性推理、不确定性推理，这些方法在实际工程中得到了非常广泛的应用。同时，这些方法的学习也将使读者了解经典人工智能的求解思路和研究方法，对于学习其他人工智能方法有很大的帮助。

学习要点： 学习知识、信息和数据的基本概念；熟练掌握逻辑的、产生式的、语义网络的知识表示方法；学习推理的基本概念，重点掌握命题逻辑和谓词逻辑等确定性推理方法；理解不确定性推理的基本知识，重点掌握可信度方法；了解搜索的基本概念及分类，熟练掌握宽度优先搜索、深度优先搜索和代价树的宽度优先搜索、代价树的深度优先搜索的搜索流程；理解启发信息与估价函数，掌握最佳优先搜索和 A^* 算法。

3.1　知识表示方法

人有智能是因为人有知识。要想让机器具有人工智能，就必须以知识为基础。如何将已获得的有关知识以计算机内部代码形式加以合理地描述、存储，以使其有效地利用这些知识便是知识表示。

信息是以数据的形式来表达和传递的，数据中蕴含着信息，然而，并不是所有的数据中都蕴含着信息，而是只有那些有格式的数据才有意义。有格式的数据经过处理、解释会形成信息，而有关的信息关联到一起，经过处理就形成了知识。知识、信息和数据是三个层次的概念，知识是用信息表达的，信息则是用数据表达的，这种层次不仅反映了数据、信息和知识的因果关系，也反映了它们不同的抽象程度。

知识是人们对客观世界认识的结晶，经过了长期实践的检验。但是知识的正确性是在一定的前提下才成立的，因为任何知识都是在一定环境和条件下产生的。所以世界上只有相对正确的知识，没有永远正确的知识。知识是有关信息关联形成的信息结构，“信息”与“关联”是知识的两大要素。由于现实世界的复杂性，信息可能是精准的，也可能是不精准的、模糊的；关联可能是确定的，也可能是不确定的。所以，知识也存在不确定性的可能性。知识是可以表示的，如语言、文字、图形、公式等。在人工智能技术中，知识被数据化，并且通过计算机来储存、传播和利用。世界上有很多信息，只有可以利用来解决现实世界中各种问题的信息才称为知识。如果信息不具有可利用性，就不能认为是知识。

对知识从不同的角度划分，可得到不同的分类结果。按照作用范围分类，知识可分为通用性知识、领域性知识；按照作用及表示分类，知识可分为事实性知识、规则性知识、控制性知识、元知识；按照确定性分类，知识可分为确定性知识、不确定性知识；按照人类的思维及认识方法分类，知识可分为逻辑性知识、形象性知识。

知识的表述是研究用机器表示知识的可行性和利用知识的有效性的一般方法，既考虑知识的存储又考虑知识的使用。知识表示实际上就是对人类知识的一种数据化描述，使得计算机能够处理人类知识。按照人们从不同角度进行探索以及对不同问题的不同理解，知识表示方法可分为陈述性知识表示和过程性知识表示，但两者的界限不明显，有重叠。陈述性知识表示主要用来描述事实性知识，优点是简洁灵活，缺点是工作效率低，推理过程不透明，不易理解。过程性知识表示主要用来描述规则性知识和控制结构知识，优点是推理过程直接清晰，有利于模块化，实现起来效率高；缺点是不够严格，知识间有交互重叠，灵活性差，知识的增减不方便。

3.1.1　一阶谓词逻辑表示法

一阶谓词逻辑表示法以数理逻辑为基础，是到目前为止能够表达人类思维活动规律的一种最精确的形式语言。它与人类的自然语言比较接近，可方便地存储到计算机中去，并被计算机做精确处理。因此，它是一种最早应用于人工智能中的表示方法。

人类的一条知识可以由具有完整意义的一句或几句话表示出来，而这些知识要用谓词逻辑表示出来，用的是一个或多个谓词公式。

【例 3.1】　事实性知识“小明是学生，小红也是学生”的谓词逻辑表示：

IsStudent(小明) ∧ IsStudent(小红)

[IsStudent(x)]是谓词，∧是合取符号。

【例 3.2】　规则性知识“如果 a，则 b”用蕴含式表示：

a→b

其中，→是蕴含符号。

用谓词公式表示知识的步骤一般如下：

1）定义谓词及个体，确定每个谓词及个体的确切含义。例如：

“小明是学生”：“小明”是个体，“是学生”是谓词，可以定义谓词为 IsStudent(x)

2）根据所要表达的事物或概念，为每个谓词中的变元赋以特定的值。例如：

IsStudent(Xiaoming)

3）根据所要表达的知识的语义，用适当的连接符号将各个谓词连接起来，形成谓词公式。例如：

IsStudent(Xiaoming) ∧ IsStudent(Xiaohong)

应用于谓词逻辑表示法的推理法是归结推理。归结推理法是建立在对问题的谓词逻辑表示基础之上的。相比其他知识表示方法，一阶谓词逻辑表示法有如下特点：

1）自然性。谓词逻辑是一种接近于自然语言的形式语言，用它表示问题易于被人理解和接受。

2）精确性。谓词逻辑适宜于精确性知识的表示，而不适宜于不确定性知识的表示。用谓词逻辑表示的问题是以谓词公式的形式为结果的，谓词公式的逻辑值只有“真”和“假”两种结果，而对某一知识有百分之几的可能性为“真”或“假”的情况无法表示。

3）易实现。用谓词逻辑法表示的知识可以比较容易地转换为计算机的内部表达形式，易于模块化，便于对知识的添加、删除和修改。

3.1.2　产生式表示法

美国数学家 E. L. Post 在 1943 年提出了一种计算形式体系里所使用的术语，主要是使用类似文法的规则，对符号串做替换运算。这是最早的一个产生式系统。到了 20 世纪 60 年代，产生式系统成为认知心理学研究人类心理活动中信息加工过程的基础。因此，心理学家认为人脑对知识的存储就是产生式形式，并且用它来建立人类认知模型。到目前为止，产生式系统已发展成为人工智能系统中最典型、最普遍的一种结构。产生式表示方法是专家系统的第一选择的知识表达方式。

产生式表示法是一种比较好的表示法，通常用于表达具有因果关系的知识，包括事实性知识和规则性知识，与此同时可根据知识是确定性的还是不确定性的分别进行表示。产生式表示法的基本形式是：

P→Q 或 IF P THEN Q

其中，P 是产生式前提，Q 是一组结论或操作。

产生式的基本形式与谓词逻辑中的蕴含式具有相同的形式，那么它们有什么区别呢？二者的区别主要有三点：①产生式可以表示精确与不精确知识，蕴含式只能表示精确知识；②产生式没有真值，蕴含式有真值；③产生式可以不精确匹配，蕴含式需要精确匹配。

1. 确定性规则知识

确定性规则知识的产生式形式为

P→Q 或 IF P THEN Q

其中，P 是产生式前提，Q 是在前提 P 成立的条件下的结论或操作。

例如，所有动物都会死，甲是动物，所以甲也会死。

产生式表达式的知识：所有动物都会死∧甲是动物→甲会死。其中，“所有动物都会死∧甲是动物”是前提，“甲会死”是结论。

2. 不确定性规则知识

不确定性规则知识的产生式形式为

P→Q（置信度）或 IF P THEN Q（置信度）

其中，P 是产生式前提，Q 是一组结论或操作。

例如，如果乌云密布，那么将要下雨的置信度是 80%。

产生式表达式：乌云密布→将要下雨（0.8）。

3. 确定性事实性知识

事实可看成是确认一个语言变量的值或是多个语言变量间的关系的陈述句，语言变量的值或语言变量间的关系可以是一个词，不一定是数字。一般使用三个元组（对象，属性，值）或（关系，对象1，对象2）来表示事实。例如，“老李年龄是55岁”可以写成（李，年龄，55），“老李、老王是朋友”则可写成（朋友，李，王）。

4. 不确定性事实性知识

有些事实性知识带有不确定性，可以使用四元组（对象，属性，值，可信度值）或（关系，对象1，对象2，可信度值）来表示。例如，“老李年龄可能是30岁，可能性70%”可以用四元组（李，年龄，30，0.7）来表示。

5. 产生式系统

多数较为简单的专家系统都是以产生式表示知识的，相应的系统称作产生式系统，由规则库、推理机和综合数据库三部分组成。图3-1是产生式系统的基本结构图。

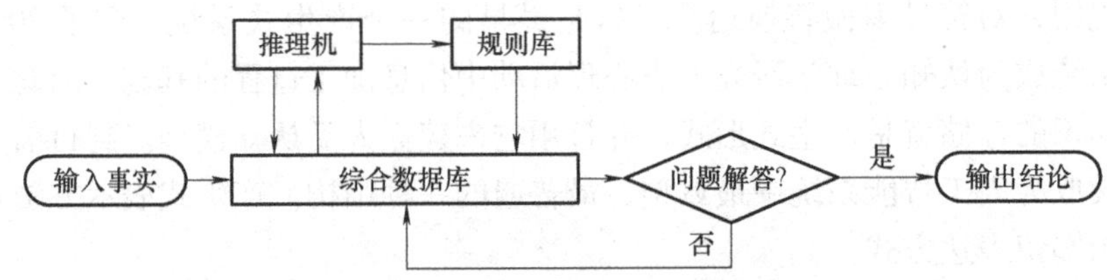

图3-1　产生式系统的基本结构图

（1）规则库

产生式规则的集合规则库是某领域知识（规则）的存储器，规则是以产生式表示的，规则集蕴含着将问题从初始的前提状态转换成目标状态（结论）的那些变换规则。规则库是专家系统的核心，是产生式系统进行问题求解和推理的基础。规则库中知识的完整性、一致性、准确性、灵活性以及知识组织的合理性，都是规则库的关键特性，会对产生式系统的性能和运行效率产生直接的影响。

（2）综合数据库

综合数据库存放输入的事实、外部数据库输入的事实以及推理的中间结果（事实）和最后结果。当规则库中的某条规则的前提与综合数据库中的某些事实匹配时，该产生式规则被激活，并把它的结论放入综合数据库中，作为推理的中间结果和后面推理的前提。所以，综合数据库是动态的，不断有新的推理结果添加进来。

（3）推理机

推理机是一个解释程序，负责整个产生式系统的运行，控制和协调规则库与数据库运行。推理机包含了推理方式和控制策略。控制策略就是确定如何选择或应用规则，包括匹配、冲突解决和操作三个步骤。产生式系统推理机的推理方式有三种：正向推理、反向推理和双向推理。产生式系统的运行过程包括以下几步：

1）建立产生式规则。

2）更新数据库，将已知的事实放入综合数据库。

3）考查每一条产生式规则，如果条件部分和综合数据库中的数据匹配，则规则的结论放入综合数据库。

一个实际的产生式系统，其目标条件一般不会只经一步推理就可满足，往往要经过多步推理才能满足或者证明问题无解。产生式系统的运行过程就是从初始事实出发，寻求到达目标条件的通路的过程。所以，产生式系统的运行过程也是一个搜索的过程，但一般把产生式系统的整个运行过程也称为推理。

产生式系统的知识表示通过规则库实现。规则格式固定，形式单一，规则之间相互较为独立，没有直接关系，使得知识库的建立和处理较为简单。规则用“if... then...”形式，和人的思维习惯相似，还能表示确定和不确定的知识。产生式系统的知识利用的推理方式单纯，没有复杂计算。知识库与推理机是分离的，知识库修改方便，无需修改推理机，对系统的推理路径也容易解释。

【例 3.3】 动物分类问题的产生式系统描述及其求解。

设由下列动物识别规则组成一个规则库，建立一个产生式系统。该产生式系统就是一个小型动物分类知识库系统。

规则库：

r_1：若某动物有奶，则它是哺乳动物。

r_2：若某动物有毛发，则它是哺乳动物。

r_3：若某动物有羽毛，则它是鸟。

r_4：若某动物会飞且生蛋，则它是鸟。

r_5：若某动物是哺乳动物且有爪且有犬齿且目盯前方，则它是食肉动物。

r_6：若某动物是哺乳动物且吃肉，则它是食肉动物。

r_7：若某动物是哺乳动物且有蹄，则它是有蹄动物。

r_8：若某动物是有蹄动物且反刍食物，则它是偶蹄动物。

r_9：若某动物是食肉动物且黄褐色且有黑色条纹，则它是老虎。

r_{10}：若某动物是食肉动物且黄褐色且有黑色斑点，则它是金钱豹。

r_{11}：若某动物是有蹄动物且长腿且长脖子且黄褐色且有暗斑点，则它是长颈鹿。

r_{12}：若某动物是有蹄动物且白色且有黑色条纹，则它是斑马。

r_{13}：若某动物是鸟且不会飞且长腿且长脖子且黑白色，则它是驼鸟。

r_{14}：若某动物是鸟且不会飞且会游泳且黑白色，则它是企鹅。

r_{15}：若某动物是鸟且善飞且不怕风浪，则它是海燕。

综合数据库：

f_1：某动物有毛发。

f_2：吃肉。

f_3：黄褐色。

f_4：有黑色条纹。

目标条件为：该动物是什么？

解：该动物分类问题的正向推理树如图 3-2 所示。

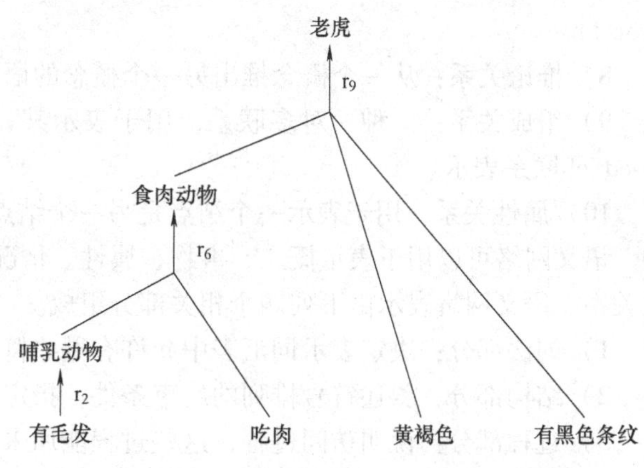

图 3-2　动物分类正向推理树

3.1.3 语义网络表示法

语义网络是1968年J. R. Quillian在研究人类联想记忆时提出的心理学模型，认为记忆是由概念间的联系实现的。1972年Simon首先将语义网络表示法用于自然语言理解系统。

语义网络是通过概念及其语义关系来表示知识的一种带标注的有向网络图。一个最简单的语义网络可由一个三元组（结点A，弧R，结点B）表示或由有向图表示，如图3-3所示。

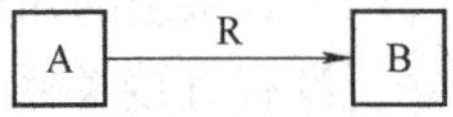

图3-3 基本网元

其中，结点表示概念、事物、事件、情况等。弧是有方向的、有标注的。方向体现主次，结点A为主，结点B为辅。弧上的标注表示结点A的属性或结点A和结点B之间的关系。当把多个基本网元用相应的语义联系关联在一起时，就可能得到一个语义网络。

语义网络可以描述任何事物之间的任意复杂关系，是通过把许多基本的语义关系关联到一起来实现的。基本语义关系是构成复杂语义关系的基石，也是语义网络知识表示的基础。以下是一些经常使用的基本语义关系。

1）类属关系：不同事物间的分类关系、成员关系或实例关系，用来表示“具体—抽象”“个体—集体”的层次分类。常用的类属关系有三种：ISA：（Is a）、AMO：（A-Member-Of）、AKO：（A-Kind-Of）。具体层结点可继承抽象层结点的属性，并能更改或增加自己的属性。

2）包含关系：又叫聚类关系，是指部分与整体之间的关系。与类属关系最主要的区别是包含关系一般不具备属性的继承性。常用的包含关系是Part-of，含义为“是一部分”。其特点是，Part-of关系下各层结点的属性可能是很不相同的。

3）占有关系：事物或属性之间的“具有”关系。常用的占有关系是Have。

4）时间关系：不同事件在其发生时间方面的先后次序关系，结点间的属性不具有继承性。常用的时间关系有三种：Before、After、During。

5）位置关系：不同事物在位置方面的空间关系，结点间的属性不具有继承性。常用的位置关系有Located-on（at、under、inside、outside）。

6）因果关系：用于表示规则性知识。常用If-then联系表示两个结点间的因果关系。

7）相近关系：不同事物的某些特征的相似和接近。常用的相近关系有Similar-to、Near-to。

8）推论关系：从一个概念推出另一个概念的语义关系。

9）组成关系：一种一对多联系，用于表示某一事物由其他一些事物构成，常用Composed-of联系表示。

10）属性关系：用于表示一个结点是另一个结点的属性关系。

语义网络可以用于表示概念、事物、属性、情况、动作、事件和规则以及它们之间的语义关系。语义网络表示由下列四个相关部分组成。

1）词法部分：决定表示词汇表中允许有哪些符号，它涉及各个结点和弧线。

2）结构部分：叙述符号排列的约束条件，指定各弧线连接的结点对。

3）过程部分：说明访问过程，这些过程能用来建立和修正描述，以及回答相关问题。

4）语义部分：确定与描述相关意义的方法，即确定有关结点的排列及其占有物和对应弧线。

3.2　搜索技术

搜索是人工智能中的一个核心技术，是推理不可分割的一部分，它直接关系到智能系统的性能和运行效率。按照一定的策略或规则，从知识库中寻找可利用的知识，从而构造出一条使问题获得解决的推理路线的过程，称为搜索。所以搜索包含两层含义：一层含义是找到从初始事实到问题最终答案的一条推理路线；另一层含义是找到的这条路线是时间和空间复杂度最小的求解路线。

搜索分为盲目搜索和启发式搜索两种。盲目搜索方法又叫非启发式搜索，是一种无信息搜索，一般只适用于求解比较简单的问题。盲目搜索通常是按预定的搜索策略进行搜索，而不会考虑到问题本身的特性。常用的盲目搜索有宽度优先搜索和深度优先搜索两种。启发式搜索考虑问题领域可应用的知识，根据具体情况动态地确定规则的排序，优先调用较合适的规则使用，从而使搜索求解的效率更高，更易于求解复杂问题。

3.2.1　盲目搜索策略

为了利用搜索的方法求解问题，首先必须将被求解的问题用某种形式表示出来。不同的知识表示对应着相应的求解方法。和搜索相对应的知识表示法有两种——状态空间表示法和与/或树表示法。

状态空间表示法是一种基于解答空间的问题表示和求解方法，是以状态和操作符为基础的。在利用状态空间图表示时，从某个初始状态开始，每次加一个操作符，递增地建立起操作符的试验序列，直到达到目标状态为止。由于状态空间法需要扩展较多的结点，容易出现"组合爆炸"，因而只适用于表示比较简单的问题。

状态空间由一个四元组构成：

1）状态：描述问题求解过程中不同时刻状况的数据结构。

2）算符：使问题由一个状态变为另一个状态的操作。

3）状态空间：一个问题的全部状态及一切可用算符构成的集合，一般包括三部分（初始状态集合 S，算符集合 F，目标状态集合 G）。

4）问题的求解：从 S 出发经过一系列的算符运算，到达目标状态。由初始状态到目标状态所用算符的序列构成了问题的一个求解。

在前面的内容中已经指出，可以用状态空间对一个问题进行表示，而且这一表示也可以使用图示的方法，这种图示的方法称为状态空间图。状态空间图把状态空间的问题求解过程用图的形式表示出来，结点代表状态，弧代表算符，如图3-4所示。（1，2）表示第1行，第2列位置放置Q，（（1，2）（2，4）（3，1））表示当前状态是在（1，2）、（2，4）、（3，1）三个位置放置棋子。所以，它是一个四皇后问题，四个棋子之间不能互相攻击，即每行、每列和每条对角线上只允许出现一个棋子。

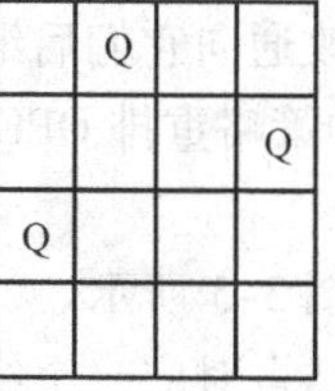

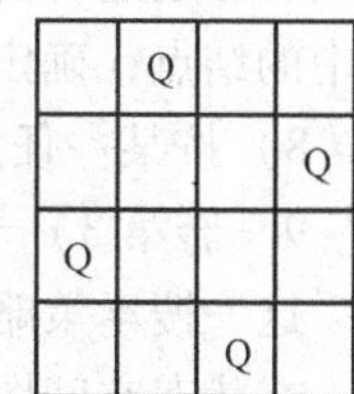

((1, 2) (2, 4) (3, 1))　→　((1, 2) (2, 4) (3, 1) (4, 3)

图3-4　状态空间图

状态空间搜索中有一些常见的概念：

1）扩展：用合适的算符对某个结点进行操作，生成一组后继结点。扩展过程就是求后继结点的过程。

2）已扩展结点：已经求出了其后继结点的结点。

3）未扩展结点：尚未求出后继结点的结点。

4）OPEN 表：存放未扩展的结点，记录当前结点及其父结点（见表 3-1）。

5）CLOSED 表：存放已扩展结点，记录编号、当前结点及其父结点（见表 3-2）。

表 3-1　OPEN 表结构

未扩展结点	父结点

表 3-2　CLOSED 表结构

编号	已扩展结点	父结点

状态空间的一般搜索算法步骤如下：

1）建立一个只含有初始结点 S_0 的搜索图 G，把 S_0 放入 OPEN 表中。

2）建立 CLOSED 表，且置为空表。

3）判断 OPEN 表是否为空表，若为空，则问题无解，退出。

4）选择 OPEN 表中的第一个结点，把它从 OPEN 表中移出，并放入 CLOSED 表中，将此结点记为结点 n。

5）考查结点 n 是否为目标结点，若是，则问题有解，成功退出。问题的解就是沿着 n 到 S_0 的路径得到。若不是，转第 6）步。

6）扩展结点 n 生成一组不是 n 的祖先的后继结点，并将它们记为集合 M，将 M 中的这些结点作为 n 的后继结点加入图 G 中。

7）对未在 G 中出现过的（OPEN 和 CLOSED 表中未出现过的）集合 M 中的结点，设置一个指向父结点 n 的指针，并把这些结点放入 OPEN 表中；对于已在 G 中出现过的 M 中的结点，确定是否需要修改指向父结点的指针；对于已在 G 中出现过并已在 CLOSED 表中的 M 中的结点，确定是否需要修改通向它们后继结点的指针。

8）按某一任意方式或某种策略重排 OPEN 表中结点的顺序。

9）转第 3）步。

这一搜索策略的流程图如图 3-5 所示。

在状态空间图中，每一个结点对应一个结点深度值，根结点深度 =0，其他结点深度 = 父结点深度 +1。两个连通结点之间可以定义路径，设一结点序列为（n_0，n_1，…，n_k），对于 $i=1$，…，k，若结点 n_{i-1} 具有一个后继结点 n_i，则该序列称为从 n_0 到 n_k 的路径。一条路径的消耗值等于连接这条路径各结点间所有消耗值的总和，用 $C(n_i, n_j)$ 表示从结点 n_i 到 n_j 的路径的消耗值。在扩展过程中，用合适的算符对某个结点进行操作，生成一组

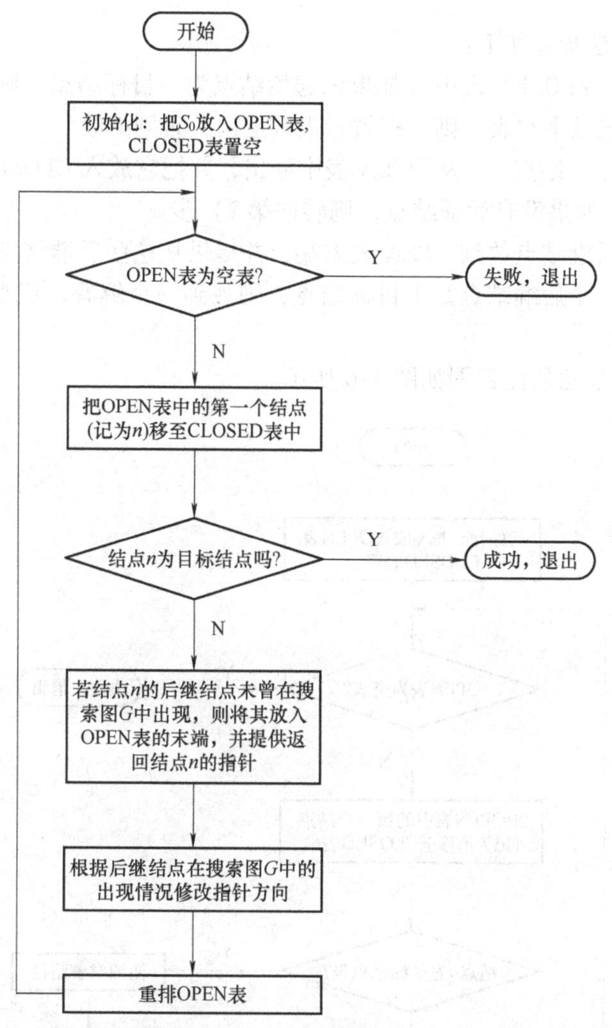

图 3-5　状态空间的搜索流程图[1]

后继结点。扩展过程实际上就是求后继结点的过程。将未扩展的结点存于一个名为 OPEN 的表中，而将已扩展的结点存于一个名为 CLOSED 的表中。如扩展结点 n，产生三种类型的结点：

1）m_k：没在 OPEN 和 CLOSED 表中出现过。

2）m_j：在 OPEN 表中出现过。

3）m_l：在 CLOSED 表中出现过。

3.2.2　宽度优先搜索策略

宽度优先搜索（又称广度优先搜索）算法是最简便的图的搜索算法之一，也是很多重要的图的算法的原型，属于一种盲目搜索法。该算法的目的是系统地展开并检查图中的所有结点，以找寻结果。换句话说，它并不考虑结果的可能位置，而是彻底地搜索整张图，直到找到结果为止。这种搜索是逐层进行的，即在对下一层的任一结点进行搜索之前，必须搜索完本层的所有结点。

宽度优先搜索算法步骤如下：

1）把起始结点放到 OPEN 表中（如果该起始结点为一目标结点，则求得一个解答）。

2）如果 OPEN 表是个空表，则没有解，失败退出；否则继续。

3）把第一个结点（结点 n）从 OPEN 表中移出，并把它放入 CLOSED 扩展结点表中。

4）扩展结点 n，如果没有后继结点，则转向第 2）步。

5）把 n 的所有后继结点放到 OPEN 表末端，并提供从这些后继结点回到 n 的指针。

6）如果 n 的任一个后继结点是个目标结点，则找到一个解答，成功退出；否则转向第 2）步。

该宽度优先搜索算法的流程图如图 3-6 所示。

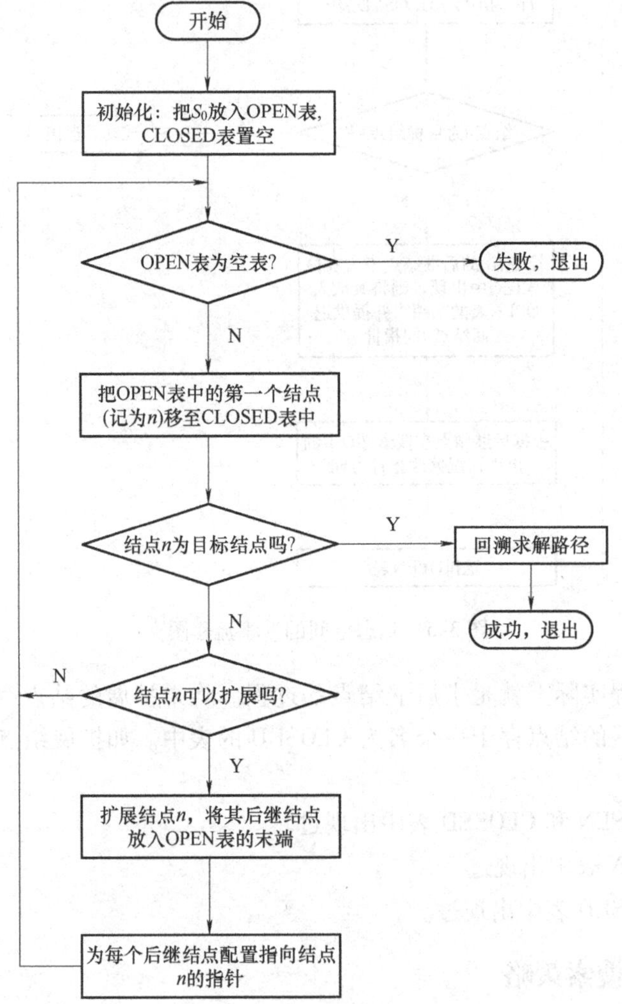

图 3-6　宽度优先搜索算法流程图[1]

【例 3.4】　八数码难题：设在 3×3 的一个方格模盘上，摆放着 8 个数码管 1、2、3、4、5、6、7、8，有一个方格是空的，其初始状态如图 3-7a 所示，要求对空格执行下列操作

（或算符）：空格左移、空格上移、空格右移、空格下移，使 8 个数据最终按图 3-7b 的格式摆放，图 3-7b 称为目标状态。要求寻找从初始状态到目标状态的路径。

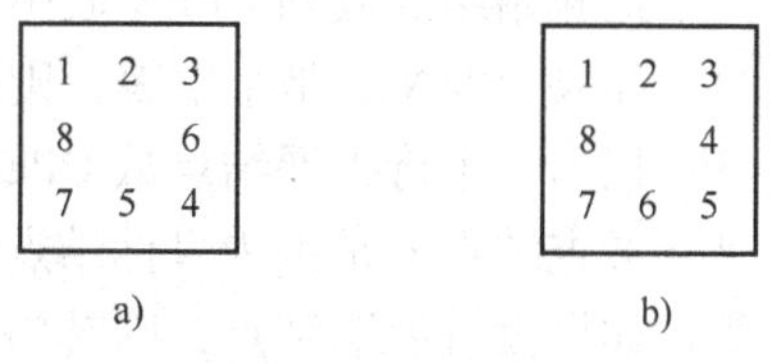

图 3-7　八数码难题

a）初始状态　b）目标状态

把宽度优先搜索应用于八数码难题时所生成的搜索树就是要把初始棋局变为目标棋局的问题的解决途径。图 3-8 是八数码难题的宽度优先搜索树。

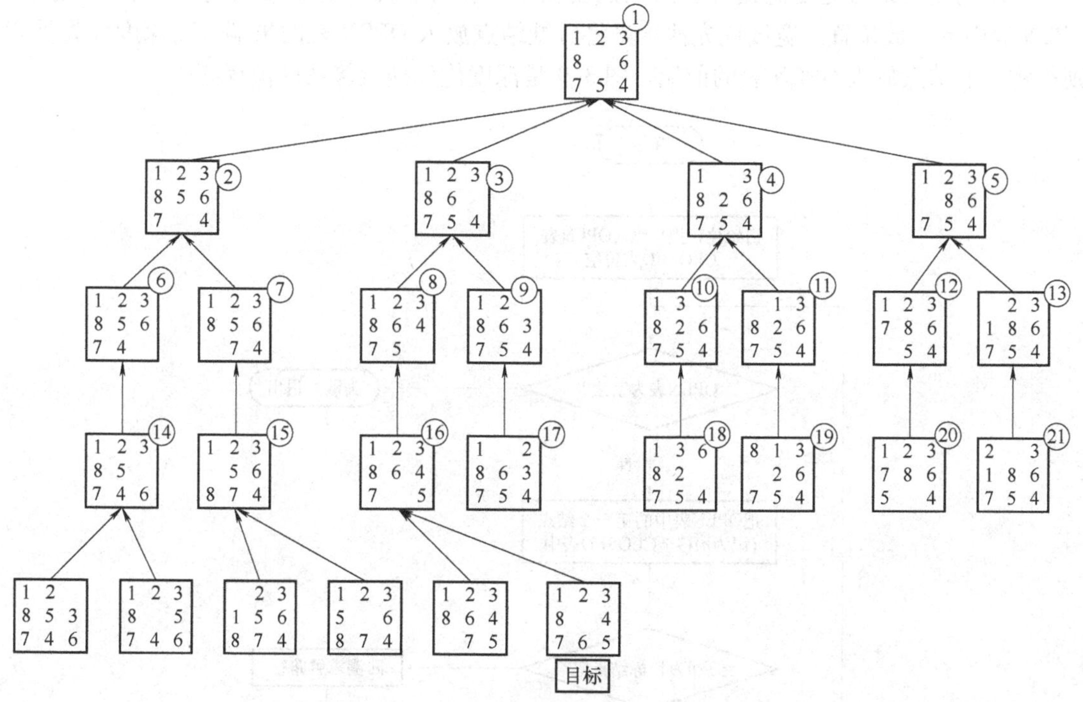

图 3-8　八数码难题的宽度优先搜索树

运用宽度优先搜索策略进行求解时，当问题有解时，一定能找到解。当问题为单位消耗值且问题有解时，一定能找到最优解。算法与问题无关，具有通用性，但是时间效率和空间效率都比较低。

3.2.3　深度优先搜索策略

深度优先搜索也是一种盲目搜索策略，在此搜索中，首先扩展最新产生的（即最深的）结点，深度相等的结点可以任意排列。扩展最深的结点的结果使得搜索沿着状态空间某条单一的路径从起始结点向下进行下去，只有当达到某个既非目标结点又无法继续扩展的结点时，才选择其兄弟结点进行考查。

为了避免考虑太长的路径（防止搜索过程沿着无益的路径扩展下去），往往给出一个结点扩展的最大深度界限。任何结点如果达到了深度界限，那么都将把它们作为没有后继结点来处理。

深度优先搜索算法步骤如下：

1）把起始结点放到 OPEN 表中（如果该起始结点为一目标结点，则求得一个解答）。

2）如果 OPEN 表是个空表，则没有解，失败退出；否则继续。

3）把第一个待扩展结点从 OPEN 表中移出，并把它放入 CLOSED 扩展结点表中。

4）考查结点 n 是否为目标结点，若是，则找到问题的解，回溯求解路径，退出。

5）如果没有后继结点，则转向第 2）步。

6）扩展结点 n，把 n 的所有后继结点放到 OPEN 表前端，并提供从这些后继结点回到 n 的指针，转向第 2）步。

深度优先搜索与宽度优先搜索的区别就在于：在对结点 n 进行扩展时，其后继结点在 OPEN 表中的存放位置。宽度优先搜索是将后继结点放入 OPEN 表的末端，而深度优先搜索则是将后继结点放入 OPEN 表的前端。图 3-9 是深度优先搜索算法的流程图。

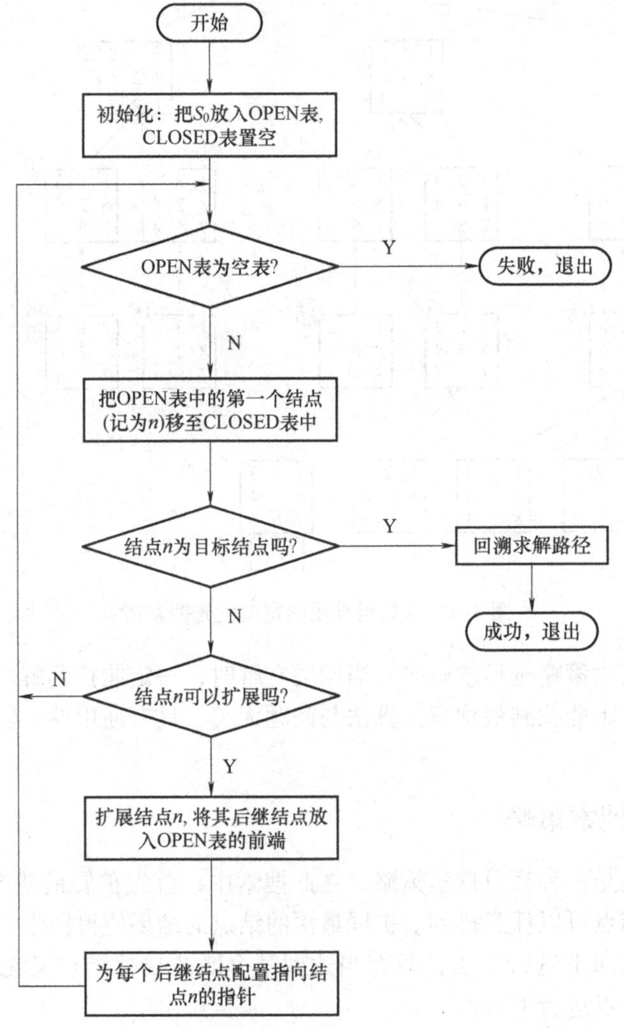

图 3-9　深度优先搜索算法流程图[1]

对八数码难题，利用深度优先搜索方法进行搜索来求解问题，搜索过程如图 3-10 所示。运用深度优先搜索求解时，一般不能保证找到最优解。当深度限制不合理时，可能找不到解。最坏情况时，搜索空间等同于穷举。

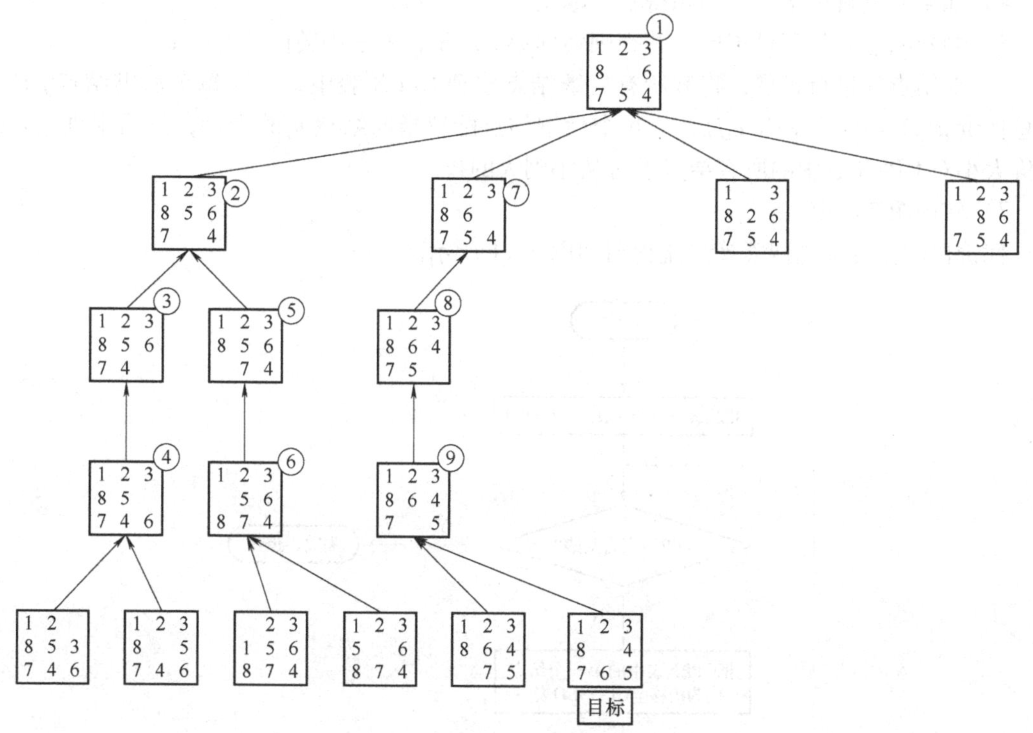

图 3-10　八数码难题的深度优先搜索树

3.2.4　代价树的宽度优先搜索

很多搜索算法没有考虑搜索的代价问题，即假设状态空间图中各结点之间的有向边的代价是相同的。在实际问题求解中，将一个状态变换成另一个状态时所付出的操作代价（或费用）是不一样的，即状态空间图中各有向边的代价是不一样的。把有向边上标有代价的搜索树称为代价搜索树，简称代价树。

在代价树中，把从结点 i 到其后继结点 j 的连线代价定义为 $C(i, j)$，而把从初始结点 S_0 到任意结点 x 的路径代价定义为 $g(x)$，则

$$g(j) = g(i) + C(i,j) \tag{3-1}$$

代价树宽度优先搜索的基本思想是：每次从 OPEN 表中选择一个代价最小的结点移入 COLSED 表。因此，每当对一结点扩展之后，就要计算它的所有后继结点的代价，并将它们与 OPEN 表中已有的待扩展的结点按代价的大小从小到大依次排序，而从 OPEN 表中选择被扩展结点时即选择排在最前面的结点（代价最小）。代价树的宽度优先搜索算法是一个完备算法。

代价树的宽度优先搜索算法步骤如下：

1）把起始结点 S_0 放到 OPEN 表中，令 $g(S_0) = 0$。

2）如果 OPEN 表是个空表，则没有解，失败退出；否则继续。

3）把 OPEN 表中代价最小的结点（即排在最前端的结点 n）移入 CLOSED 扩展结点

表中。

4）如果 n 是目标结点，问题得解，退出；否则继续。

5）判断结点 n 是否可扩展，若否则转向第 2）步，若是则转向第 6）步。

6）对结点 n 进行扩展，将其所有后继结点放到 OPEN 表中，并对每个后继结点 j 计算其总代价 $g(j)=g(n)+C(n,j)$，为每个后继结点配置指向结点 n 的指针，然后根据结点的代价大小对 OPEN 表中的所有结点进行从小到大的排序。

7）转向第 2）步。

代价树的宽度优先搜索算法流程图如图 3-11 所示。

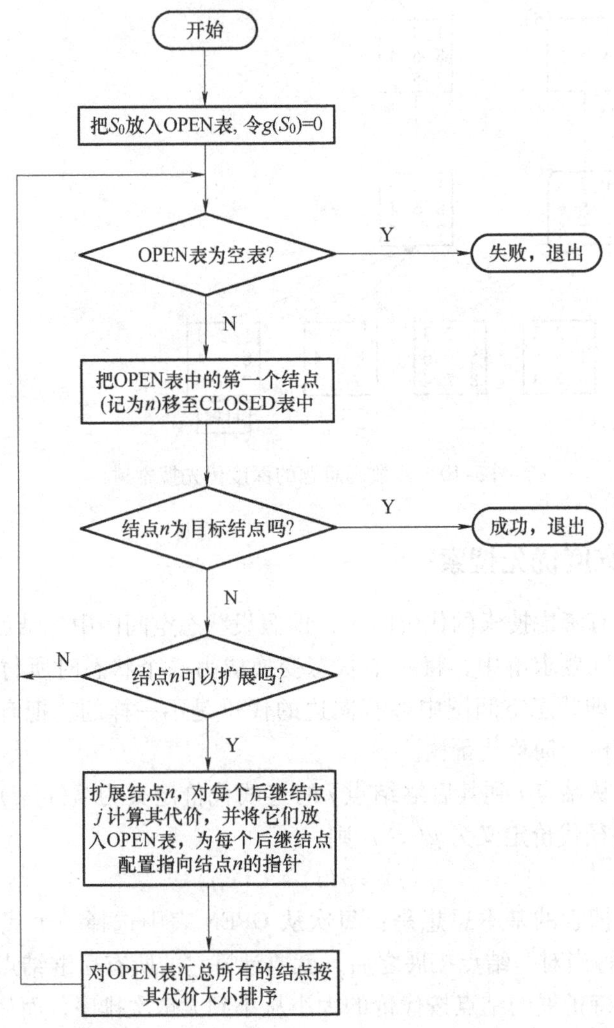

图 3-11　代价树的宽度优先搜索算法流程图[1]

3.2.5　代价树的深度优先搜索

代价树的深度优先搜索与宽度优先搜索的区别是：宽度优先搜索法每次从 OPEN 表中的全体结点中选择代价最小的结点移入 CLOSED 表，并对这一结点进行扩展或判断

（是否为目标结点）；而深度优先搜索法则是从刚刚扩展的结点之后继结点中选择一个代价最小的结点移入 CLOSED 表，并进行扩展或判断。代价树的深度优先搜索算法是不完备的算法，所求得的解不一定是最优解，甚至有可能进入无穷分支路径而搜索不到问题的解。

代价树的深度优先搜索算法步骤如下：

1）把起始结点 S_0 放到 OPEN 表中，令 $g(S_0)=0$。

2）如果 OPEN 表是个空表，则没有解，失败退出；否则继续。

3）把 OPEN 表中的第一个结点（代价最小的结点 n）移入 CLOSED 表。

4）如果 n 是目标结点，问题得解，退出；否则继续。

5）判断结点 n 是否可扩展，若否则转向第2）步，若是则转向第6）步。

6）对结点 n 进行扩展，将其后继结点按有向边代价（$C(n,j)$）从小到大排序后放到 OPEN 表前端，并为每个后继结点设置指向结点 n 的指针。

7）转向第2）步。

代价树的深度优先搜索算法流程图如图 3-12 所示。

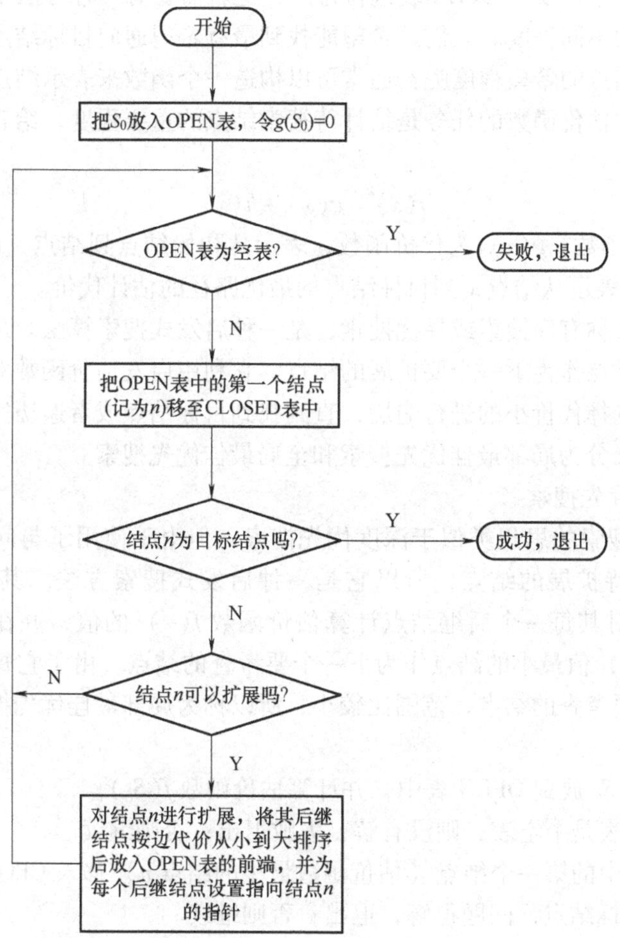

图 3-12　代价树的深度优先搜索算法流程图[1]

3.2.6 启发式搜索策略

盲目搜索的一个特点就是它的搜索路线是事先决定好的，没有利用被求解问题的任何特性信息。能否找到一种方法，能够充分利用待求解问题的某些特性，以指导搜索朝着最有利于问题求解的方向发展，即在选择那些最有希望的结点加以扩展，那么搜索的效率就会大大提高。这种利用问题的自身特性信息来提高搜索效率的搜索策略称为启发式搜索。

利用与问题有关的知识（启发信息）来引导搜索，达到减小搜索范围，降低问题复杂度的搜索过程称为启发式搜索方法。其核心问题是启发信息应用、启发能力度量和如何获得启发信息。可以用于指导搜索过程且与具体问题求解有关的控制性信息称为启发信息。若启发信息的强度大，则会降低搜索工作量，但可能导致找不到最优解；反之，则会导致工作量加大，极限情况下变为盲目搜索，但可能找到最优解。

启发信息按其作用可以分为三种：①用于决定要扩展的下一个结点；②在扩展一个结点的过程中，用于决定要生成哪一个或哪几个后继结点；③用于确定某些应该从搜索树中抛弃或修建的结点。

在启发搜索过程中，要对 OPEN 表进行排序，这就需要有一种方法来计算待扩展结点有希望通向目标结点的不同程度。人们总希望能找到最有希望通向目标结点的待扩展结点优先扩展，如何来度量结点的希望程度呢？通常可以构造一个函数来表示结点的希望程度，这种函数称为估价函数。估价函数的任务是估计待搜索结点的重要程度，给它们排定次序。估价函数的一般形式为

$$f(x)=g(x)+h(x) \tag{3-2}$$

式中，$f(x)$ 为估价函数；$g(x)$ 为代价函数，表示从初始结点到结点 x 已实际付出的代价；$h(x)$ 为启发函数，表示从结点 x 到目标结点的最优路径的估计代价。

最佳优先搜索又称有序搜索或择优搜索，是一种启发式搜索算法。最佳优先搜索算法总是选择最有希望的结点作为下一个要扩展的结点。它利用启发估价函数对将要被遍历到的结点进行估价，然后选择代价小的进行遍历，直到找到目标结点或者遍历完所有结点，算法结束。最佳优先搜索又分为局部最佳优先搜索和全局最佳优先搜索。

（1）局部最佳优先搜索

局部最佳优先搜索的思想类似于深度优先搜索，但由于使用了与问题特性相关的估价函数来确定下一个待扩展的结点，所以它是一种启发式搜索方法。其思想是：当对某一个结点扩展之后，对其每一个后继结点计算估价函数 $f(x)$ 的值，并在这些后继结点的范围内，选择一个 $f(x)$ 值最小的结点作为下一个要考查的结点。由于它每次只在后继结点的范围内选择下一个要考查的结点，范围比较小，所以称为局部最佳优先搜索。其搜索算法步骤如下：

1）把起始结点 S_0 放到 OPEN 表中，并计算估价函数 $f(S_0)$。

2）如果 OPEN 表是个空表，则没有解，失败退出；否则继续。

3）把 OPEN 表中的第一个结点（估价函数最小的结点 n）移入 CLOSED 表。

4）如果 n 是目标结点，问题得解，退出；否则继续。

5）判断结点 n 是否可扩展，若否则转向第 2）步，若是则转向第 6）步。

6）对结点 n 进行扩展，并对其所有后继结点计算估价函数 $f(n)$ 的值，按照估价函数

值从小到大排序，放入 OPEN 表的前端。

7）为每个后继结点设置指向 n 的指针。

8）转向第 2）步。

上述搜索过程的流程图如图 3-13 所示。

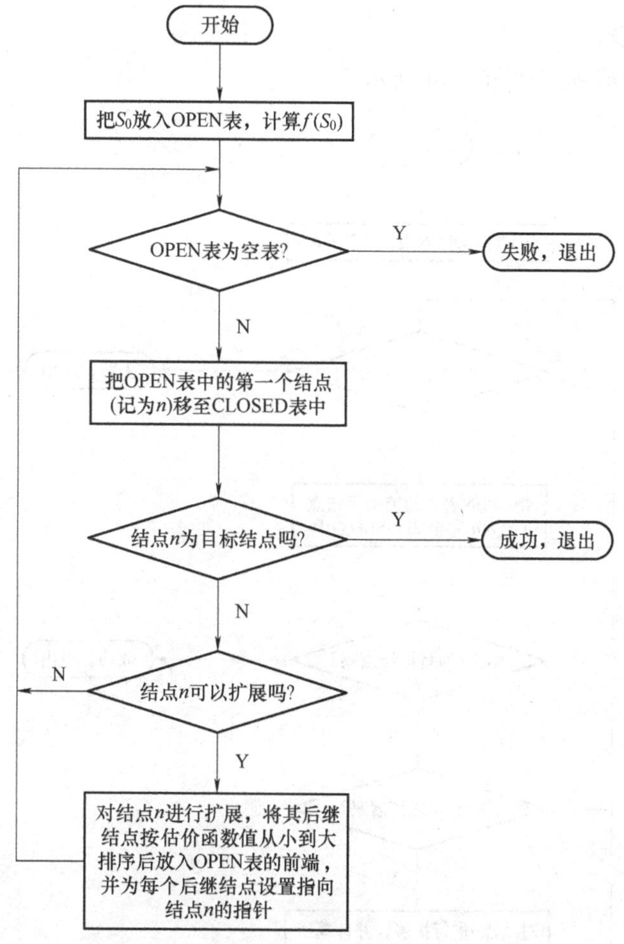

图 3-13　局部最佳优先搜索算法流程图[1]

（2）全局最佳优先搜索

全局最佳优先搜索也是一种有信息的启发式搜索，它的思想类似于宽度优先搜索，所不同的是，在确定下一个扩展结点时，以与问题特性密切相关的估价函数 $f(x)$ 为标准，不过这种方法是在 OPEN 表中的全部结点中选择一个估价函数 $f(x)$ 值最小的结点，作为下一个被考查的结点。正是因为选择的范围是 OPEN 表中的全部结点，所以称为全局最佳优先搜索。其搜索算法步骤如下：

1）把起始结点 S_0 放到 OPEN 表中，并计算估价函数 $f(S_0)$。

2）如果 OPEN 表是个空表，则没有解，失败退出；否则继续。

3）把 OPEN 表中的第一个结点（估价函数最小的结点 n）移入 CLOSED 表。

4）如果 n 是目标结点，问题得解，退出；否则继续。

5）判断结点 n 是否可扩展，若否则转向第2）步，若是则转向第6）步。

6）对结点 n 进行扩展，并对其所有后继结点计算估价函数 $f(n)$ 的值，且为每个后继结点设置指向结点 n 的指针。

7）把这些后继结点都送入 OPEN 表，然后对 OPEN 表中的全部结点按照估价函数值从小到大排序。

8）转向第2）步。

上述相应的算法流程图如图 3-14 所示。

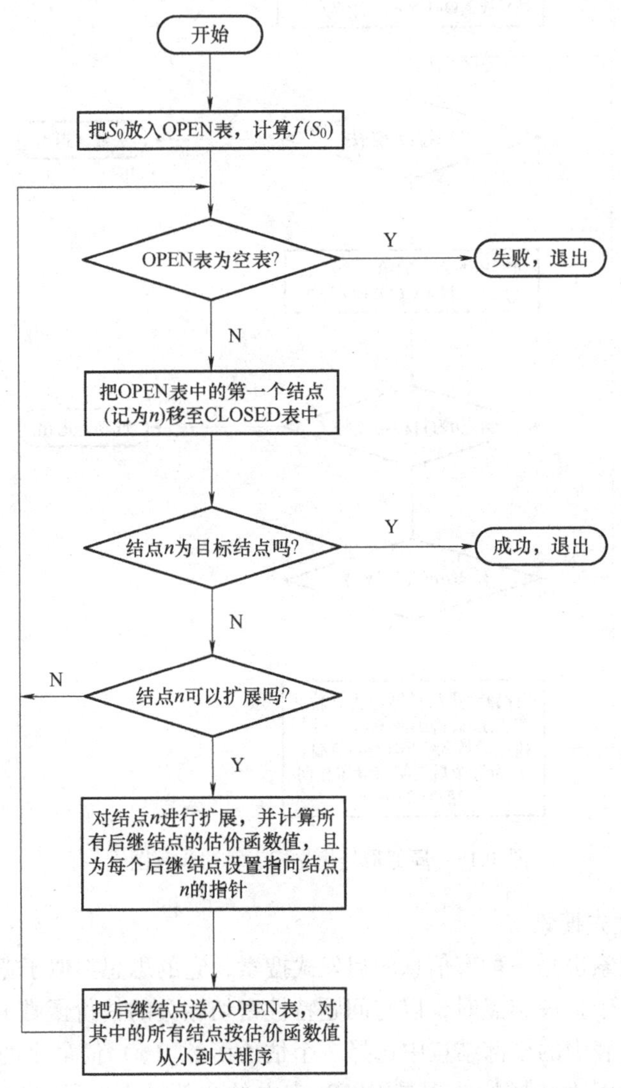

图 3-14　全局最佳优先搜索算法流程图[1]

【例 3.5】　利用启发式搜索策略求解八数码难题。八数码难题的初始状态图及目标状态图分布如图 3-7a、b 所示。

解： 定义估价函数为

$$f(n)=g(n)+h(n)=d(n)+h(n)$$

式中，$d(n)$ 为结点的深度，表示从初始结点到当前结点的消耗值；$h(n)$ 为当前结点“不在位”的牌数，如图 3-15 所示。

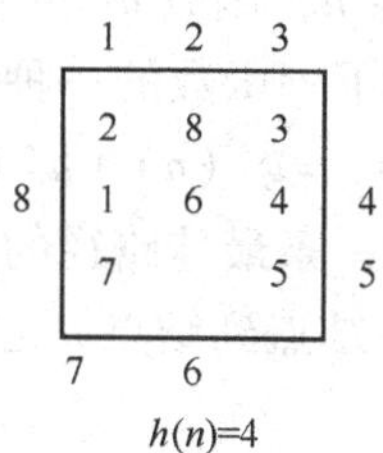

图 3-15　当前结点“不在位”的牌数

搜索过程如图 3-16 所示，结点旁边不带圆圈的数字表示该结点的估价函数值，带圆圈的数字表示该结点的扩展顺序。

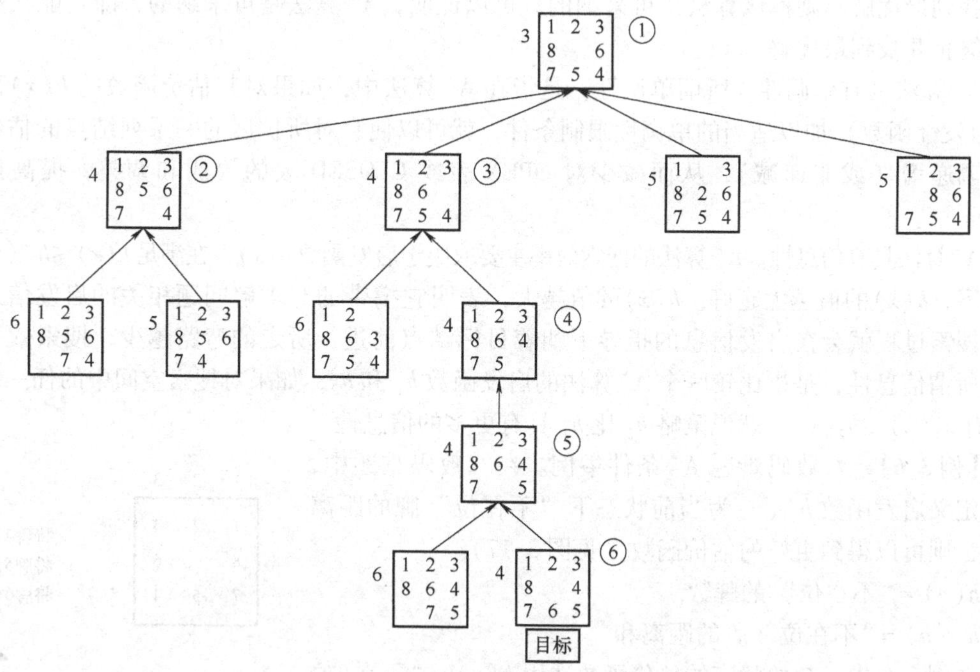

图 3-16　八数码难题的启发式搜索过程

在启发式搜索中，估价函数的定义是非常重要的，如果定义得不好，则上述的搜索算法不一定能找到问题的解，即便找到问题的解，也不一定是最优解。所以有必要讨论如何对估价函数进行限制或定义。

3.2.7　A* 启发式搜索算法

A* 启发式搜索算法用了一种特殊定义的估价函数，是一种有序搜索算法，其特点在于对估价函数的定义上。令 $k(n_i, n_j)$ 表示任意两个结点 n_i 和 n_j 之间最小代价路径的实际代价（对于两结点间没有通路的结点，函数 k 没有定义），于是，从结点 n 到某个具体的目标结点 t_i，某一条最小代价路径的代价可由 $k(n, t_i)$ 给出。令 $h^*(n)$ 表示整个目标结点集合

$\{t_i\}$上所有$k(n, t_i)$中最小的一个，因此，$h^*(n)$就是从n到目标结点最小代价路径的代价，而且从n到目标结点能够获得$h^*(n)$的任一路径就是一条从n到某个目标结点的最佳路径（对于任何不能到达目标结点的结点n，函数h^*没有定义）。

估价函数$f(n)=g(n)+h(n)$是对下列函数的一种估计或近似：

$$f^*(n)=g^*(n)+h^*(n) \tag{3-3}$$

式中，$f^*(n)$为从初始结点到节点n的一条最佳路径的实际代价加上从结点n到目标结点的最佳路径的代价之和；$g^*(n)$为从初始结点到结点n之间最佳路径的实际代价；$h^*(n)$为从结点n到目标结点的最佳路径的代价。

在A*算法中，要求启发函数$h(n)$是$h^*(n)$的下界，即$h(n)\leqslant h^*(n)$；极端情况下，若$h(n)=0$，一定能找到最佳解路径。

A*算法具有可采纳性。所谓可采纳性，是指对于可求解的状态空间图（即从状态空间图的初始结点到目标结点有路径存在）来说，如果一个搜索算法能在有限步骤内终止，并且能找到最优解，则称该算法是可采纳的。可以证明，A*算法是可采纳的，即它能在有限步内终止并找到最优解。

A*算法具有单调性。所谓单调性，是指在A*算法中，如果对其估价函数的$h(x)$部分（即启发性函数）加以适当的单调性限制条件，就可以使它对所扩展的一系列结点的估价函数单调递增（或非递减），从而减少对OPEN表或CLOSED表的检测和调整，提高搜索效率。

A*算法具有信息性。A*算法的搜索效率主要取决于启发函数$h(x)$，在满足$h(x)\leqslant h^*(x)$的前提下，$h(x)$的值越大越好。$h(x)$的值越大，表明它携带的与求解问题相关的启发信息越多，搜索过程就会在启发信息的指导下朝着目标结点前进，所走的弯路越少，搜索效率越高。所谓信息性，是指比较两个A*算法的启发函数h_1和h_2，如果对搜索空间中的任一结点x都有$h_1(x)\leqslant h_2(x)$，就说策略h_2比h_1具有更多的信息性。

【例3.6】 八数码难题A*条件举例。在八数码难题中，如果定义启发函数$h^*(n)$为当前状态下“不在位”牌的距离总和，则可以得到更好的估价函数（见图3-17）。

$h(n)$=“不在位”的牌数

$h^*(n)$=“不在位”牌的距离和

在例3.6中，初始状态的估价函数选用$h(n)$（“不在位”的牌数），所以初始状态的估价函数值是3，因为有4张牌不在它们应该在的位置。在A*算法中，如果选用$h^*(n)$（“不在位”牌的距离和）作为估价函数，则初始状态的估价函数值是4。相比于$h(n)$，$h^*(n)$对初始状态的估价更加准确，因为从初始状态到目标状态最少需要移动4张牌，$h^*(n)$精确地进行了代价估计，而$h(n)$的估计就没有那么准确了。因此，A*算法的启发函数挖掘了更多的信息，使得A*算法能提供更好的搜索路径。

1 2 3
1 2 3
8 8 6 4
7 5 4 5
7 6

将牌4：1
将牌5：1
将牌6：2

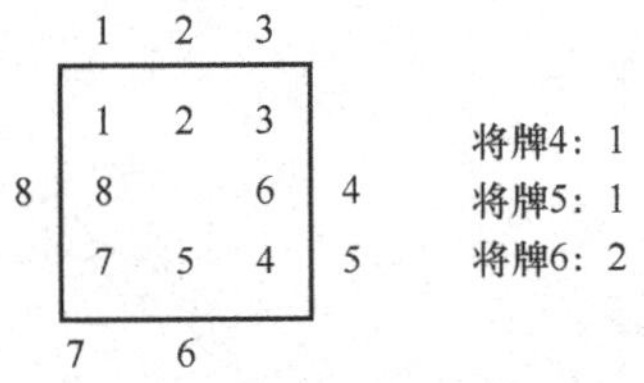

图3-17 当前结点需要移动牌的最少距离总和

3.3 知识推理

推理是指从一个或几个已知事实（前提）出发，运用已掌握的知识（规则），推导出知识蕴含的结论或归纳出某些新结论的一种思维形式。其中，推理所用的前提可以是初始证据，也可以是推理过程中已经推理得到的结论。

1. 推理方法

人工智能中推理方法有很多种，可以按照推理的逻辑基础、所用知识的确定性和推理过程的单调性来对推理方法进行分类。

1）如果按照推理的逻辑基础分类，常用的推理方法可分为演绎推理、归纳推理。演绎推理是由一般原理到特殊事实的推理方法，从已知的一般性知识出发，推理出适合于特殊条件的结论。三段论推理是演绎推理中的一种最常用形式，包括大前提（已知的一般原理）、小前提（所研究的特殊情况）和结论（符合一般原理的特殊情况判断）三部分。归纳推理是从特殊事例中概括出一般性结论的推理方法，由关于个别事物的观点推广到范围较大的观点。归纳结论不具备逻辑必然性。归纳推理按特殊事例考查范围可分为完全归纳推理、不完全归纳推理，按使用的方法可分为枚举归纳推理、类比归纳推理等。演绎推理所得出的结论蕴含在已知一般原理的大前提中，演绎推理只不过是将它显性表示出来，因此演绎推理没有增加新知识。归纳推理所推出的一般性结论不是一定蕴含在作为前提的特殊事例中，所以，归纳推理是由个别事例推导出一般原理的过程，有可能增加新知识。在演绎推理中，如果前提真实，推理形式正确，结论就必然是真的。在归纳推理中，即使前提真实，推理形式也正确，也不能保证必然推出真实的结论。

2）如果按推理所用知识的确定性来划分，常用的推理方法可分为确定性推理、不确定性推理。确定性推理是指推理所用的知识和推出的结论都是确定的，只能是真或者假两种可能性，不会出现第三种可能性。不确定性推理是指推理所用的证据、知识不都是确定的，推出的结论也不完全是确定的，可能位于真与假之间。不确定性推理包括模糊推理、粗糙集理论、非单调推理。

3）如果按照推理过程中所推出的结论是否单调增加或者越来越接近最终目标来划分，推理方法可分为单调推理与非单调推理。单调推理是指新知识的加入使得推理所得到的结论总是越来越接近于最终目标，不会出现反复情况。演绎推理是典型的单调推理。非单调推理是指某些新知识的加入会与原来已推出的结论相矛盾，推理过程要回到先前的某一步，重新进行推理。默认推理是典型的非单调推理。

2. 推理的控制策略

人工智能系统依靠推理过程进行问题求解，不仅受推理方法影响，也和推理的控制策略有关。推理的控制策略包括推理方向、搜索策略、冲突消解策略、求解策略、限制策略等。下面只介绍推理方向。

推理方向可以是证据驱动的或是目标驱动的，包括正向推理、反向推理、混合推理及双向推理。

（1）正向推理

正向推理又称数据驱动推理、演绎推理（相对于逆向推理、归纳推理），是按照由条件推出结论的方向进行的推理方式，从一组事实出发，使用一定的推理规则，来证明目标事实或命题的成立。正向推理流程图如图 3-18 所示。

正向推理的基本算法步骤如下：

1）从初始已知事实出发，在知识库中找出当前可适用的知识，构成可用知识集。

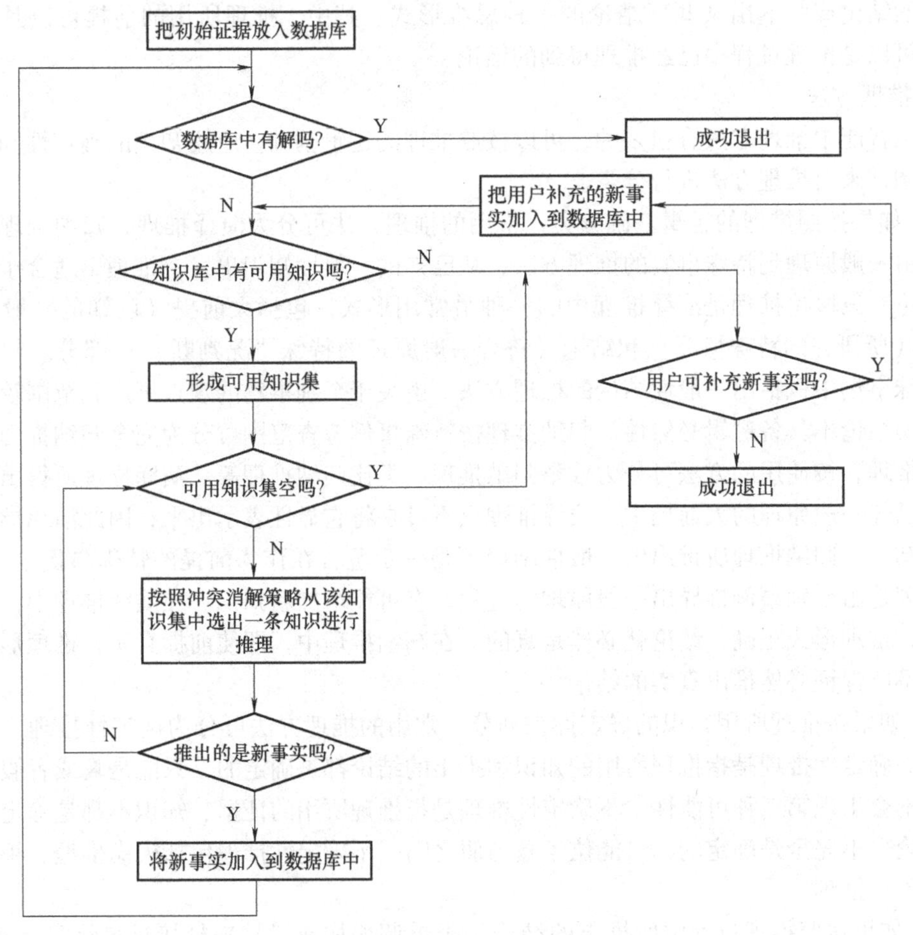

图 3-18　正向推理流程图[1]

2）按某种冲突消解策略从知识集中选出一条知识进行推理（见图 3-19），并将推出的新事实加入到数据库中作为下一步推理的已知事实，再在知识库中选取可适用知识构成知识集。

3）重复第 2）步，直到求得问题的解或知识库中再无可适用的知识。

运用正向推理控制策略，用户可以主动地提供问题的相关信息，并且及时给出反应。它的不足之处在于推理过程中可能推出许多和问题无关的信息，有一定的盲目性，效率较低。

（2）反向推理

反向推理又称目标驱动推理，是问题解决策略的一种。它的推理方式和正向推理正好相反，是由结论出发，逐级验证该结论的正确性，直至已知条件。反向推理流程图如图 3-20 所示。反向推理的基本算法步骤如下：

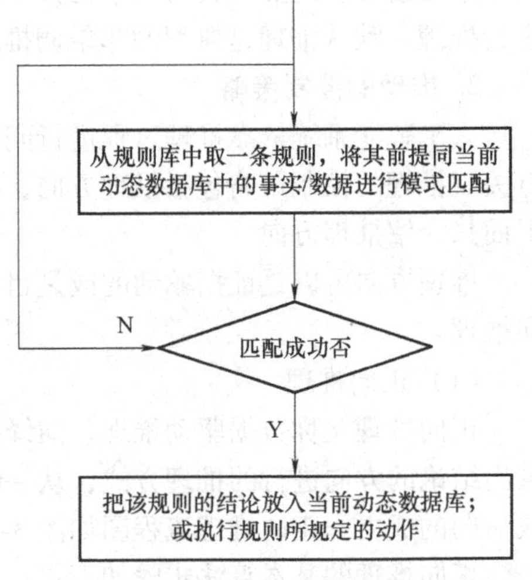

图 3-19　推理机的一次推理过程示意图[1]

1）选定一个假设目标。

2）寻找支持该假设的证据，若所需的证据都能找到，则原假设成立；若无论如何都找不到所需要的证据，说明原假设不成立，需要另做新的假设。

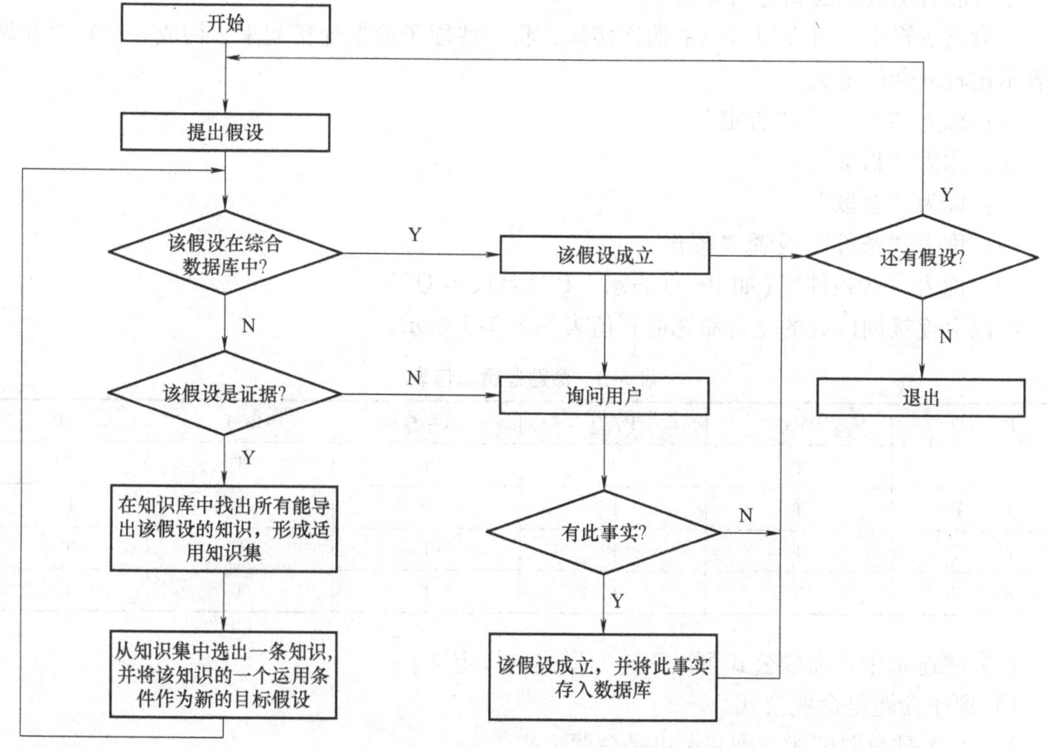

图 3-20 反向推理流程图[1]

反向推理比正向推理复杂一些，有许多问题需要考虑。如何判断一个假设是否是证据？当导出假设的知识有多条时，如何确定先选哪一条？一条知识的运用条件一般都有多个，当其中的一个经验证成立后，如何自动地换为对另一个的验证？

反向推理的主要优点是方向明确，不推理与目标无关的知识，目的性强，同时还有利于向用户提供解释；主要缺点是当用户对解的情况了解不多时，假设目标的选择有盲目性。

（3）双向推理

双向推理即自顶向下的和自底向上的双方向推理，直至在某个中间界面上两个方向的推理结果相符便成功结束。很显然，和正向及反向推理相比较，双向推理所形成的推理网络来得小，时间和空间的浪费也少，从而推理效率更高。

3.3.1 命题逻辑

命题逻辑与谓词逻辑是最先应用于人工智能的两种逻辑，对于知识表示和定理自动证明发挥了重要作用。命题逻辑是指以逻辑运算符结合原子命题来构成表示“命题”的公式，以及允许某些公式建构成“定理”的“证明规则”。谓词逻辑是对命题逻辑的扩充。谓词逻辑引入了个体、谓词、量词及函数符号。

命题就是那些能够分辨真假的语句。原子命题就是一个不能再进一步分解成更简单的语句的命题，也就是最简单的命题。原子命题是命题中最基本的单位。一般用P、Q、R……大写拉丁字母表示命题，而命题的逻辑值（真与假）用T与F表示。命题常量是一个特定的命题，有明确的逻辑值（T或F）。命题变量是一个抽象的命题，只有把确定的命题代入后，才可能有明确的逻辑值（T或F）。

在命题逻辑中，可以通过以下的连接词，将一些原子命题连接起来，构成一个复合命题以表示比较复杂的定义。

~：称为“非”或“否定”。

∨：称为“析取”。

∧：称为“合取”。

→：称为“条件”或者“蕴含”。

↔：称为“双条件”（如P↔Q表示“P当且仅当Q”）。

由以上连接词构成的复合命题的真值表如表3-3所示。

表3-3 命题逻辑真值表

P　Q	P∨Q	P∧Q	P→Q	P↔Q	~P
T　T	T	T	T	T	F
T　F	T	F	F	F	F
F　T	T	F	T	F	T
F　F	F	F	T	T	T

在命题逻辑中，命题公式可以用递归形式进行定义。

1）原子命题是命题公式。

2）若A是命题公式，则~A也是命题公式。

3）若A和B都是命题公式，则A∧B、A∨B、A→B、A↔B也都是命题公式。

4）只有按1）~3）所得的公式才是命题公式。

所以，命题公式是由原子命题、连接词以及圆括号按照上述规则所组成的。命题公式有时也称为命题演算公式。命题逻辑虽然可以用来表示知识，但它无法表示所描述的客观事物的结构和逻辑特征，也不能反映不同事物的共同特征。为了克服命题逻辑的局限性，引入了谓词逻辑。

3.3.2 谓词逻辑

在原子命题中，所描述的对象称为个体，用以描述个体的性质或个体间关系的部分称为谓词。个体可以是抽象的概念或具体的事物。谓词则是用于刻画个体的性质、状态或个体间的关系的。

一个谓词如果只和单个个体相关联或者表示单个个体的特征，称为一元谓词。一个谓词如果与多个个体相关联，称为多元谓词，主要用于表示多个个体间的“关系”。命题的谓词形式中的个体出现的次序可能会影响命题逻辑值，不能改变，否则命题逻辑值可能有变化。谓词的一般形式：

$$P(x_1, x_2, \cdots, x_n)$$

其中，P是谓词，而x_1，x_2，…，x_n是个体，可以是常量，也可以是变量或者函数。例如，

“小刘的哥哥是个工人”，可以表示为worker（brother（Liu）），其中brother（Liu）是一个函数。个体常数、变量和函数统称为项。谓词中包含的个体数目称为谓词的元数，如$P(x)$是一元谓词，$P(x,y)$是二元谓词，而$P(x_1,x_2,\cdots,x_n)$则是n元谓词。谓词$P(x_1,x_2,\cdots,x_n)$中，若$x_i(i=1,2,\cdots,n)$都是个体常量、变元或函数，没有谓词，则称它为一阶谓词；如果其中某个x_i是一个一阶谓词，则称它为二阶谓词，依次类推。谓词和函数从形式上看很相似，但是有本质的区别：谓词的结果是逻辑值（“真”或“假”），而函数则是自变量到因变量之间的映射。

由单个谓词构成的不含任何连接词的公式，叫作原子谓词公式。在谓词逻辑中，可以通过命题逻辑中相同的连接词，将一些原子谓词公式连接起来，构成一个复合谓词公式表示比较复杂的定义。这些连接词包括~、∨、∧、→、↔。在谓词逻辑中，两种量词用于表示谓词与个体间的关系：①全称量词（∀），表示“个体域中的所有（或任一）x”；②存在量词（∃），表示“在个体域中存在个体x”。

【例3.7】 试用量词、谓词表示下列命题：

① 所有大学生都热爱祖国；

② 每个自然数都是实数；

③ 一些大学生有远大理想；

④ 有的自然数是素数。

令$S(x)$：x是大学生；$L(x)$：x热爱祖国；$N(x)$：x是自然数；$R(x)$：x是实数；$I(x)$：x有远大理想；$P(x)$：x是素数。则各命题分别表示为

① $\forall(x)(S(x)\to L(x))$；

② $\forall(x)(N(x)\to R(x))$；

③ $\exists(x)(S(x)\to I(x))$；

④ $\exists(x)(N(x)\to P(x))$。

在原子公式的基础上，可以按下述规则得到谓词演算的合式公式。

1）原子谓词公式是合式公式。

2）若A是合式公式，则~A也是合式公式。

3）若A和B都是合式公式，则$A\wedge B$、$A\vee B$、$A\to B$、$A\leftrightarrow B$也都是合式公式。

4）若A是合式公式，x是任一个体变元，则$(\forall x)A$和$(\exists x)A$也都是合式公式。

5）只有按1）~4）所得的公式才是合式公式。

量词辖域定义了一个量词在一个公式中的作用范围，通常是位于量词后面的单个谓词或者用括弧括起来的合式公式。在辖域内与量词中同名的变元称为约束变元，不受约束的称为自由变元。例如，$(\forall x)(N(x)\to(\exists y)(N(y)\wedge G(y,x)))$中$x$、$y$皆为约束变元，$(\forall x)(P(x)\to(R(x,y))$中$y$为自由变元。

把一个文字叙述的命题用谓词公式表示出来，称为谓词逻辑的翻译或符号化。其步骤如下：

1）正确理解给定命题，必要时把命题改叙，使其中每个原子命题、原子命题之间的关系能明显表达出来。

2）把每个原子命题分解成个体、谓词和量词；在全总论域讨论时，要给出特性谓词。

3）找出恰当量词，应注意全称量词（∀）后跟条件式，存在量词（∃）后跟合取式。

4）用恰当的连接词把给定命题表示出来。

谓词逻辑中可能有个体常量、变元或函数，所以无法直接用真值指派给出解释，必须先指派个体常量、变元或函数的逻辑值。设 D 为谓词公式 P 的个体域，若对 P 中的个体常量、函数和谓词按照如下规定赋值：①为每个个体常量指派 D 中的一个元素；②为每个 n 元函数指派一个从 D^n 到 D 的映射，其中 $D^n=\{(x_1,x_2,\cdots,x_n)\mid x_1,x_2,\cdots,x_n\in D\}$；③为每个 n 元谓词指派一个从 D^n 到 {F，T} 的映射。则称这些指派为公式 P 在 D 上的一个解释。

如果谓词公式 P 对个体域 D 上的所有解释都取得逻辑值 T，则称 P 在 D 上是永真的；如果 P 在每个非空个体域上均永真，则称 P 永真。如果谓词公式 P 对于个体域 D 上的任一解释都取得逻辑值 F，则称 P 在 D 上是永假的；如果 P 在每个非空个体域上均永假，则称 P 永假。如果解释的个数无限时，公式的永真或永假很难判断。

对于谓词公式 P，如果至少存在一个解释使得公式 P 在此解释下的逻辑值为 T，则公式 P 是可满足的。对于谓词公式 P，如果不存在任何解释使得 P 的逻辑值为 T，则公式 P 是不可满足的。所以，谓词公式 P 永假与不可满足是等价的。

假设 P 与 Q 是两个谓词公式，D 是它们共同的个体域。若对 D 上的任何一个解释，P 与 Q 的取值都相同，则公式 P 和 Q 在域 D 上是等价的。如果 D 是任意个体域，则称 P 和 Q 是等价的，记作 $P\Leftrightarrow Q$。下面是常用的等价式。

交换律：$P\vee Q\Leftrightarrow Q\vee P$；

摩根定律：$\sim(P\vee Q)\Leftrightarrow\sim P\wedge\sim Q$；

补余率：$P\vee\sim P\Rightarrow T$。

对于谓词公式 P 和 Q，如果 $P\rightarrow Q$ 永真，则称 P 永真蕴含 Q，Q 为 P 的逻辑结论，P 为 Q 的前提，记作 $P\Rightarrow Q$。下面是常用的永真蕴含式。

化减式：$P\wedge Q\Rightarrow P$，$P\wedge Q\Rightarrow Q$；

附加式：$P\Rightarrow P\vee Q$；

析取三段论：$\sim P$，$(P\vee Q)\Rightarrow Q$；

假言推理：P，$P\rightarrow Q\Rightarrow Q$；

全称固化：$(\forall x)P(x)\Rightarrow P(y)$，其中 y 是个体域上的任一个体。

谓词逻辑中，除了等价关系、永真蕴含等规则外，还有如下一些常用推理规则。

1）P 规则：在推理的任何步骤上都可引入前提。

2）T 规则：推理时，如果前面步骤中有一个或多个永真蕴含公式 S，则可把 S 引入推理过程中。

3）CP 规则：如果能从 R 和前提集合中推出 S 来，则可从前提集合推出 $R\rightarrow S$ 来。

4）反证法：$P\Rightarrow Q$，当且仅当 $P\wedge\sim Q\Leftrightarrow F$，即 Q 为 P 的逻辑结论，当且仅当 $P\wedge\sim Q$ 是不可满足的。

推广之，可得如下定理：

定理 3.1 Q 为 P_1，P_2，…，P_n 的逻辑结论，当且仅当 $(P_1\wedge P_2\wedge\cdots\wedge P_n)\wedge\sim Q$ 是不可满足的。

在进行基于知识的确定性推理时，必须要进行知识模式匹配。根据匹配模式的相似性，知识模式匹配分为确定性匹配（匹配模式完全一致）和不确定性匹配（匹配模式不完全一致）。在确定性知识模式匹配过程中，需要进行变元的置换与合一。

置换是形如$\{t_1/x_1, t_2/x_2, \cdots, t_n/x_n\}$的一个有限集。其中，$x_i$是变量，$t_i$是不同于$x_i$的项（常量，变量，函数），且$x_i \neq x_j (i \neq j)$，$i$，$j=1$，2，…，$n$。例如，$\{a/x, b/y, f(x)/z\}$、$\{f(z)/x, y/z\}$都是置换。不含任何元素的置换称为空置换，以$\varepsilon$表示。

假设有公式集$\{E_1, E_2, \cdots, E_n\}$和置换$\theta$，使$E_1\theta = E_2\theta = \cdots = E_n\theta$，则称$E_1$，$E_2$，…，$E_n$是可合一的，且$\theta$称为合一置换。若$E_1$，$E_2$，…，$E_n$有合一置换$\sigma$，且对$E_1$，$E_2$，…，$E_n$的任一置换都存在一个置换$\lambda$，使得$\theta = \sigma\lambda$，则称σ是$E_1$，$E_2$，…，$E_n$的最一般合一置换，记为 mgu（Most General Unifier）。

设有两个谓词公式：E_1：$P(x,y,z)$，E_2：$P(x,f(a),g(b))$。各自从E_1与E_2的第一个符号开始逐个向右比较，发现E_1中的y与E_2中的$f(a)$不同，则它们构成了一个不一致集：$D_1 = \{y, f(a)\}$；当继续向右比较时，又发现E_1中的z与E_2中的$g(b)$不同，则又得到一个不一致集：$D_2 = \{z, g(b)\}$

下面给出求公式$\{E_1, E_2\}$的最一般合一置换的算法：

1）令$W = \{E_1, E_2\}$。

2）令$k=0$，$W_k = W$，$\sigma_k = \varepsilon$，ε是空置换，它表示不做置换。

3）如果W_k只有一个表达式，则算法停止，σ_k就是所要求的 mgu。

4）找出W_k的不一致集D_k。

5）若D_k中存在元素x_k和t_k，其中x_k是变元，t_k是项，且x_k不在t_k中出现，则置：

$$\sigma_{k+1} = \sigma_k \{t_k/x_k\}, W_{k+1} = W_k\left\{\frac{t_k}{x_k}\right\}, k = k+1$$

然后转第3）步。

6）算法终止，W的 mgu 不存在。

可以证明，如果E_1和E_2可合一，则算法必停止于第3）步。

3.3.3 自然演绎推理

自然演绎推理是指把一组已知为真的事实作为前提，运用命题逻辑或谓词逻辑中的推理规则推出结论的过程。常见的形式有：

1）假言三段论：基本形式为 P→Q，Q→R⇒P→R，如果谓词公式 P→Q 和 Q→R 都为真，则谓词公式 P→R 也为真。

2）假言推理：基本形式为 P，P→Q⇒Q，如果谓词公式 P 和 P→Q 均为真，则 Q 为真结论。

3）拒取式：一般形式为 P→Q，~Q⇒~P，如果谓词公式 P→Q 为真且 Q 为假，则 P 为假的结论成立。

在利用自然演绎推理方法求解问题时，一定要注意避免两种类型的错误：肯定后件的错误和否定前件的错误。肯定后件的错误是指当 P→Q 为真时，希望通过肯定后件 Q 为真来推出前件 P 为真。这显然是错误的推理逻辑，因为当 P→Q 及 Q 为真时，前件 P 既可能为真，也可能为假。否定前件的错误是指当 P→Q 为真时，希望通过否定前件 P 来推出后件 Q 为假。这也是不允许的，因为当 P→Q 及 P 为假时，后件 Q 既可能为真，也可能为假。

【例 3.8】 设已知事实：只要是需要室外活动的课，小亮都喜欢。

1）所有的公共体育课都是需要室外活动的课；

2）足球是一门公共体育课。

求证：小亮喜欢足球这门课。

证明：

1）首先定义谓词及常量：

Outdoor(x)：x 是需要室外活动的课；

Like(y, x)：y 喜欢 x；

Sport(x)：x 是一门公共体育课；

Xiaoliang：小亮；

Ball：足球。

2）用谓词公式描述事实和待求解的问题：

① $Outdoor(x) \rightarrow Like(y,x)$

② $(\forall x)Sport(x) \rightarrow Outdoor(x)$

③ $Sport(Ball)$

待求证问题：Like（Xiaoliang，Ball）

3）应用推理规则进行推理：

$(\forall x)Sport(x) \rightarrow Outdoor(x)$

利用全称固化规则：$Sport(y) \rightarrow Outdoor(y)$

$Sport(Ball), Sport(y) \rightarrow Outdoor(y) \Rightarrow Outdoor(Ball)$

$Outdoor(Ball), Outdoor(x) \rightarrow Like(Xiaoliang, x) \Rightarrow Like(Xiaoliang, Ball)$

3.4 不确定性推理

不确定性推理是指那种建立在不确定性知识和证据的基础上的推理。它实际上是一种从不确定的初始证据出发，通过运用不确定性知识，最终推出既保持一定程度的不确定性，又是合理或者基本合理的结论的推理过程。不确定性推理的基本策略是使计算机对人类思维的模拟更接近于人类的真实思维过程。

一个人工智能系统，由于知识本身的不精确、不完全或者知识描述模糊，采用标准的确定性推理方法难以达到解决问题的目的。对于一个智能系统来说，知识库是其核心组成部分，但是往往包含大量模糊性、随机性、不可靠性或不知道等不确定性因素的知识。为了解决这种条件下的推理计算问题，不确定性推理方法应运而生。在领域专家给出的规则强度和用户给出的原始证据的不确定性的基础上，定义一组函数，求出结论的不确定性度量。它包括如下几个方面：①不确定性的传递算法；②在每一步推理中，如何把证据及知识的不确定性传递给结论；③在多步推理中，如何把初始证据的不确定性传递给结论。

不确定性推理方法可以分为两大类，一类称为模型方法，另一类称为控制方法。模型方法的特点是把不确定的证据和不确定的知识分别与某种度量标准对应起来，并给出更新结论不确定性的合适算法，从而构成相应的不确定性推理模型。控制方法的特点是通过识别领域中引起不确定性的某些特质及相应的控制策略来限制或减少不确定性系统产生的影响。控制策略的选择和研究是这类不确定性推理方法的关键。启发式搜索和相关性制导回溯是目前常见的两种控制方法。

模型方法又可分为数值方法和非数值方法两大类。数值方法是对不确定性的一种定量表示和处理方法，它又可以按其所依据的理论不同分为基于概率的方法和模糊推理方法。在概率论的基础上，人们经过多年研究，发展了一些新的处理不确定性的方法，包括可信度方法、主观 Bayes 方法和证据理论方法。非数值方法是指除数值方法外的其他各种处理不确定性的方法，它又包括很多方法，逻辑法就是一种非数值方法。

在不确定性推理中，除了解决在确定性推理过程中所提到的推理方向、推理方法、控制策略等基本问题外，一般还需要解决不确定性的表示与度量、不确定性的匹配、不确定性的传递算法以及不确定性的合成等问题。选择不确定性表示方法时应考虑的因素：①充分考虑领域问题的特征；②恰当地描述具体问题的不确定性；③满足问题求解的实际需求；④便于推理过程中对不确定性的推算。

不确定性的表示是不确定性推理中的基本问题之一。不确定性主要包括两个方面：证据的不确定性和知识的不确定性。因而不确定性的表示问题就是采用什么方法描述证据和知识的不确定性。在不确定性推理过程中，不确定性的传递、计算、合成和更新是不确定性推理中的另外一个基本问题。不确定性推理过程中的不确定性计算算法主要包括不确定性的传递计算算法、组合证据不确定性算法和结论不确定性的更新或合成算法。假设 $CF(E)$ 表示证据 E 的不确定性程度，而以 $CF(H, E)$ 表示知识 $E \rightarrow H$ 的不确定性程度，则需要解决以下问题：①不确定性传递问题，已知 $CF(A)$，$A \rightarrow B$ $CF(B, A)$，如何计算 $CF(B)$；②证据不确定性的合成问题，如何由 $CF(A_1)$、$CF(A_2)$ 计算 $CF(A_1 \wedge A_2)$、$CF(A_1 \vee A_2)$ 等；③结论不确定性的合成问题，从一个规则得到 A 的度量 $CF_1(A)$，又从另一个规则得到 A 的度量 $CF_2(A)$，如何从两个规则合成确定 $CF(A)$。

在知识的表示和推理过程中，不同的知识和不同的证据，其不确定性的程度一般是不同的。不确定性度量就是指用一定的数值来表示知识、证据和结论的不确定程度时，这种数值的取值方法和取值范围。不确定性度量要能充分描述相应知识及证据的不确定性程度。不确定性度量范围的指定应该使得领域专家及用户对证据或知识的不确定性估计更加方便。不确定性度量要便于不确定性的推理计算，而且所得到结论的不确定值应落在不确定性度量所规定的范围之内。不确定性度量的定义应当是直观的，同时有相应的理论依据。

3.4.1 可信度方法

可信度就是人们在实际生活中根据自己的经验或观察对某一现象为真的相信程度。可信度也叫确定性因子，具有较大的主观性和经验性，其准确性是难以把握的，但是却可以很好地解决人工智能中的难题。

在基于可信度的不确定性推理模型中，知识是以产生式规则的形式表示的。规则 $A \rightarrow B$ 的不确定性可以用可信度 $CF(B, A)$ 表示。$CF(B, A)$ 表示了增量 $P(B|A) - P(B)$ 相对 $P(B)$ 或 $P(\sim B)$ 的比值，即

$$CF(B,A) = \begin{cases} \dfrac{P(B|A) - P(B)}{1 - P(B)} & \text{当 } P(B|A) \geqslant P(B) \\ \dfrac{P(B|A) - P(B)}{P(B)} & \text{当 } P(B|A) < P(B) \end{cases} \tag{3-4}$$

式中，$P(B)$ 为 B 的先验概率；$P(B|A)$ 为在前提条件 A 所对应的证据出现的情况下，结论

B 的条件概率。CF(B, A)表示如果 A 为真，相对于 $P(\sim B)=1-P(B)$ 来说 A 对 B 为真的支持程度（CF(B, A)≥0），或相对于 $P(B)$ 来说 A 对 B 为真的不支持程度（CF(B, A)<0）。这种定义形式保证了 $-1 \leqslant \mathrm{CF}(B, A) \leqslant 1$。显然，CF($B$, A)≥0 表示前提 A 真支持 B 真，CF(B, A)<0 表示前提 A 真不支持 B 真。不难看出，CF(B, A)的定义借用了概率，但它本身并不是概率。因为 CF(B, A)可取负值，CF(B, A)+CF(B, ~A)不必为 1 甚至可能为 0。

实际应用中，规则 $A \to B$ 的 CF(B, A)值是由专家主观确定的，并不是由 $P(B|A)$、$P(B)$ 来计算的。需注意的是，CF(B, A)表示的是增量 $P(B|A)-P(B)$ 对 $1-P(B)$ 或 $P(B)$ 的比值，而不是绝对量的比值。

多个证据 E_1、E_2、E_3、…同时支持一个结论时，多个证据可能是合取也可能是析取关系。合取时取最小值，$\mathrm{CF}(E)=\min\{\mathrm{CF}(E_1),\mathrm{CF}(E_2),\mathrm{CF}(E_3),\cdots\}$；析取时取最大值，$\mathrm{CF}(E)=\max\{\mathrm{CF}(E_1),\mathrm{CF}(E_2),\mathrm{CF}(E_3),\cdots\}$。

不确定性的推理计算是从不确定的初始证据出发，通过运用相关的不确定性知识，最终推出结论并求出结论的可信度值。

1）只有单条知识（规则）支持结论时，结论可信度的计算如下：

已知 CF(A)，$A \to B$ CF(B, A)，则 $\mathrm{CF}(B)=\mathrm{CF}(B,A)\max\{0,\mathrm{CF}(A)\}$。

2）多条知识（规则）支持同一结论时，结论可信度的合成计算如下：

假设有知识：$E_1 \to B$，$E_2 \to B$，则结论 B 的可信度可分两步算出：

① 利用公式分别计算每一条知识的可信度 CF(B)，即

$$\mathrm{CF}_1(B)=\mathrm{CF}(B,E_1)\max\{0,\mathrm{CF}(E_1)\} \tag{3-5}$$

$$\mathrm{CF}_2(B)=\mathrm{CF}(B,E_2)\max\{0,\mathrm{CF}(E_2)\} \tag{3-6}$$

② 可信度合成，由 $\mathrm{CF}_1(B)$、$\mathrm{CF}_2(B)$ 求 CF(B)，即

$$\mathrm{CF}(B)=\begin{cases}\mathrm{CF}_1(B)+\mathrm{CF}_2(B)-\mathrm{CF}_1(B)\mathrm{CF}_2(B) & \text{当 } \mathrm{CF}_1(B)\geqslant 0,\mathrm{CF}_2(B)\geqslant 0\\ \mathrm{CF}_1(B)+\mathrm{CF}_2(B)+\mathrm{CF}_1(B)\mathrm{CF}_2(B) & \text{当 } \mathrm{CF}_1(B)<0,\mathrm{CF}_2(B)<0\\ \mathrm{CF}_1(B)+\mathrm{CF}_2(B) & \text{当 } \mathrm{CF}_1(B)\mathrm{CF}_2(B)<0\end{cases} \tag{3-7}$$

在已知结论原始可信度情况下，已知证据 A 对结论 B 有影响，且 CF(A)、CF(B, A)、CF(B) 都有原始值，如何求在证据 A 下的结论 B 的可信度的更新值 CF($B|A$)。根据 CF(A) 的取值不同分为三种情况考虑：

1）当 A 必然发生，CF(A)=1 时：

$$\mathrm{CF}(B|A)=\begin{cases}\mathrm{CF}(B)+\mathrm{CF}(B,A)(1-\mathrm{CF}(B)) & \text{当 } \mathrm{CF}(B)\geqslant 0,\mathrm{CF}(B,A)\geqslant 0\\ \mathrm{CF}(B)+\mathrm{CF}(B,A)(1+\mathrm{CF}(B)) & \text{当 } \mathrm{CF}(B)<0,\mathrm{CF}(B,A)<0\\ \mathrm{CF}(B)+\mathrm{CF}(B,A) & \text{当 } \mathrm{CF}(B)\text{ 与 }\mathrm{CF}(B,A)\text{ 符号不同}\end{cases} \tag{3-8}$$

2）当 A 不必然发生，$0<\mathrm{CF}(A)<1$ 时，用 CF(A)CF(B, A)代替 CF(A)=1 时的 CF(B, A)即可，即

$$\mathrm{CF}(B|A)=\begin{cases}\mathrm{CF}(B)+\mathrm{CF}(A)\mathrm{CF}(B,A)(1-\mathrm{CF}(B)) & \text{当 } \mathrm{CF}(B)\geqslant 0,\mathrm{CF}(A)\mathrm{CF}(B,A)\geqslant 0\\ \mathrm{CF}(B)+\mathrm{CF}(A)\mathrm{CF}(B,A)(1+\mathrm{CF}(B)) & \text{当 } \mathrm{CF}(B)<0,\mathrm{CF}(A)\mathrm{CF}(B,A)<0\\ \mathrm{CF}(B)+\mathrm{CF}(A)\mathrm{CF}(B,A) & \text{当 } \mathrm{CF}(B)\text{ 与 }\mathrm{CF}(A)\mathrm{CF}(B,A)\text{ 符号不同}\end{cases} \tag{3-9}$$

3）CF(A)≤0 时，规则 $A \to B$ 不可使用，即此计算不必进行。例如，MYCIN 系统

$CF(A) \leqslant 0.2$ 就认为是不可使用的，目的是使专家数据经轻微扰动不影响最终结果。

可信度方法的宗旨不是理论上的严密性，而是处理实际问题的可用性。可信度方法不可一成不变地用于任何领域，甚至也不能适用于所有科学领域。可信度方法推广至一个新领域时必须根据情况修改。

【例 3.9】 已知：

R_1：IF A_1 THEN B_1 $CF(B_1, A_1) = 0.7$

R_2：IF A_2 THEN B_1 $CF(B_1, A_2) = 0.5$

R_3：IF $B_1 \wedge A_3$ THEN B_2 $CF(B_2, B_1 \wedge A_3) = 0.7$

初始证据 A_1、A_2、A_3 的可信度 CF 均设为 1，即 $CF(A_1) = CF(A_2) = CF(A_3) = 1$，而对 B_1 和 B_2 一无所知。

求 $CF(B_1)$ 和 $CF(B_2)$。

解：由于对 B_1 和 B_2 的初始可信度一无所知，所以使用合成算法进行计算。

1）对于知识 R_1、R_2，分别计算 $CF(B_1)$：

$$CF_1(B_1) = CF(B_1, A_1)\max\{0, CF(A_1)\} = 0.7 \times 1 = 0.7$$

$$CF_2(B_1) = CF(B_1, A_2)\max\{0, CF(A_2)\} = 0.5 \times 1 = 0.5$$

2）利用合成算法计算 B_1 的综合可信度：

$$CF_{1,2}(B_1) = CF_1(B_1) + CF_2(B_1) - CF_1(B_1)CF_2(B_1) = 0.7 + 0.5 - 0.7 \times 0.5 = 0.85$$

3）计算 B_2 的可信度 $CF(B_2)$，这时 B_1 作为 B_2 的证据，其可信度已由前面计算出来。$CF(B_1) = 0.85$，而 A_3 的可信度为初始指定的 1。

由规则 R_3 可得

$$\begin{aligned} CF(B_2) &= CF(B_2, B_1 \wedge A_3)\max\{0, CF(B_1 \wedge A_3)\} \\ &= CF(B_2, B_1 \wedge A_3)\max\{0, \min\{CF(B_1), CF(A_3)\}\} \\ &= 0.7\max\{0, 0.85\} = 0.7 \times 0.85 = 0.595 \end{aligned}$$

3.4.2 模糊推理

在日常生活、科学研究等情况下，人们常会遇到模糊知识表达，即客观事物差异的中间过渡中的不分明性。例如，大与小、快与慢、轻与重、高与低等都包含着模糊的知识表达。对于这些模糊知识表达给出定量的分析，这就需要利用模糊数学这一工具来解决。模糊数学和模糊逻辑是由 Lotfi A. Zadeh 于 1965 年提出的，他提出用“隶属函数”来描述现象差异的中间过渡，从而突破了经典集合论中属于或不属于的绝对关系。

模糊表达的定义：设某概念 A 可表示为 n 个模糊度，当给出该概念 A 的值 x 时，可根据各模糊度的隶属函数 $\mu_{A_i}(x)$，计算出概念 A 的各个隶属度 $\mu_{A_i}(x)$，$i = 1, 2, \cdots, n$，则概念 A 的模糊分布为 $\{\mu_{A_1}, \mu_{A_2}, \cdots, \mu_{A_n}\}$。上述定义将某概念的值用多个模糊度表示，比经典逻辑更为精确。

最常用的模糊度隶属函数是三角波函数，如图 3-21 所示，模糊度隶属函数表达概念 A 有 5 个模糊度，当变量 X 值为 0.75 时，隶属于模糊度 PS 的隶属度为 0.5，隶属于模糊度 PL 的隶属度为 0.5，隶属于 NL、NS、Z 的隶属度均为 0。

1. 隶属度关系的建立

将训练样本表示为 $\{<s_1, s_2, \cdots, s_p>, d, \mathrm{Id}\}$。其中，$s_i$（$1 \leqslant i \leqslant p$）是样本在属性

F_i上的值，$s_i \in V_i$，而V_i是F_i上所有可能取值的集合；d是样本的类别；Id是样本的编号。规定所有的V_i都是有限集合，即所有属性都是离散型的或枚举型的，并且V_i中所有的有效元素（除“未知”以外的可能取值）可以按照一种可接受的准则进行排序，从而获得一个序列S_i，按照各元素在S_i中出现的次序赋予它们一个序号。

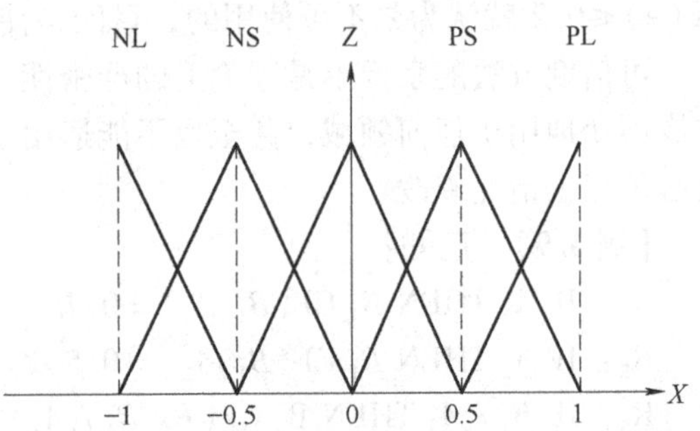

图3-21　5模糊度的三角波模糊度隶属函数

对每个属性进行数值化，具体做法是将S_i映射成一个整数序列。以“年纪”属性为例，可以按年龄从大到小的次序获得序列：“老”“中”“青”（当然也可采用从小到大的次序），此时“老”“中”“青”的序号依次为1、2、3，然后将上述序列映射成1（“老”）、2（“中”）和3（“青”），“未知”将被表示成NULL。对每一个离散属性经过上述变换，可以将$<s_1, s_2, \cdots, s_p>$数值化为$<x_1, x_2, \cdots, x_p>$。在后面可以看到，这种数值化处理的目的在于方便计算同一属性不同取值间的隶属度值。

数值化过程结束后，可以在同一属性不同取值间建立隶属关系。假设V_i至少含有一个有效元素，$\max_i$和$\min_i$是将V_i数值化后的最大和最小取值，那么$\max_i > \min_i$总是成立，采用以下方式确定V_i的第k个有效元素s_{ik}（数值化为v_{ik}）对它第j个有效元素s_{ij}（数值化为v_{ij}）的隶属度值：

$$\mu_{is_{ij}}(s_{ik}) = \mu_{iv_{ij}}(v_{ik}) = \max\left(0, 1 - r\frac{|v_{ij} - v_{ik}|}{\max_i - \min_i}\right) \tag{3-10}$$

这里r控制着隶属度值随v_{ij}和v_{ik}间差别的增大而减小的速度。仍以“年纪”属性为例，如果$r=1$，那么“老”（数值化为1）和“中”（数值化为2）对“青”（数值化为3）的隶属度值分别为0和0.5。

2. 模糊规则

模糊规则一般用IF... THEN... 表达的规则：

IF F_1 in V_1' and F_2 in V_2' and... and F_p in V_p' THEN d

这里$V_i' \subset V_i$（$1 \leqslant i \leqslant p$）包含第$i$个属性可能取值中的一部分。对于模糊推理通常采用以下的规则：

$$\begin{aligned} m_{\text{rule\_no}}(\text{Sample}) &= \min_{i=1,2,\cdots,p}(\max_{e \in V_i'} \mu_{i,e}(s_i)) \\ &= \min_{i=1,2,\cdots,p}(\max_{e \in V_i'} \mu_{i,\text{numeric\_presentation\_of}(e)}(x_i)) \end{aligned} \tag{3-11}$$

式（3-11）的计算步骤如下：

1）对模糊规则涉及的每一个属性，不失一般性，假设它是第i个属性，从V_i'中找到一个e，它与样本对应属性上的取值s_i最为接近，将$\mu_{i,e}$（s_i）作为这个样本在该规则第i个属性上获得的最大隶属度值。

2）在所有相关属性上获得最大隶属度值后，从中选择一最小值作为该样本对这一规则的隶属度，这一过程中$\mu_{i,e}$（s_i）的计算是通过e和s_i的数值化表示实现的。如果样本在规则涉及的第i个属性上取值为“未知”，那么$\max_{e \in V_i'} \mu_{i,e}(\text{NULL}) = 1$。

为进一步简化规则的表示，从规则中略去所有符合以下条件的判别属性F_i（$1 \leqslant i \leqslant p$）：

它对应的 $V_i' = V_i$。这是因为无论样本在第 i 个属性上取怎样的值 s_i，在这样的属性上 $\max_{e \in V_i'} \mu_{i,e}(s_i)$ 总是返回 1，因而不会改变 $m_{\text{rule\_no}}$（Sample）最终的值。

单一的模糊规则是不具备分类能力的，通常对样本类别的判决结果是在一组模糊规则上获得的。这需要计算同一个样本对所有模糊规则的隶属度值，然后由隶属度值最大的规则决定样本的类别。这一计算过程实质上遵循了模糊推理中的前件取小后件取大的“极小极大”原则。

要实现智能控制，首先需对控制对象和控制器进行建模，然后再加以实现。对于复杂对象的控制，高阶传递函数和非线性控制的数学建模是相当困难的，并且实现也非常复杂。而采用分段阈值控制虽简便，但使得控制跳跃性变化，对于电动机控制则表现为噪声大、耗能高。模糊控制就是将模糊数学引入智能控制中，既简化控制器设计的建模复杂性，又使得控制平滑过渡，对于电动机控制表现为噪声小、耗能低。模糊控制在国内外得到极大重视和研究，已应用于工业控制、汽车驾驶、电梯群控、家用电器等方面。

模糊控制是以模糊表达、模糊规则和模糊推理为基础的一种计算机数字控制技术。模糊控制与其他经典控制的重要区别是，它不必建立受控对象的精确数学模型，而把控制经验用模糊变量来表示成控制规则，再用这些模糊规则实施系统的控制。模糊控制的优势是模糊控制的计算量小，控制精度不一定很高但控制过程平滑，已广泛应用于家用电器的智能控制，最有名的是模糊智能控制的电饭煲。

经典模糊控制器设计原理如图 3-22 所示。

图 3-22　经典模糊控制器设计原理

对于输入/输出控制器，每个变量分为 3 个模糊度，其模糊控制器结构如图 3-23 所示。

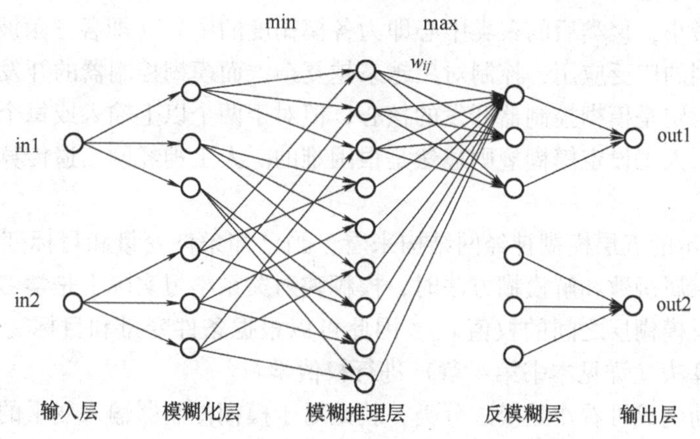

图 3-23　由五层前向网络组成的模糊神经网

控制器变量的模糊化包括模糊度的划分和隶属函数的确定。变量模糊度的划分是指将该变量的取值区间划分为若干个模糊集。变量模糊度的划分取决于模糊控制的精度和传感器的检测精度。显然变量模糊度划分得越多，变量的检测和控制精度越高，同时生成的模糊规则也越多，对模糊芯片的速度和存储容量要求也越高。例如，四输入的模糊控制器并且每个变量划分为5个模糊度，则将生成625条模糊规则。一般情况下为了尽量减少模糊规则数，可对于检测和控制精度要求高的变量划分多（5~7）的模糊度，而对于检测和控制精度要求低的变量划分少（3）的模糊度。

模糊化：将输入变量的精确数值根据其模糊度划分和隶属函数转换为模糊度描述。可采用最常用的“三角波”隶属函数来定义变量的模糊隶属度。

模糊规则推理：采用IF... THEN... 模糊规则来表示控制器输入与输出关系。模糊推理运算普遍采用的是极小-极大推理，主要步骤是：①分别求出输入量的隶属度（即模糊化）；②当有多个输入量时，同一规则中（对于and）取输入量隶属度最小值作为前件部的隶属度（即规则的强度）；③前件部隶属度与后件部隶属度进行min运算，得到各规则的结论；④对所有规则的结论取max运算，得到模糊推理的结果。

反模糊化：将经模糊规则推理得到的输出变量 z_i 的模糊度转换为精确数值。最简单的方法是最大隶属度方法。在控制技术中最常用的方法则是面积重心法，面积重心法的计算式为

$$Z_0 = \frac{\sum\mu(Z_i) \times Z_i}{\sum\mu(Z_i)}$$

3. “三角波”隶属函数的自动生成方法

1）对于变量在取值区间的采样分布是均匀的情况下，等值分布各模糊度的中心（即各三角波的峰值点）。

2）对于变量在取值区间的采样分布是不均匀的情况下，对于相同的模糊度划分，通常希望在变量采样密集区域模糊隶属函数分布相对紧密些，在变量采样稀疏区域模糊隶属函数分布相对稀疏些，从而使得变量模糊隶属函数在采样密集区域对于数值的变化相对更敏感些。实现方法是：已知变量的取值区间、模糊度划分以及表征其采样分布的数据训练样本，对于该数据训练样本进行聚类（聚类数为模糊度划分数），使得数据训练样本对于各聚类中心的均方差之和最小，聚类后的聚类中心即为各模糊度的中心（即各三角波的峰值点）。

随着模糊控制的广泛应用，控制对象越来越复杂，而模糊控制器的开发周期希望越来越短。模糊规则的设定是模糊控制器开发的核心，但对于两个以上输入或每个输入超过3个模糊度的控制对象，人工设定模糊规则显然是很困难的。人工神经网、遗传算法可用于模糊规则的自动生成。

由图3-22所示的五层模糊神经网结构来看，当已知条件变量和目标变量的数值训练集并且确定了模糊隶属函数和解模糊方法时，模糊映射关系学习实际上是学习五层模糊神经网中模糊推理层与反模糊层之间的权值 w_{ij}。因此可以根据条件变量和目标变量的数值训练集和误差反向传播算法（详见本书第4章）进行权值学习。

模糊规则自动生成可看作是模式分类，就是对于模糊控制器输入变量的各种模糊度的组合对其模糊控制器输出变量的模糊度做出最佳的分类。当模糊控制器各输入变量的各种模糊度及其隶属函数（三角波函数）确定以后，各输入变量的各种模糊度可选择其三角波隶属函数的峰值点作为对应值。运用多层前向网络及反向传播学习算法（详见本书第4章）实现的数据拟合可求出对于模糊控制器输入变量的各种模糊度的组合情况下模糊控制器输出变

量的期望输出，对于模糊控制器输出变量的期望输出值，根据该输出变量各种模糊度及其隶属函数（三角波函数），选择模糊度三角波隶属函数的峰值点与期望输出值最相近的该模糊度作为该输出变量的模糊输出。

模糊规则的自动生成也可看作是关于输入/输出模糊度的组合优化问题，遗传算法（详见本书第5章）作为一种有效的优化技术可应用于模糊规则自动生成。一组模糊规则可看作一种排列组合，模糊规则自动生成就是寻找最佳的排列组合。

基于多层前向网络和基于遗传算法的模糊规则自动生成的详细算法可参考本章参考文献［7］。

3.4.3 粗糙集理论

20世纪80年代，Z. Pawlak 提出的粗糙集理论是处理数据的不确定性和不完整性的重要工具。它的特点在于不需要预先给定数据的某些特征或属性的数值描述，如概率统计方法中的概率分布、模糊逻辑中的隶属度或隶属函数。其基本方法为直接从给定问题的描述集合出发，用正区域和负区域两个精确概念对不精确的概念进行描述，通过不可分辨关系和不可分辨类确定给定问题的近似域，从而找出问题中的内在规律。其另一优势是数据处理算法简单。

在知识发现和数据挖掘领域中，粗糙集主要用于在数据不确定和不完整的情况下，挖掘对象的内在规律。在实际的应用中，由于对认知对象的不了解或为了数据的完整性，往往采集了过多的属性，对于具体的挖掘任务，有些属性是无关的或者是不重要的。因此，如何有效地选取属性集合，从而减小问题的规模，提高挖掘知识的有效性和可应用性是非常重要的研究内容。

粗糙集理论是一种利用三值逻辑处理不精确或不完整信息的形式化方法，用两个精确的概念（正区域和负区域）对不精确概念进行描述。其研究基础是分类，经典粗糙集理论认为正区域包含了完全属于概念的对象，负区域包含了完全不属于概念的对象。正区域和负区域之间的部分称为边界，由不能确定区分的对象组成。

以下是关于粗糙集的部分重要定义。

定义3.1 信息系统：定义四元组 $S=(U, A, V, F)$ 为信息系统。其中，U 为对象的有限集合，即论域；$A=C\cup D$，C 为条件属性集合，D 为判别属性集合；V 为 A 的值域；F 为一单射，对给定对象，F：$U\times A\rightarrow V$ 定义了属性集合。

定义3.2 不可分辨等价关系：给定信息系统（U, A, V, F），$A=C\cup D$，$P\subseteq A$，定义不可分辨等价关系 IND（P）为 $\{(x_i,x_j)\in U\times U: \forall a\in P, f(x_i,a)=f(x_j,a)\}$。

定义3.3 给定信息系统（U, A, V, F），$A=C\cup D$，在等价关系 IND（P）上，对象 $x\in U$ 的等价类定义为 $[x]_R=\{x_j \mid \forall a_k\in P,\ f(x_j,a_k)=f(x,a_k)\}$。判别属性 D 的一组值称为概念。概念 Y 将 U 划分为满足概念 Y 的对象集合和不满足概念 Y 的对象集合，分别用 Y 和 $\neg Y$ 表示。

定义3.4 给定信息系统（U, A, V, F），$A=C\cup D$，$X\subseteq U$，不可分辨等价关系 $R\in C$。$\underline{R}X=\cup\{Y\in U/R: Y\subseteq X\}$、$\overline{R}X=\cup\{Y\in U/R: Y\cap X\neq\varnothing\}$ 分别称为集合 X 的 R 下近似和 R 上近似，也可分别称为集合 X 的 R 正区域和 R 负区域，分别用 $\mathrm{POS}_R(X)$ 和 $\mathrm{NEG}_R(X)$ 表示。定义 $\mathrm{BND}_R(X)=\mathrm{NEG}_R(X)-\mathrm{POS}_R(X)$，称为 X 的 R 边界。

若 $\underline{R}X=\overline{R}X$，称 X 是确定的或可定义的，即 X 可用等价关系 R 的一些等价类的并集合表示。X 的下近似 $\underline{R}X$ 或 $\mathrm{POS}_R(X)$ 是在信息系统中能够完全确定为属于 X 的元素组成的集合。同样，$\mathrm{NEG}_R(X)$ 是用知识 R 能够完全确定为不属于 X 的元素组成的集合，即是由 X 的补集合组成。X 的 R 边界 $\mathrm{BND}_R(X)$ 是不能确定的区域，即利用知识 R 对边界中的元素不能进行确定分类。

$\mathrm{POS}_R(X)$ 是包含于 X 中的最大可定义集合，$\overline{R}X$ 是包含 X 的最小可定义集合。对于不确定的集合 X，用集合 $\overline{R}X$ 和 $\underline{R}X$ 对 X 进行确定的刻化和描述，能够更清楚地对不确定进行研究。

定义 3.5 给定信息系统（U，A，V，F），$A=C\cup D$，对象子集合 X 的精确性定义为 $\alpha(X)=\dfrac{|\underline{R}X|}{|\overline{R}X|}$。

精确性提供了一种对不确定性的度量方法，$\alpha_R(X)$ 用于度量知识在集合 X 上的完备程度。显然，对于任意关系 R 和对象集合 $X\subseteq U$，$0\leqslant\alpha_R|(X)\leqslant1$。若 $\alpha_R(X)=1$，R 边界区域为空，X 是 R 可定义的；若 $\alpha_R(X)<1$，R 边界区域非空，X 是 R 不可定义的。

不同于模糊集合和概率理论，在粗糙集理论，不精确的数量值没有进行预先的设定，而是利用近似的方法计算出来的。因此，无需对不精确的知识赋予一个精确的数值，而是用定性的概念（分类）来表示不精确性。

定义 3.6 给定信息系统（U，A，V，F），$A=C\cup D$，条件属性 C 对判定属性 D 的依赖程度定义为 $r(C,D)=\dfrac{\bigcup_{X\in D^*}\underline{C}X}{|U|}$。

$r(C,D)$ 表示了利用属性 C 上的等价关系，对判定属性 D 上的等价类 D^* 进行确定或表示的精确程度，描述了判定属性 D 对条件属性 C 的依赖程度。

定义 3.7 给定信息系统（U，A，V，F），$A=C\cup D$，属性 a 的重要性定义为 $\mathrm{SGF}(a,C,D)=r(C,D)-r(C-\{a\},D)$。

属性 a 的重要性是用 C 上的等价关系表示 D^* 的精确程度与用（$C-\{a\}$）上的等价关系表示 D^* 的精确程度的差异，表示了利用条件属性 C 上的等价关系对等价类 D^* 进行确定或表示时，a 所起的作用。

定义 3.8 给定信息系统（U，A，V，F），$A=C\cup D$，设 $|U|=n$，$B\subseteq C$，定义 B 上分辨矩阵为一 $n\times n$ 矩阵，矩阵中每个元素 $\delta(x,y)=\{\alpha\in B,\alpha(x)\neq\alpha(y)\}$。

在知识发现的研究中，粗糙集理论主要用于在不确定和存在噪声的环境下，进行规则挖掘。在实际应用领域中进行数据采集时，往往为了完整性或由于缺乏对对象的认识，过多地采集了数据的属性，有些是不相关的，有些是不重要的，各个条件属性之间也往往存在着某些依赖和关联，约简可理解为在不丢失消息的前提下，可以最简单地表示信息系统的判别属性对条件属性的依赖和关联。所有约简组成的集合称为约简集，所有约简的交集称为核。

定义 3.9 给定信息系统（U，A，V，F），$A=C\cup D$，$a\in C$，概念 $Y\subseteq U$，若满足 $\mathrm{POS}_{C-\{a\}}(Y)=\mathrm{POS}_C(Y)$，则称属性 a 对于概念 Y 是可省略的，否则称为不可省略的。

定义 3.10 约减：给定信息系统（U，A，V，F），$A=C\cup D$，概念 $Y\subseteq U$，若属性集合

R 满足条件 $POS_R(Y) = POS_C(Y)$，称 R 为条件属性集合 C 相对于概念 Y 的约简。所有约简组成的集合称为约简集，用 ReductSet 表示。

定义 3.11 核（Core）：条件属性集合 C 相对于概念 Y 的核定义为 $\bigcap_{R \in ReductSet} R$。

给定一个信息系统，求解属性集合的约简和核，在知识发现和数据挖掘领域有着重要作用。一方面可对数据进行浓缩和简化，降低数据的维数和问题的复杂度，同时减少噪声对知识鲁棒性的影响；另一方面可根据求得的约简，利用其上的等价类进行规则挖掘，可采用特性规则求解方法和差别规则求解方法。此外还可利用约简，对属性进行重要性估计以及发现属性间的依赖关系和因果关系。

给定信息系统 $S = (U, A, V, F)$，$A = C \cup D$，约简的求解问题可抽象为状态空间的搜索问题，每个状态结点对应为 S 中条件属性集合的子集合。不同的搜索策略和不同的启发函数对应着不同的算法。

对于一个信息系统，可能有若干个等长度的最小约简，一些约简求解算法只可能得到其中一个最小约简，而舍弃了其他最小约简。另外，对于一个信息系统而言，可能存在若干不同的约简，某些约简即使不是长度最短，即不是最优的，也有着重要的意义，如不同的约简可从不同的角度对数据进行浓缩和简化。在实际的不同挖掘任务中，所感兴趣的属性往往也是不一样的，不同的约简则可以满足不同挖掘任务的需要。此外在实际问题中，待处理的数据常有某种程度的不完备，表现为信息系统中某些属性没有赋值，在这种情况下，利用多组约简可减少其对决策的影响。

【例 3.10】 表 3-4 中存在两组约简｛Headache，Temperature｝和｛Muscle_pain，Temperature｝，核为｛Temperature｝。通过约简｛Headache，Temperature｝可挖掘出条件属性“Headache”和“Temperature”对判别属性“Flu”的规则；通过约简｛Muscle_pain，Temperature｝可挖掘出条件属性“Muscle_pain”和“Temperature”对判别属性“Flu”的规则。在“Headache”未知的情况下，可利用“Muscle_pain”和“Temperature”的值进行判别；在“Muscle_pain”未知的情况下，可利用“Headache”和“Temperature”的值进行判别。

表 3-4 信息表

条件属性			判别属性
Headache	Muscle_pain	Temperature	Flu
Yes	Yes	Normal	No
Yes	Yes	High	Yes
Yes	Yes	Very_high	Yes
No	Yes	Normal	No
No	No	High	No
No	Yes	Very_high	Yes

由此可见，求解尽可能多的约简可增加对问题的了解，满足不同挖掘任务的需要，提高挖掘知识的丰富性，减少数据不完整造成的影响。因此，求解尽可能多的约简是有意义的。

特征选择是从一个给定数据集的原始特征集合中选择一个特征子集的过程。该特征子集应该是必须地和充分地描述目标概念，以适当高的精度表示原始特征集合。特征选择的重要性在于降低学习算法所处理问题的规模和结果搜索空间大小。在模式识别中的分类器设计中，特征选择可以提高分类质量和速度。

粗糙集特征选择的最优标准通常是找到最短或最小约简，而同时基于所选特征可以获得较高质量的分类器。约简产生的规则数量也可以考虑作为最优子集标准之一。

粗糙集已经用于特征选择并取得了很大成功，但爬山法粗糙集特征选择算法却并不一定能找到最优约简，因为没有完美的启发式信息可以保证找到最优。而另一方面，完全搜索甚至对于中等大小的数据集都是不可行的。因此，笔者提出结合粗糙集和微粒群优化方法的特征选择算法。微粒群算法是一个新的进化计算技术（详见本书第5章），其中每个潜在的解被看作是一个微粒（Particle），具有一定的速度，飞过问题空间。微粒群通过群中个体之间的相互作用，找到复杂搜索空间的最优区域。微粒群算法对于特征选择问题是很吸引人的，因为当微粒群在特征子集空间飞行时，能够发现最佳特征子集组合。与遗传算法相比，微粒群算法不需要如交叉和变异那样的复杂操作，它仅仅需要一些基本的和简单的数学计算，存储和运行的计算复杂度都不高。下面介绍一个新的基于粗糙集和微粒群的特征选择方法，在一些UCI数据集上的实验表明，微粒群算法对于基于粗糙集的特征选择方法是有效的。

医疗数据，如脑肿瘤数据，通常包含不相关的特征，而且也存在不确定性和缺失值。对医疗数据的分析就要求能处理不完备和不一致的信息，并能在各种不同的水平级别上表示数据。粗糙集理论可以处理不确定性和不完备的数据分析，它把知识看作是一种分辨能力。属性约简算法去除冗余信息或特征，并选择出最佳的和原始特征集合有同样分辨能力的特征子集。从医疗的观点看，这个目的就是要识别出影响处理的最重要的属性子集。粗糙集规则提取算法产生决策规则，可以潜在地揭示有意义的医学知识，提供新的医疗见解，对于分析和理解问题有很好的帮助。

定义3.12 决策规则：关于属性集A的一个决策规则r是如$\varphi \Rightarrow (d=v)$这样的表达形式，其中$\varphi = c_1 \wedge c_2 \wedge \cdots \wedge c_q$是一个联合，满足$[\varphi]_K^+ \neq \phi$且$v \in V_d$，$V_d$是$d$的值域。规则$r$的左部是属性-值对，称作条件部分（Condition Part），记作$\mathrm{Pred}(r)$；右部是决策部分（Decision Part），记作$\mathrm{Succ}(r)$。一个对象$u \in U$被一个决策规则$\varphi \Rightarrow (d=v)$匹配（Matched）当且仅当$u$同时支持该规则的条件部和决策部，而且规则$\varphi \Rightarrow (d=v)$把$u$分类到$v$。被决策规则$r$匹配的对象个数记作$\mathrm{Match}(r)$，等于$\mathrm{card}(|\varphi|_A)$。规则$\varphi \Rightarrow (d=v)$的支持度（Support）定义为$\mathrm{card}(|\varphi|_A \cap |d=v|_A)$，是支持该规则的对象个数。

脑肿瘤数据集包含14个条件属性和一个决策属性，如表3-5所示。决策属性“Clinical Grade”是实际的从手术中得到的肿瘤恶性程度。除了“Gender”“Age”和“Clinical Grade”，其他项都是从病人的MRI图片中提取到的。除了属性“Age”，所有其他属性都是离散的。数字属性“Age”被离散化为3个区间：1～30、31～60、61～90，分别用符号1、2、3表示。

所有280例脑肿瘤样本被划分为两类：低度和高度恶性，其中169例为低度，111例为高度。有126例样本在属性“Post-Contrast Enhancement”上包含缺失数据。通过删除不完备的126例，其余的154例完备样本子集包含85例低度和69例高度。研究同时在280例全部数据和154例完备数据上进行。在粗糙集意义下，在280例全部数据和154例完备数据上的近似分类质量都是1，也就是粗糙集的正域包含了所有的样本。表3-6是在280例样本的数据上的实验结果。

表 3-5　脑肿瘤数据的属性描述

序号	变量	属　性	描　述
1	a_1	Gender	0—Female，1—Male
2	a_2	Age	1—[1，30]，2—[31，60]，3—[61，90]
3	a_3	Shape	1—Round，1—Ellipse，3—Irregular
4	a_4	Contour	1—Clear，2—Partially Clear，3—Blur
5	a_5	Capsule of Tumor	1—Intact，2—Partially Intact，3—Absent
6	a_6	Edema	0—Absent，1—Light，2—Middle，3—Heavy
7	a_7	Mass Effect	0—Absent，1—Light，2—Middle，3—Heavy
8	a_8	Post-Contrast Enhancement	-1—Unknown，0—Absent，1—Homogeneous 2—Heterogeneous
9	a_9	Blood Supply	1—Normal，2—Middle，3—Affluent
10	a_{10}	Necrosis/Cyst Degeneration	0—Absent，1—Present
11	a_{11}	Calcification	0—Absent，1—Present
12	a_{12}	Hemorrhage	0—Absent，1—Acute，2—Chronic
13	a_{13}	Signal Intensity of the T1-weighted Image	1—Hypointense only，2—Isointense or accompanied by Hyperintense，3—Hyperintense or accompanied by Isointense
14	a_{14}	Signal Intensity of the T2-weighted Image	1—Hypointense only，2—Isointense or accompanied by Hyperintense，3—Hyperintense or accompanied by Isointense
15	d	Clinical Grade	1—Low-grade Glioma，2—High-grade Glioma

表 3-6　在 280 例样本的数据上的实验结果

算法	All	DISMAR	POSAR	CEAR	PSORSFS	FRE-FMMNN
约简	1～14	2，3，6，7，8，9，13，14	1，2，3，4，6，7 8，9，11，13，14	2，4，6，7，9，10，12，13，14	2，3，5，6，8，9，13，14	2，6，7，8，9，12
规则数量	50	53	51	49	51	2
平均准确率（%）	82.75	84.64	83.53	85.43	86.14	83.21

不同方法所选择的特征子集在表 3-7 中列出。通过医学实验，属性 5、6、7、8、9、10、12、13、14 是重要的诊断因素。虽然根据经验，这 14 个特征都和肿瘤的良恶性程度相关，但是从粗糙集的观点看，仅仅有 8 个特征对于正确分类所有的样本是必需的。尽管特征“Post-Contrast Enhancement”有缺失值，它仍然是预测恶性程度的重要的因素之一。

表 3-7　选择的特征子集

选 择 方 法	选择的特征子集
By experiment（Experts）	5，6，7，8，9，10，12，13，14
Ye	2，6，7，8，9，11，12，13
PSORSFS	2，3，5，6，8，9，13，14
Intersection	2，6，8，9，13

特征“Age”“Edema”“Post-Contrast Enhancement”“Blood Supply”和“Signal Intensity of the T1-weighted Image”是最重要的恶性程度预测的因素。这些结果和专家的经验以及其他研究者的贡献相一致，对于医学研究人员的分析研究是有用的。

在表3-8中给出了粗糙集规则算法从280例完整数据中产生的部分重要的规则，包括一些确定规则和可能规则。规则1、2、3是可能规则，其他是确定规则。

三个可能规则也有相当高的精度和覆盖度。规则1，即“If (absent Post-Contrast Enhancement) Then (Low-grade brain Glioma)”，覆盖了169例低度恶性样本中的55例，具有精度98.2%。规则2，即“If (affluent Blood Supply) Then (High-grade brain Glioma)”，覆盖了111例高度恶性样本中的80例，并有精度81.6%。同样，规则3显示“hypointense only of Signal Intensity of the T1”且“hypointense only of T2-weighted Image”通常会导致低度恶性的脑肿瘤，该规则覆盖了所有169例低度恶性样本中的114例，并且精度为72.61%。

表3-8　部分决策规则

序号	规　　则	规则覆盖度和精度
1	$(a_8=0)\Rightarrow(d=1)$	(55, 98.2%)
2	$(a_9=3)\Rightarrow(d=2)$	(80, 81.6%)
3	$(a_{13}=1)\&(a_{14}=1)\Rightarrow(d=1)$	(114, 72.61%)
4	$(a_8=0)\&(a_9=1)\Rightarrow(d=1)$	(51, 100%)
5	$(a_6=1)\&(a_9=1)\&(a_{13}=1)\Rightarrow(d=1)$	(47, 100%)
6	$(a_2=1,2)\&(a_6=0)\&(a_9=1)\Rightarrow(d=1)$	(42, 100%)
7	$(a_3=2)\&(a_6=0)\&(a_{13}=1)\Rightarrow(d=1)$	(21, 100%)
8	$(a_3=2)\&(a_6=1)\&(a_9=1)\Rightarrow(d=1)$	(35, 100%, 20.71%)
9	$(a_2=1)\&(a_5=1)\Rightarrow(d=1)$	(18, 100%, 10.65%)
10	$(a_2=2)\&(a_3=1)\&(a_9=1)\&(a_{13}=1)\Rightarrow(d=1)$	(19, 100%, 11.24%)
11	$(a_2=2)\&(a_6=2)\&(a_8=2)\&(a_9=3)\Rightarrow(d=2)$	(18, 100%, 10.65%)
12	$(a_9=3)\&(a_{14}=3)\Rightarrow(d=2)$	(18, 100%, 10.65%)
13	$(a_3=3)\&(a_9=3)\&(a_{13}=2)\&(a_{14}=1)\Rightarrow(d=2)$	(8, 100%, 4.73%)

规则4~13是确定规则，其中4~10是关于低度的，11~13是关于高度的。由这些规则可以得出以下两个结论：

1) If (young Age) AND (regular Shape) AND (absent or light Edema) AND (absent Post-Contrast Enhancement) AND (normal Blood Supply) AND (hypointense only of Signal Intensity of the T1 and T2-weighted Image) Then (most possibly brain Glioma will be Low-grade)

2) If (old Age) AND (irregular Shape) AND (heavy Edema) AND (homogeneous or heterogeneous Post-Contrast Enhancement) AND (affluent Blood Supply) Then (most possibly brain Glioma will be High-grade)

“absent or light Edema”通常意味着低度恶性，而如果“heavy Edema”则很可能是高度恶性。如果“regular Shape (round or ellipse)”则脑肿瘤将很可能是低度恶性的，而“irregular Shape”则预示着高度恶性。规则4揭示了“absent Post-Contrast Enhancement”且“normal Blood Supply”常常暗示着低度恶性，而“affluent Blood Supply”则转为高度的。

这样的实验结果和结论也同样和医学专家的经验以及其他研究者的结果是一致的，并且还具有有意义的医学解释。

3.4.4 非单调推理

现实生活中的知识表达和推理存在着例外，因此在常知推理（Common Sense Reasoning）中推理得到的结论是不确定的。例如，人们相信鸟能飞，但企鹅、鸵鸟、断翅膀的鸟等均不能飞。单调推理难以处理这种情况。所谓的单调推理是指一个正确的公理加到理论 T 中得理论 T'，$T' \supset T$。如果 $T \vdash P$，则必有 $T' \vdash P$。就是说，随着条件的增加，所得结论必然也一致的推理。在单调性系统（如一阶逻辑系统）中，一个定理一经证明便永远正确，这在一定程度上简化了推理。所谓的非单调推理是指知识的增加可以推导出与以前的推导不一致的结论。例如，有知识表达鸟会飞，鸵鸟是鸟，单调推理得到结论是鸵鸟会飞，显然不符合常识。非单调推理过程就是建立假设，进行标准逻辑推理，若发现不一致则进行回溯，以消除不一致，再建立新的假设。

赖特在1980年创立缺省逻辑（Default Logic）用于非单调推理。

1条缺省规则表达为：

$$\alpha(x):\mathrm{M}\beta_1(x),\cdots,\mathrm{M}\beta_m(x)/\ \omega(x)$$

对于任意个体 x，缺省规则的前提 $\alpha(x)$ 可推导出，论据 $\beta_1(x)$，…，$\beta_m(x)$ 可以被一致性假设，则可以推导出结论 $\omega(x)$。

例如，缺省规则 bird（x）：M fly(x)/fly(x) 表示，如果 x 是鸟并且可以一致性假设 x 可以飞，则可推导出 x 可以飞。

在赖特关于例外的缺省规则定义中并没有要求 $\omega \in \{\beta_1,\cdots,\beta_m\}$，但如果 $-\omega$ 事先知道或被推导出，则 ω 不可以从该缺省规则推导出。因此关于例外的缺省规则 α：Mβ_1，…，Mβ_m/ω 可以重写为 α：Mβ_1，…，Mβ_m，Mω/ω

其中$\neg\beta_1$，…，$\neg\beta_m$ 可理解为缺省规则 $\alpha \to \omega$ 的例外。

【例3.11】 缺省规则 bird（x）：M fly(x)，M$\neg$ penguin(x)，M$\neg$ ostrich(x)/fly(x)。如果 Clydes 是一只鸟，并且可一致性假设 Clydes 不是一只企鹅也不是一只鸵鸟，则可以从该缺省规则推导出 Clydes 可以飞。

赖特的缺省规则仅维护每条运用的缺省规则中论据的一致性，但无法处理例外的缺省规则的论据间的析取，因为无法对于析取做出假设并维护假设间的一致性。

【例3.12】 赖特的缺省规则：M($\neg$ Broken(x) $\wedge$ Usable(x))/Usable(x)。已知 W：Broken(Leftarm) $\vee$ Broken(Rightarm)，由于$\neg$ Broken（Leftarm）或$\neg$ Broken（Rightarm）均符合 W，赖特的缺省规则得出推理结果｛Usable（Leftarm），Usable（Rightarm）｝不符合至少有一手臂折断的事实。

麦卡锡于1986年提出界限理论，他认为任何推理过程和问题求解过程都是在一定的界限范围内进行的。比如，在求解传教士与野人过河问题时，实际上隐含了许多假设，如附近没有桥、船桨没有坏、船不漏水等，类似的条件是无穷尽的，不可能也没有必要去一一验证这些条件是否满足，否则可能永远过不了河。

在界限理论中，总是假设：满足性质 p 的所有对象，就是那些从已知事实和常识可以推出它具有性质 p 的所有对象，其他对象都不满足性质 p。比如，在上述过河问题中，从上下文不能推出附近有桥，便认为附近没有桥，等等。这种处理问题的办法，在某些场台是与封闭性世界假说类似的。但是，如果后来发现附近有桥，“附近没有桥”的论断便被推翻了。

界限理论也无法处理界限理论的析取，因为无法区分 Abnormal 间的优先级。例如：

University-student（John）.

Works(x)：-Adult(x)，Not(Abnormal1(x)).

Adult(x)：-University-student(x)，Not(Abnormal2(x)).

Not(works(x))：-University-student(x)，Not(Abnormal3(x)).

界限理论无法给出结论：John 是否工作。

本书作者杨杰在德国攻读博士期间提出了基于优先级和论据的非单调逻辑，来克服以上已有非单调逻辑的局限性。其主要核心是，在推理过程记录推导过程中的所有论据，并维护其一致性，同时推导规则具有优先级。基于概念层级（Concept Hierarchy），反映低层概念的缺省规则比反映其上层概念的缺省规则有高的优先级。例如，在概念层级中，企鹅是鸟的低层概念，因此反映低层概念的缺省规则（企鹅不能飞）比反映其上层概念的缺省规则（鸟能飞）有高的优先级。关于基于优先级和论据的非单调逻辑及其应用详见本章参考文献［8］。

本章小结

知识是人类对物质世界以及精神世界探索的结果总和。人工智能是一门研究用计算机来模仿和执行人脑的某些智能的交叉学科，所以人工智能也是以知识为基础的。本章主要介绍了知识的相关概念以及知识的谓词逻辑表示法、产生式表示法和语义网络表示法。

在人工智能中，利用知识表示方法表达完一个待求解的问题后，还需要利用其他方法来求解这个问题。从问题表示到问题的解决，有一个求解的过程，即搜索过程。在这个过程中，采用适当的搜索技术，包括各种规则、过程和算法等推理技术，力求找到问题的解答。这类问题的求解方法就包括确定性推理。本章介绍了推理的基本知识，包括推理的基本概念、分类和推理的控制策略。其中，命题逻辑和谓词逻辑是最早应用于人工智能的两种逻辑，本章重点介绍了这两种逻辑和自然演绎推理，给出了有关定义及例子，便于读者学习理解。

搜索是人工智能的一个基本问题，是推理不可分割的一部分。一个问题的求解过程其实就是搜索过程。搜索可分为盲目搜索和启发式搜索两种，本章重点介绍了这两种搜索策略的经典搜索算法，包括状态空间图的一般搜索算法，宽度、深度优先搜索算法，代价树的宽度、深度优先搜索算法。本章也重点介绍了启发式搜索策略，包括最佳优先搜索算法和 A^* 算法，其中 A^* 算法对估价函数进行了限制，因而具有更好的搜索效率。

在日常生活中，人们通常所遇到的情况是信息不够完善、不够精确，即所掌握的知识具有不确定性。为了解决实际问题，必须对不确定性知识的表示、推理过程等进行研究，这就是不确定性推理方法。有关不确定性知识的表示及推理方法有很多种，本章在概述不确定性推理方法及其概念的基础上，重点介绍了比较著名的可信度方法、模糊推理、粗糙集理论、非单调推理。

习　题

3.1　简述人工智能系统的构成。按照推理的逻辑基础分类可分成哪几种推理方法？

3.2　如果无论 John 去哪里，Fido 也去哪里，那么如果 John 在图书馆，Fido 在哪里？用谓词公式描述并推理。

3.3　已知一个使用可信度方法的推理网络如图 3-24 所示，其证据的可信度均标示在图中。推理规则的可信度分别为：A∧B→H，0.7；C∨D→H，0.9；E→H，0.3。试按照可信度方法的求解步骤计算每个证据结点对假设 H 推理的可信度，并据此推算全部证据（复合证据）对于 H 推理的可信度。

3.4　用宽度、深度优先搜索算法，代价树的宽度、深度优先搜索算法，最佳优先搜索算法和 A* 算法分别求解图 3-25 所示的八数码难题。初始状态为 S_0，目标状态为 S_g，要求寻找从初始状态到目标状态的路径。

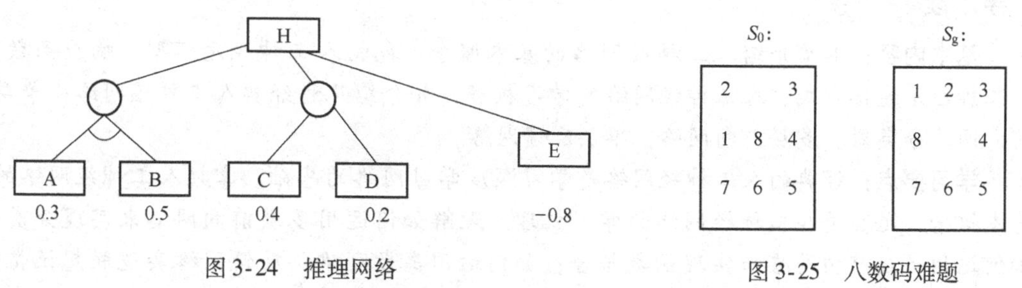

图 3-24　推理网络　　图 3-25　八数码难题

参考文献

[1] 张仰森. 人工智能教程 [M]. 北京：高等教育出版社，2008.

[2] 王永庆. 人工智能原理与方法 [M]. 西安：西安交通大学出版社，1998.

[3] 王万森. 人工智能原理及其应用 [M]. 北京：电子工业出版社，2000.

[4] 徐洁磐. 离散数学导论 [M]. 北京：高等教育出版社，1982.

[5] 冯志伟. 计算机语言学基础 [M]. 北京：商务印书馆，2001.

[6] 尼尔森. 人工智能 [M]. 北京：机械工业出版社，1999.

[7] YANG J, GUO Y K, HUANG X. A software development system for fuzzy control robotica [J]. Robotica, 2000, 18 (04): 375-380.

[8] YANG J. Prioritized justification-based nonmonotonic logic and its applications [M]. Aachen. Germany: Verlag Shaker Press, 1994.

[9] WANG X Y, YANG J. Rough set feature selection and rule induction for prediction of malignancy degree in brain glioma [J]. Computer Methods and Programs in Biomedicine, 2006 (83): 147-156.

[10] WANG X Y, YANG J. Feature selection based on rough sets and particle swarm optimization [J]. Pattern Recognition Letters, 2007 (28): 459-471.

第4章

经典人工神经网络

导 读

基本内容：本章介绍人工神经网络的基本概念，包括人工神经元模型、响应函数、人工神经元连接方式、人工神经网络的学习机理，并介绍几种经典人工神经网络：单层前向网络分类器、多层前向网络、单层反馈网络。

学习要点：经典的人工神经网络是学习深度学习网络的基础。掌握人工神经网络的基本概念，尤其是人工神经网络的学习机理。理解如何运用多层前向网络来实现分类；如何运用多层前向网络来实现函数拟合；如何运用离散型单层反馈网络实现联想记忆；如何运用连续型单层反馈网络实现优化问题求解。通过字符识别例子和字符识别习题来进一步理解和掌握人工神经网络的基本概念和经典人工神经网络，为学习深度学习网络打好基础。

4.1 人工神经网络概述

人工神经网络从信息处理角度对生物神经元网络进行抽象，建立神经元模型，根据不同的神经元连接方式和学习策略来组成不同功能的人工神经网络。人工神经网络具备的主要功能包括模式分类、函数拟合、联想记忆、优化问题求解、模式匹配、模式聚类。其中分类是神经网络最重要的功能，对于不同模式（如人脸、指纹等）的识别，特征提取后均需要进行分类来实现模式的识别。人工神经网络因其自学习和自适应、容错性和并行性等特点，得到广泛的研究和应用。经典的人工神经网络已在模式识别（如字符识别）、智能机器人的规划、智能控制等许多领域得到成功应用。但在样本较少情况下，模式分类性能不如集成学习（详见本书第5章）和支持向量机（详见本书6.3节）。经典的人工神经网络由于网络层数较少，模式特征的学习能力不强，而深度学习网络（详见本书第7章）能弥补经典人工神经网络的不足，取得更好的性能。但经典的人工神经网络是学习深度学习网络的基础。

生物神经元的组成包括细胞体、树突、轴突、突触。树突可看作输入端，接收从其他细胞体传递过来的电信号；轴突可看作输出端，传递电荷给其他细胞体；突触可看作 I/O 接口来连接神经元，单个生物神经元可与许多个生物神经元连接。细胞体内有膜电位，从外界传递过来的电流使膜电位产生变化，并不断累加，当膜电位升高到超过阈值时，该生物神经元被激活，产生一个脉冲，传递到下一个生物神经元。

McCulloh 和 Pitts 按生物神经元的机理，建立了人工神经元模型，随后更通用的人工神经网络模型被提出，如图 4-1 所示。

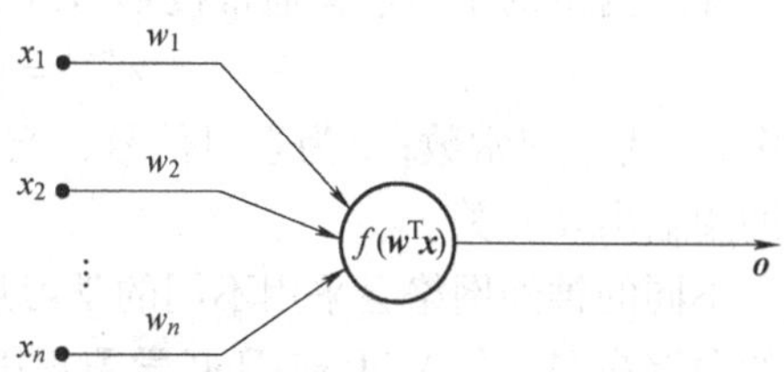

图 4-1　更通用的人工神经网络模型

图 4-1 中，$\boldsymbol{x}=[x_1,\ x_2,\ \cdots,\ x_n]$ 是输入向量，$\boldsymbol{w}=[w_1,\ w_2,\ \cdots,\ w_n]$ 是权值向量，o 是神经元的输出，f 是响应函数。由图 4-1 可知：

$$o=f\left(\sum_{i=1}^{n}w_ix_i\right) \tag{4-1}$$

响应函数通常选用阈值函数、连续 sigmoid 函数。

阈值函数：

$$f(\text{net})\triangleq\begin{cases}1,\text{net}>0\\0,\text{net}<0\end{cases} \tag{4-2}$$

单极 sigmoid 函数：

$$f(\text{net})\triangleq\frac{1}{1+\exp(-\lambda\text{net})} \tag{4-3}$$

双极阈值函数：

$$f(\text{net})\triangleq\text{sgn}(\text{net})=\begin{cases}+1,\text{net}>0\\-1,\text{net}<0\end{cases} \tag{4-4}$$

双极 sigmoid 函数：

$$f(\text{net})\triangleq\frac{2}{1+\exp(-\lambda\text{net})}-1 \tag{4-5}$$

神经网络根据神经元的连接方式分为前向网络和反馈网络。前向网络由输入层的输入得到输出层的响应，输出层与输入层结点不存在反馈。反馈网络由输入层的初始输入得到输出层的初始响应，然后输出层的响应作为下一时刻输入层的输入。对于反馈网络最终收敛的平衡状态称为吸引子。

对于神经网络的设计，除了神经元的连接结构，更重要的是学习。对于分类或函数拟合的神经网络，是通过一组训练例子的输入与输出之间的映射关系进行学习的，学习过程可看作是一种逼近过程。对于函数拟合，记神经网络函数 $H(\boldsymbol{W},\ \boldsymbol{X})$，则 $H(\boldsymbol{W},\ \boldsymbol{X})$ 作为函数 $h(\boldsymbol{X})$ 的近似，学习过程就是不断逼近 $h(\boldsymbol{X})$，即 $d[H(\boldsymbol{W}^*,\boldsymbol{X}),h(\boldsymbol{X})]\leqslant d[H(\boldsymbol{W},\boldsymbol{X}),h(\boldsymbol{X})]$，其中 $d[H(\boldsymbol{W},\boldsymbol{X}),h(\boldsymbol{X})]$ 是 $H(\boldsymbol{W},\ \boldsymbol{X})$ 与 $h(\boldsymbol{X})$ 之间逼近距离的度量。

对于联想记忆网络，学习过程可看作是平衡态编码，权值矩阵的计算将联想记忆的模式编码在联想记忆网络的平衡态，从而实现从退化的模式联想记忆到平衡态，即联想记忆的模式。

学习还可以分为有监督学习和无监督学习。有监督学习是指神经网络的输出有教师指导信息，即有期望输出。无监督学习是指神经网络的输出无教师指导信息，即无期望输出。例如，分类网络采用有监督学习，聚类网络采用无监督学习。

神经网络的学习过程通常按学习规则来调整权值，以下是一通用的学习规则：

$$\boldsymbol{w}_i^{k+1} = \boldsymbol{w}_i^k + cr(\boldsymbol{w}_i^k, \boldsymbol{x}^k, d_i^k)\boldsymbol{x}^k \tag{4-6}$$

式中，c 为学习常数；r 为学习信号，与当前的权值和当前的输入有关，对于有监督学习还与期望输出 d 有关。

不同的神经网络会采用不同的学习规则，由于学习规则的重要性，有的学习规则以发明人的名字命名，如 Widrow-Hoff 学习规则。

4.2 单层前向网络分类器

单层前向网络分类器可以实现任意维数的多类模式的线性可分的分类。对于 R 类模式的判别函数 $g_1(\boldsymbol{x})$，$g_2(\boldsymbol{x})$，…，$g_R(\boldsymbol{x})$，模式 x 分类到第 i 类必须满足以下条件：

$$g_i(\boldsymbol{x}) > g_j(\boldsymbol{x}), \forall \quad i,j=1,2,\cdots,R, i \neq j$$

对于 n 维输入样本的 R 类离散型分类器的网络结构如图 4-2 所示。

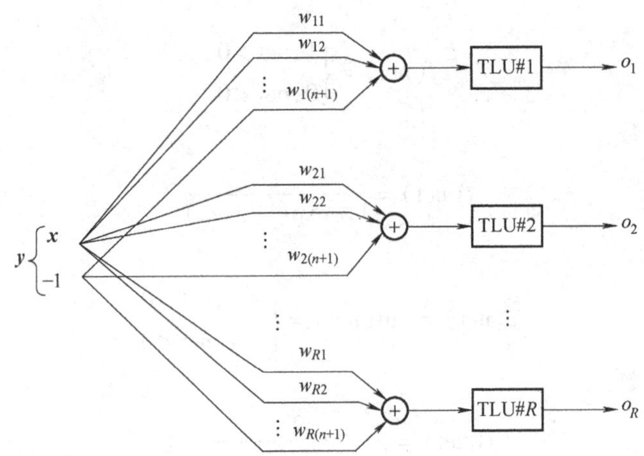

图 4-2　R 类离散型分类器的网络结构

网络的输入 $\boldsymbol{y}$ 是 $n+1$ 维，包括 n 维的输入样本，1 维的固定输入，其权重 w_{n+1} 代表所连接的神经元的激活阈值。R 组 $n+1$ 维的权值矩阵，有 R 个输出结点。对于双极阈值函数 TLU，属于第 i 类的输出结点 o_i，其期望输出 d_i 为 1，其他输出结点的期望输出均为 −1。

R 类离散型分类器的算法流程如下：

给定 P 个训练对 $\{(\boldsymbol{x}_1,\boldsymbol{d}_1),(\boldsymbol{x}_2,\boldsymbol{d}_2),\cdots,(\boldsymbol{x}_P,\boldsymbol{d}_P)\}$，其中 $\boldsymbol{x}_i$ 是 $n\times1$ 维特征向量，$\boldsymbol{d}_i$ 是 $R\times1$ 维期望输出，$i=1，2，…，P$。

在算法中，使用扩增输入向量：$\boldsymbol{y}_i = \begin{bmatrix} \boldsymbol{x}_i \\ -1 \end{bmatrix}$，$i=1，2，…，P$。

在以下算法中，以 k 表示总训练次数，p 表示在一个训练周期中训练次数的计数器。

第 1 步：选择 $c>0$。

第 2 步：权矩阵 $\boldsymbol{W}$ 以较小的随机值初始化，$\boldsymbol{W}=[w_{ij}]$ 是 $R\times(n+1)$ 阶矩阵。计数器

与误差初始化为

$$k \leftarrow 1,\ p \leftarrow 1,\ E \leftarrow 0$$

第 3 步：开始循环训练。输入表示及输出计算为

$$\boldsymbol{y} \leftarrow \boldsymbol{y}_p,\ \boldsymbol{d} \leftarrow \boldsymbol{d}_p$$

$$o_i \leftarrow \mathrm{sgn}(\boldsymbol{w}_i^{\prime}\boldsymbol{y}) \qquad i=1,2,\cdots,R$$

其中 $\boldsymbol{w}_i$ 是 $\boldsymbol{W}$ 的第 i 行。

第 4 步：权向量 $\boldsymbol{w}_i$ 更新为

$$\boldsymbol{w}_i \leftarrow \boldsymbol{w}_i + \frac{1}{2}c(\boldsymbol{d}_i - \boldsymbol{o}_i)\boldsymbol{y} \qquad i=1,2,\cdots,R$$

第 5 步：循环误差计算为

$$E \leftarrow \frac{1}{2}(\boldsymbol{d}_i - \boldsymbol{o}_i)^2 + E \qquad i=1,2,\cdots,R$$

第 6 步：如果 $p<P$，则 $p \leftarrow p+1$，$k \leftarrow k+1$，并且转到第 3 步；否则，转到第 7 步。

第 7 步：循环训练完成。如果 $E=0$，结束训练阶段，输出 k 和权矩阵 $\boldsymbol{W}$；如果 $E>0$，则 $p \leftarrow 1$，$E \leftarrow 0$，并且转到第 3 步进入新训练循环。

对于 2 类的分类器，可以将上述 R 类离散型分类器简化为仅需 1 组 $n+1$ 维的权值矩阵，1 个输出结点。属于第 1 类则输出结点的期望输出为 1，属于第 2 类则输出结点的期望输出为 -1。

连续型响应函数的单层前向网络分类器与离散型响应函数的单层前向网络分类器的主要差别是响应函数改为 sigmoid 函数。图 4-3 是连续型响应函数的单层前向网络分类器的示意图。

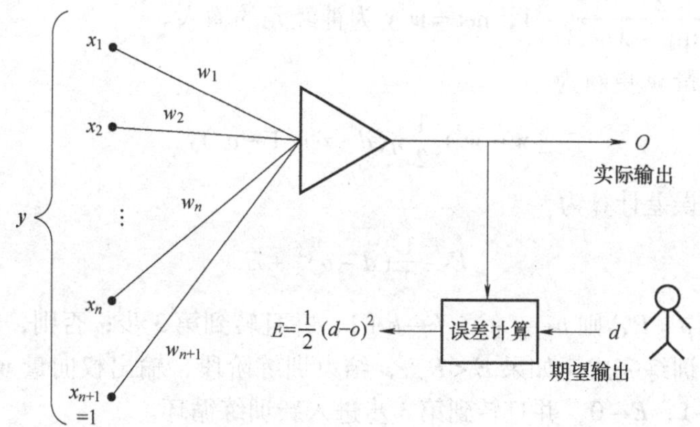

图 4-3　连续型响应函数的单层前向网络分类器示意图

对于连续型响应函数的单层前向网络分类器的权值学习规则可以通过推导得出，权值学习过程按式（4-7）所示的误差函数梯度下降来调整，以便通过权值调整使得分类误差尽快梯度收敛至局部最小。

$$\boldsymbol{w}^{k+1} = \boldsymbol{w}^k - \eta \nabla E(\boldsymbol{w}^k) \tag{4-7}$$

式中，η 为正常数值的学习常数。

分类网络的误差函数定义为

$$E_k = \frac{1}{2}(d^k - o^k)^2 \tag{4-8}$$

其中 $o^k = f(\boldsymbol{w}^{kT}\boldsymbol{y}^k)$。

由式（4-8）可推导出

$$\nabla E(\boldsymbol{w}) = -(d-o)f'(\text{net})\boldsymbol{y} \tag{4-9}$$

根据双极 sigmoid 函数的导数推导以及式（4-7）和式（4-9）可推导出权值学习规则：

$$\boldsymbol{w}^{k+1} = \boldsymbol{w}^k + \frac{1}{2}\eta(d^k - o^k)(1 - o^{k2})\boldsymbol{y}^k \tag{4-10}$$

连续型响应函数的单层前向网络分类器的算法流程如下：

给定 P 个训练对 $\{(\boldsymbol{x}_1, \boldsymbol{d}_1), (\boldsymbol{x}_2, \boldsymbol{d}_2), \cdots, (\boldsymbol{x}_P, \boldsymbol{d}_P)\}$，其中 $\boldsymbol{x}_i$ 是 $n \times 1$ 维特征向量，$\boldsymbol{d}_i$ 是 1×1 标签，$i = 1, 2, \cdots, P$。

在算法中，使用扩增输入向量：$\boldsymbol{y}_i = \begin{bmatrix} \boldsymbol{x}_i \\ 1 \end{bmatrix}$，$i = 1, 2, \cdots, P$。

在以下算法中，以 k 表示总训练次数，p 表示在一个训练周期中训练次数的计数器。

第 1 步：选择 $\eta > 0$，$\lambda = 1$，$E_{\max} > 0$。

第 2 步：权向量 $\boldsymbol{w}$ 以较小的随机值初始化，$\boldsymbol{w}$ 是 $(n+1) \times 1$ 维向量。计数器与误差初始化为

$$k \leftarrow 1, \ p \leftarrow 1, \ E \leftarrow 0$$

第 3 步：开始循环训练。输入表示及输出计算为

$$\boldsymbol{y} \leftarrow \boldsymbol{y}_p, \ \boldsymbol{d} \leftarrow \boldsymbol{d}_p$$
$$o \leftarrow f(\boldsymbol{w}^{\mathrm{T}}\boldsymbol{y})$$

其中 $f(\text{net}) = \dfrac{2}{1 + \exp(-\lambda \text{net})} - 1$，$\text{net} = \boldsymbol{w}^{\mathrm{T}}\boldsymbol{y}$ 为神经元的输入。

第 4 步：权向量 $\boldsymbol{w}$ 更新为

$$\boldsymbol{w} \leftarrow \boldsymbol{w} + \frac{1}{2}\eta(d-o)(1-o^2)\boldsymbol{y}$$

第 5 步：循环误差计算为

$$E \leftarrow \frac{1}{2}(d-o)^2 + E$$

第 6 步：如果 $p < P$，则 $p \leftarrow p+1$，$k \leftarrow k+1$，并且转到第 3 步；否则，转到第 7 步。

第 7 步：循环训练完成。如果 $E < E_{\max}$，结束训练阶段，输出权向量 $\boldsymbol{w}$ 和 k 以及 E；如果 $E \geqslant E_{\max}$，则 $p \leftarrow 1$，$E \leftarrow 0$，并且转到第 3 步进入新训练循环。

4.3　多层前向网络

单层前向网络分类器可以实现任意维数的多类模式的线性可分的分类，但对于线性不可分的分类，可以采用多层前向网络来实现，其中误差反向传播（简称 BP 算法）学习策略和规则十分重要，对人工神经网络的发展和应用做出了很重要贡献。

通常多层前向网络选择一个或两个隐层，图 4-4 是一个双隐层的多层前向网络的示意图。

多层前向网络的响应由前向逐层得到下一层的响应，即由输入层的输入得到隐层 1 的响应，由隐层 1 的响应再得到隐层 2 的响应，由隐层 2 的响应再得到输出层的响应。由于只有输出层有期望输出，因此先由输出层期望输出与实际输出的误差来调整隐层 2 与输出层之间的权值，然后推算出隐层 2 的误差，再调整隐层 1 与隐层 2 之间的权值，最后推算出隐层 1 的误差，再调整输入层与隐层 1 之间的权值。这就是误差反向传播学习策略的含义，由后逐层向前进行学习来权值调整。

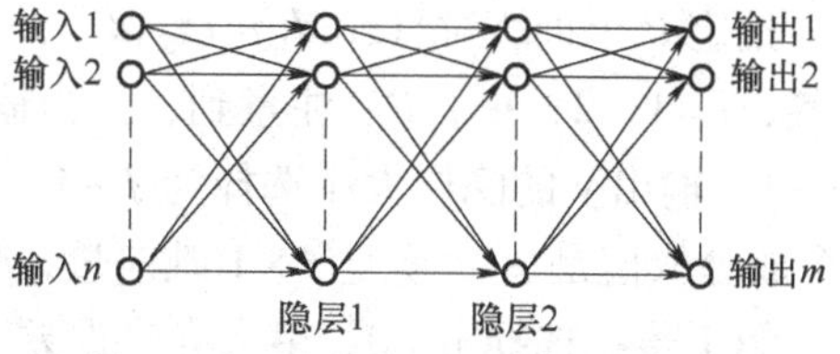

图 4-4　一个双隐层的多层前向网络

图 4-5 用一个单隐层的多层前向网络来示意误差反向传播的学习规则。

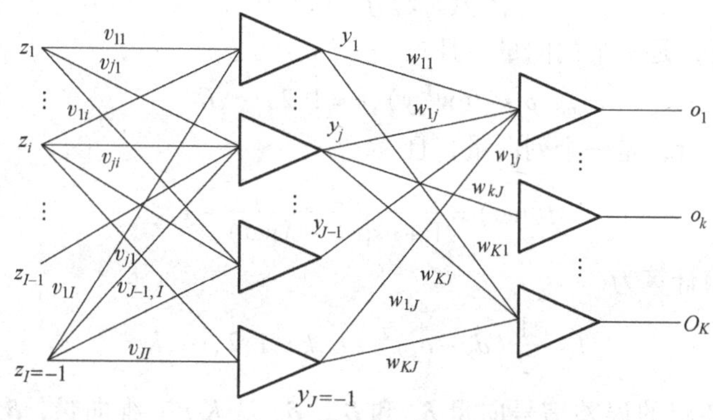

图 4-5　单隐层的多层前向网络

对于隐层与输出层间的学习规则的推导与单层前向网络基本相似，权值学习过程按误差函数梯度下降来调整，两者的主要差别是对于多层前向网络隐层与输出层间的输入不再像单层前向网络直接是网络的输入，而是隐层的输出。对于隐层至输入层的权值学习过程也按误差函数对于权值的梯度下降来调整：

$$\Delta v_{ji} = -\eta\frac{\partial E}{\partial v_{ji}}, \forall \quad j=1,2,\cdots,j \qquad i=1,2,\cdots,I$$

推导过程相对于输出层较复杂，因为误差函数是输出层的误差而非当前隐层的误差。省略数学推导过程，隐层的权值更新学习规则为

$$v'_{ji} = v_{ji} + \eta f'_j(\text{net}_j) z_i \sum_{k=1}^{K} \delta_{o_k} w_{kj}, \forall \quad j = 1,2,\cdots,J \qquad i = 1,2,\cdots,I$$

其中：$\delta_{o_k} = (d_k - o_k) f'_k(\text{net}_k)$

单极 sigmoid 函数的导数为

$$f'(y_j) = y_j(1-y_j)$$

双极 sigmoid 函数的导数为

$$f'(y_j) = \frac{1}{2}(1-y_j^2)$$

单隐层的多层前向网络的误差反向传播的训练算法流程如下：

给定 P 个训练对 $\{(\boldsymbol{z}_1,\boldsymbol{d}_1),(\boldsymbol{z}_2,\boldsymbol{d}_2),\cdots,(\boldsymbol{z}_P,\boldsymbol{d}_P)\}$，其中 $\boldsymbol{z}_i$ 是 $I\times1$ 维特征向量，$\boldsymbol{d}_i$ 是 $K\times1$ 标签，$i=1$，2，…，P。注意到，因为输入向量进行了扩增，所以每个 $\boldsymbol{z}_i$ 的第 I 个成分取值是 -1。输出 $\boldsymbol{y}$ 的隐层大小选择为 $J-1$。注意到，因为隐层输出也进行了扩增，所以 $\boldsymbol{y}$ 的第 J 个成分取值是 -1。$\boldsymbol{y}$ 是 $J\times1$ 维向量，$\boldsymbol{o}$ 是 $K\times1$ 维向量。

第 1 步：选择 $\eta>0$，最大允许误差 $E_{\max}$。

以较小的随机值初始化权值矩阵 $\boldsymbol{W}$ 与 $\boldsymbol{V}$，$\boldsymbol{W}$ 是 $K\times J$ 阶矩阵，$\boldsymbol{V}$ 是 $J\times I$ 阶矩阵。

$$q\leftarrow1,\ p\leftarrow1,\ E\leftarrow0$$

其中，q 是训练迭代数，p 是训练样本数。

第 2 步：开始训练过程（见算法后的注意 1）。输入表示及各层输出计算为

$$\boldsymbol{z}\leftarrow\boldsymbol{z}_p,\ \boldsymbol{d}\leftarrow\boldsymbol{d}_p$$

$$y_j\leftarrow f(\boldsymbol{v}_j^{\mathrm{T}}\boldsymbol{z}),j=1,2,\cdots,J$$

其中 $\boldsymbol{v}_j$ 是 $\boldsymbol{V}$ 的第 j 行，是一个列向量，且

$$o_k\leftarrow f(\boldsymbol{w}^{\mathrm{T}}{}_k\boldsymbol{y}),k=1,2,\cdots,K$$

其中 $\boldsymbol{w}_k$ 是 $\boldsymbol{W}$ 的第 k 行，是一个列向量，且

$$f(\mathrm{net})=\frac{2}{1+\exp(-\lambda\mathrm{net})}-1$$

第 3 步：误差值计算为

$$E\leftarrow\frac{1}{2}(d_k-o_k)^2+E,k=1,2,\cdots,K$$

第 4 步：计算各层的误差信号向量 $\boldsymbol{\delta}_o$ 和 $\boldsymbol{\delta}_y$。$\boldsymbol{\delta}_o$ 是 $K\times1$ 维向量，$\boldsymbol{\delta}_y$ 是 $J\times1$ 维向量。（见算法后的注意 2）

在这一步中，输出层的误差信号项为

$$\delta_{o_k}=\frac{1}{2}(d_k-o_k)(1-o_k^2),k=1,2,\cdots,K$$

在这一步中，隐层的误差信号项为

$$\delta_{y_j}=\frac{1}{2}(1-y_j^2)\sum_{k=1}^{K}\delta_{o_k}w_{kj},j=1,2,\cdots,J$$

第 5 步：调整输出层权值为

$$w_{kj}\leftarrow w_{kj}+\eta\delta_{o_k}y_j,k=1,2,\cdots,K\text{ 且 }j=1,2,\cdots,J$$

第 6 步：调整隐层权值为

$$v_{ji}\leftarrow v_{ji}+\eta\delta_{y_j}z_i,j=1,2,\cdots,J\text{ 且 }i=1,2,\cdots,I$$

第 7 步：如果 $p<P$，则 $p\leftarrow p+1$，$q\leftarrow q+1$，并且转到第 2 步；否则，转到第 8 步。

第 8 步：循环训练完成。如果 $E<E_{\max}$，结束训练阶段，输出权矩阵 $\boldsymbol{W}$、$\boldsymbol{V}$ 和 q 以及 E；如果 $E\geqslant E_{\max}$，则 $p\leftarrow1$，$E\leftarrow0$，并且转到第 2 步进入新训练循环。

注意 1：为了有最好的结果，模式应当从训练集中随机选取。

注意 2：如果在第 2 步中使用单极 sigmoid 函数 $f(\mathrm{net})=\dfrac{1}{1+\exp(-\lambda\mathrm{net})}$，那么在第 4 步中的误差信号项计算为

$$\delta_{o_k}=(d_k-o_k)(1-o_k)o_k,k=1,2,\cdots,K$$

$$\delta_{y_j} = y_j(1 - y_j)\sum_{k=1}^{K}\delta_{o_k}w_{kj}, j = 1,2,\cdots,J$$

对于多隐层的多层前向网络，误差反向传播的权值更新规则仍是基于误差函数对于当前隐层权值的梯度下降来推导的。

由于学习过程是基于误差函数的梯度收敛，因此会存在局部最优问题。对于不同的初始权值，可能会收敛到不同的误差局部最小点。

对于初始权值，通常取小的随机值。对于初始权值均取为相同值，网络可能无法正确训练。

对于学习常数 η 的取值，通常取一小的值（如 0.001 ~ 10 之间）。由于通常训练初期误差较大，因此学习常数刚开始可取较大值来尽快收敛，为避免超调，可随着学习迭代过程逐步减小。

对于 sigmoid 函数中的陡度参数 λ，由于权值更新量与 sigmoid 函数的导数成正比，因此与 λ 成正比，与学习常数的作用相似，为减少参数选择，λ 可均设定为 1。

可以通过动量法（Momentum Method）来加快训练的收敛速度：

$$\Delta \boldsymbol{w}(t) = -\eta \boldsymbol{\nabla} E(t) + \alpha \Delta \boldsymbol{w}(t-1)$$

式中，α 是正的系数。其机理是前次权值调整未超调则当前权值调整量叠加一部分前次权值调整量，相当于加大权值调整量来加快收敛速度；前次权值调整超调则当前权值调整量减少一部分前次权值调整量，相当于减少超调来加快收敛速度。

神经网络的隐层结点数太少则无法实现正确分类，反之隐层结点数太多则训练时间太长。

下面结合一简单的符号识别例子来说明神经网络的结构设计和数据表达。采用 3 × 3 的黑白二值表达待分类识别的 3 个符号：C、I、T。

符号 C 的模式表达为：【111100111】；符号 I 的模式表达为：【010010010】；符号 T 的模式表达为：【111010010】。

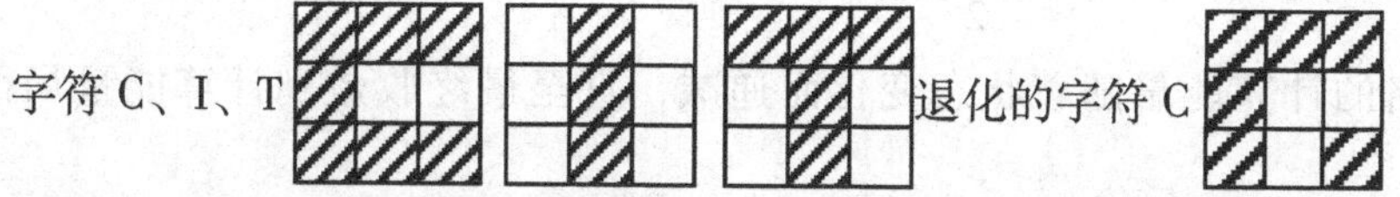

因此选择输入层的结点数为 10，其中的 1 个结点是固定的输入值 -1。待分类识别 3 个符号，因此输出结点数是 3。第 1 个输出结点代表符号 C，其期望输出为 100；第 2 个输出结点代表符号 I，其期望输出为 010；第 3 个输出结点代表符号 T，其期望输出为 001。单隐层的结点数设定为 7。

通过上述代表 C、I、T 的 3 个样本采用误差反向传播学习算法来训练所设计的多层前向网络。待识别的符号输入到该训练好的分类网络，输入待识别符号 C 的退化模式，加上 1 个结点是固定的输入值 -1。通过训练好的权值矩阵计算出输出层 3 个结点的输出，根据 3 个输出结点的期望输出值决定该待识别的符号属于符号 C。

多层前向网络不仅能用于上述的字符识别，还可应用于工业故障诊断、医学辅助诊断等领域。例如，对于故障诊断，输入层的输入变量代表各种状态观测的传感数据（如温度、压力），输出层变量代表各种故障。如果输入变量均为正值，先归一至 0 ~ 1 之间，然后选择单极的 sigmoid 函数来训练分类器。如果有输入变量为负值，先归一至 -1 ~ 1 之间，然后选择双极的 sigmoid 函数来训练分类器。

4.4 单层反馈网络

单层反馈网络输入层的初始输入得到输出层的初始响应，然后输出层的响应作为下一时刻输入层的输入。对于反馈网络最终收敛的平衡状态称为吸引子。吸引到某吸引子的状态范围称为该吸引子的吸引域。无论是连续型还是离散型的单层反馈网络可看作是一动态系统，状态沿着计算能量（Computational Energy）减少的方向移动，最终收敛到计算能量局部最低点。

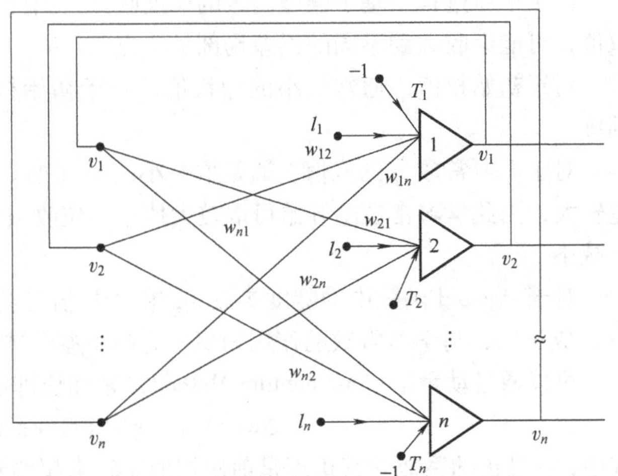

图 4-6　离散型单层 Hopfield 反馈网络

图 4-6 是离散型单层 Hopfield 反馈网络的示意图。它的特点是：①每个输出结点没有自反馈，即权值矩阵的对角线为 0；②权值矩阵是对称矩阵；③异步调整模式。

第 i 个神经元的状态变化依据异步调整的原则以及以下规则调整：

$$v_i^{k+1}=\operatorname{sgn}(\boldsymbol{w}_i^{\mathrm{T}}\boldsymbol{v}^k+\boldsymbol{l}_i-\boldsymbol{T}_i),\forall \quad i=1,2,\cdots \quad n,k=0,1,\cdots$$

sgn 是双极阈值函数。

网络的计算能量函数定义为

$$E\triangleq -\frac{1}{2}\boldsymbol{v}^{\mathrm{T}}\boldsymbol{W}\boldsymbol{v}-\boldsymbol{l}^{\mathrm{T}}\boldsymbol{v}+\boldsymbol{T}^{\mathrm{T}}\boldsymbol{v}$$

下面来证明网络的计算能量随着状态变化而递减，直至最终收敛到计算能量局部最低点。

首先根据计算能量函数的定义计算计算能量的梯度向量：

$$\boldsymbol{\nabla}E=-\frac{1}{2}(\boldsymbol{W}^{\mathrm{T}}+\boldsymbol{W})_v-\boldsymbol{l}^{\mathrm{T}}+\boldsymbol{T}^{\mathrm{T}}$$

根据权值矩阵是对称矩阵可进一步简化为

$$\boldsymbol{\nabla E}=-\boldsymbol{W}\boldsymbol{v}-\boldsymbol{l}^{\mathrm{T}}+\boldsymbol{T}^{\mathrm{T}}$$

计算能量的变化量是 $\Delta E=(\boldsymbol{\nabla}E)^{\mathrm{T}}\Delta v$，根据异步调整模式仅有一个结点状态调整 Δv_i 不为 0，计算能量函数的变化量可进一步推导为

$$\Delta E=(-\boldsymbol{W}_i^{\mathrm{T}}\boldsymbol{v}-\boldsymbol{l}_i^{\mathrm{T}}+\boldsymbol{T}_i^{\mathrm{T}})\Delta \boldsymbol{v}_i$$

当 $\mathrm{net}_i>0$ 时，第 i 个结点状态更新为 1，而第 i 个结点前一时刻状态不论是 1 还是 -1，Δv_i 均大于等于 0；当 $\mathrm{net}_i<0$ 时，第 i 个结点状态更新为 -1，而第 i 个结点前一时刻状态不论是 1 还是 -1，Δv_i 均小于等于 0。因此，计算能量的变化量小于等于 0。当网络的所有结点状态不再变化时，计算能量函数的变化量等于 0。这表明计算能量随着状态变化而递减，直至最终收敛到计算能量局部最低点。

利用离散型单层反馈网络状态转移到吸引子的特点来实现自联想记忆。将待自联想记忆的模式存储在离散型单层反馈网络中，即将待自联想记忆的模式编码在权值矩阵中，对应于离散型单层反馈网络的计算能量的局部最低点（网络的吸引子）。当某自联想记忆模式的退化模式输入到权值矩阵已编码的离散型单层反馈网络作为初始状态时，只要退化模式仍处在该自联想记忆模式的收敛域，则通过状态变化，最终收敛到所联想的模式状态，实现了自联想。

离散型自联想反馈网络的算法流程如下：

给出 p 个双极的二值化的向量 $\{\boldsymbol{s}^{(1)}, \boldsymbol{s}^{(2)}, \cdots, \boldsymbol{s}^{(p)}\}$，其中 $\boldsymbol{s}^{(m)}$ 是 $n\times1$ 维向量，$m=1, 2, \cdots, p$。

初始化向量 $\boldsymbol{v}^0$ 是 $n\times1$ 维向量。

存储过程：

第 1 步：权值矩阵 $\boldsymbol{W}$ 是 $n\times n$ 阶矩阵，初始化为

$$\boldsymbol{W}\leftarrow 0_{n\times n}, m\leftarrow 1$$

第 2 步：储存向量 $\boldsymbol{s}^{(m)}$，即

$$\boldsymbol{W}\leftarrow \boldsymbol{s}^{(m)}\boldsymbol{s}^{(m)'}-\boldsymbol{I}$$

第 3 步：若 $m<p$，则 $m\leftarrow m+1$，且转到第 2 步；否则，转到第 4 步。

第 4 步：完成向量的记录操作，输出权值矩阵 $\boldsymbol{W}$。

联想记忆检索：

第 1 步：循环计数器 k 初始化，即 $k\leftarrow 1$。在循环计数器初始化时，更新计数器 i，即 $i\leftarrow 1$，且初始化网络 $\boldsymbol{v}\leftarrow\boldsymbol{v}^0$。

第 2 步：对这一轮循环，整数 1，2，…，n 以一个有序随机序列 α_1，α_2，…，α_n 形式排列（见算法后的注释）。

第 3 步：通过计算 Vnew_{α_i} 更新神经元 i，即

$$\mathrm{net}_{\alpha_i}=\sum_{j=1}^{n} w_{\alpha_i j} v_j$$

$$\mathrm{Vnew}_{\alpha_i}=\mathrm{sgn}(\mathrm{net}_{\alpha_i})$$

第 4 步：若 $i<n$，则 $i\leftarrow i+1$，且转到第 3 步；否则，转到第 5 步。

第 5 步：若 $\mathrm{Vnew}_{\alpha_i}=\alpha_i$，$i=1, 2, \cdots, n$，则这一轮循环不做更新，因此完成联想记忆操作，输出 k 和 Vnew_1，Vnew_2，…，Vnew_n；否则，$k\leftarrow k+1$，且转到第 2 步。

注释：在更新序列不进行随机化时，联想记忆操作十分简单。在这种情况下，取消算法的第 2 步，并且在每一次更新循环中 $\alpha_1=1$，$\alpha_2=2$，…，$\alpha_n=n$，或者简单的 $\alpha_i=i$。然而，取消算法的第 2 步会导致检索的有效性降低。

对于上节介绍的 3×3 的黑白二值表达待分类识别的 3 个符号（C、I、T），也可以采用自联想反馈网络将其权值矩阵编码联想记忆在网络的吸引子（平衡点）上。输入待识别符号 C 的退化模式至权值矩阵编码好的自联想反馈网络提供状态转移的迭代，最终收敛至所自联想记忆的模式（符号 C）。

对于离散型自联想反馈网络的性能分析，模式之间的相似程度可以用海明（Hamming）距离来表征。当自联想记忆的模式间的海明距离相同情况下，存储的模式越多则每个模式的收敛域越小，因此容噪能力下降。当网络存储的模式数量相同的情况下，模式间海明距离越

小，则容噪能力下降。这通过人脸识别例子很容易理解，同一个人脸识别系统当识别人脸数量增加时识别率会下降，当人脸库中人脸越相近（如双胞胎）时识别率会下降。

对于异联想网络，存储的是 P 个异联想模式对 $\{(\boldsymbol{a}^{(1)},\boldsymbol{b}^{(1)}),(\boldsymbol{a}^{(2)},\boldsymbol{b}^{(2)}),\cdots,(\boldsymbol{a}^{(P)},\boldsymbol{b}^{(P)})\}$，网络结构如图 4-7 所示。

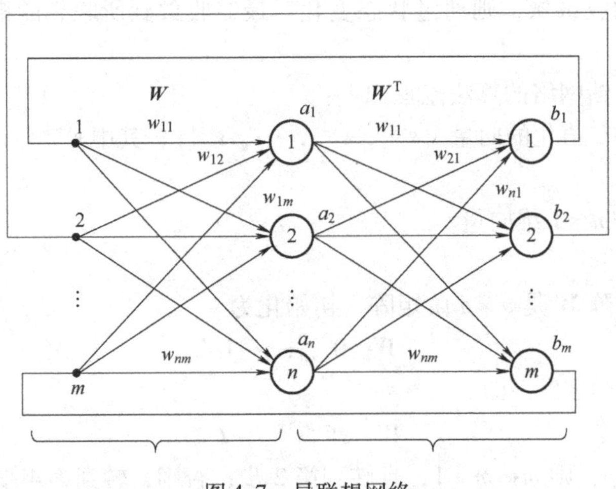

图 4-7　异联想网络

异联想网络的计算能量函数定义为

$$E(\boldsymbol{a},\boldsymbol{b}) \triangleq -\frac{1}{2}\boldsymbol{a}^{\mathrm{T}}\boldsymbol{W}\boldsymbol{b}-\frac{1}{2}\boldsymbol{b}^{\mathrm{T}}\boldsymbol{W}^{\mathrm{T}}\boldsymbol{a}$$

该异联想网络在异联想迭代过程可同样证明是计算能量递减直至收敛到计算能量局部最低点（吸引至某异联想模式对）。

存储异联想模式对的权值矩阵编码的公式为

$$\boldsymbol{W}=\sum_{i=1}^{P}\boldsymbol{a}^{(i)}\boldsymbol{b}^{(i)\mathrm{T}}$$

异联想网络的联想记忆迭代过程不需要异步调整模式，可以同步调整模式，即每次迭代可以调整各结点：

$$a'_i=\operatorname{sgn}\Big(\sum_{j=1}^{m}w_{ij}b_j\Big),\ \forall\quad i=1,2\quad\cdots,n$$

$$b'_j=\operatorname{sgn}\Big(\sum_{i=1}^{n}w_{ij}a_i\Big),\ \forall\quad j=1,2\quad\cdots,m$$

对于时空模式的联想记忆，由模式 $S^{(1)}$ 联想到 $S^{(2)}$，由 $S^{(2)}$ 联想到 $S^{(3)}$，直至由 $S^{(P)}$ 再联想回到 $S^{(1)}$。时空模式的联想记忆可以看作是一种特殊的异联想，$S^{(i+1)}$，$S^{(i)}$ 构成 P 个异联想模式对。

存储时空模式的联想记忆模式对的权值矩阵编码的公式为

$$W=\sum_{i=1}^{P}S^{(i+1)}S^{(i)\mathrm{T}}$$

式中，$S^{(P+1)}$ 设定为 $S^{(0)}$。

可采用电阻、电容来构建连续型反馈网络，可利用其渐进稳定收敛到能量局部低点的特性来求解优化问题。图 4-8 是采用连续型反馈网络求解优化问题的原理图。

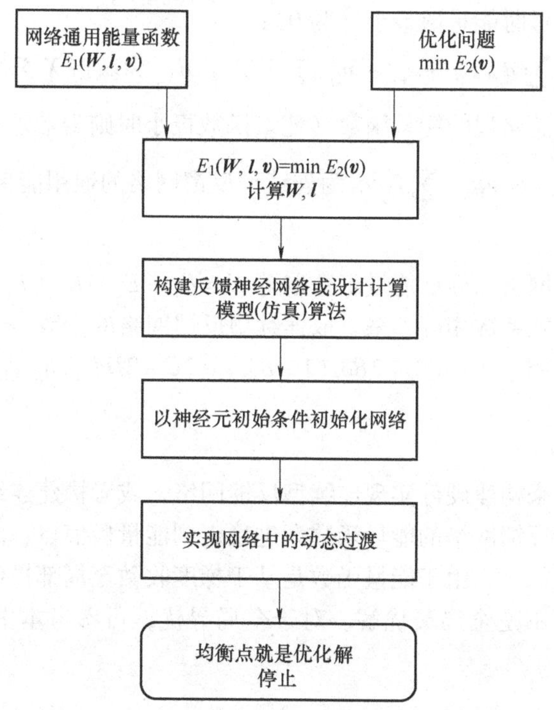

图 4-8　采用连续型反馈网络求解优化问题的原理图

例如，旅行商问题（访问 n 个城市，每个须访问一次，总的访问路径最短）。下面用 5 个城市来介绍如何将优化问题表达成能量函数形式，如图 4-9 所示。

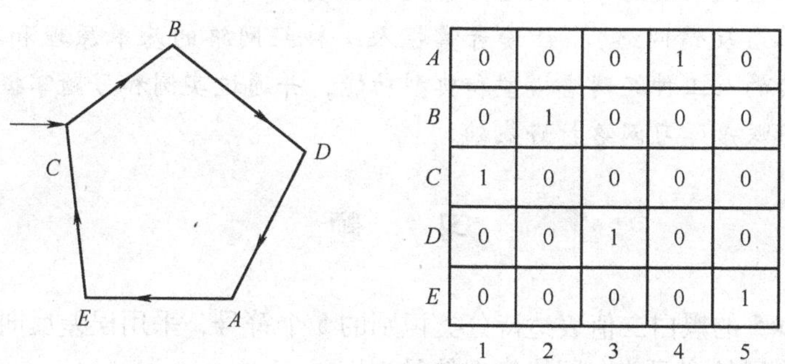

	1	2	3	4	5
A	0	0	0	1	0
B	0	1	0	0	0
C	1	0	0	0	0
D	0	0	1	0	0
E	0	0	0	0	1

图 4-9　5 个城市旅行商问题

通过上述的表达，可巧妙地将旅行商问题的约束条件表达成能量函数：

$$E_1 = A\sum_X \sum_i \sum_j \boldsymbol{v}_{Xi}\boldsymbol{v}_{Xj}, i \neq j$$

表达了每个城市只被访问一次时能量值最小（为0）；

$$E_2 = B\sum_i \sum_X \sum_Y \boldsymbol{v}_{Xi}\boldsymbol{v}_{Yi}, X \neq Y$$

表达了每次只能访问 1 个城市时能量值最小（为0）；

$$E_3 = C(\sum_X \sum_i v_{Xi} - n)^2$$

表达了 n 个城市均访问过时能量值最小（为0）；

$$E_4 = D\sum_X \sum_Y \sum_i d_{XY} v_{Xi}(v_{Yi+1} + v_{Yj-1}), X \neq Y, d_{XY}\ \text{为城市}\ X\ \text{至城市}\ Y\ \text{的距离}$$

表达了访问 n 个城市的总路程的能量函数（能量函数极小时则为最短路径）。

$E = -\frac{1}{2}\sum_{Xi}\sum_{Yj} W_{Xi,Yj} v_{Xi} v_{Yj} - \sum_{Xi} l_{Xi} v_{Xi}$ 为连续型反馈网络的通用能量函数，其中 W 为权值矩阵。

利用与连续型反馈网络的标准能量函数取等 $E = E_1 + E_2 + E_3 + E_4$，尽管只有一个等式，但利用等式两边各表达式系数相等，来求取连续型反馈网络的参数：

$$W_{Xi,Yj} = -2A\delta_{XY}(1-\delta_{ij}) - 2B\delta_{ij}(1-\delta_{XY}) - 2C - 2Dd_{XY}(\delta_{j(i+1)} + \delta_{j(i-1)})$$

其中，$\delta_{ij} = \begin{cases} 1 & i = j \\ 0 & i \neq j \end{cases}$

根据上述这些参数来构建硬件实现连续型反馈网络，或者构建连续型反馈网络的仿真系统。由于构建的连续型反馈网络的能量函数渐进稳定到能量极值点，因而所求解的优化问题也得到优化解。应注意的是，由于能量函数是基于梯度收敛至局部极值点的，因此所求解的优化解是局部优化解，不是全局最优解。对于全局寻优，可参考本书第 5 章的进化计算算法，如遗传算法。

本章小结

本章通过介绍人工神经网络的基本概念（包括人工神经元模型、响应函数、人工神经元连接方式、人工神经网络的学习机理）和几种经典人工神经网络（单层前向网络分类器、多层前向网络、单层反馈网络），让读者掌握人工神经网络的基本原理和功能以及学习机理，掌握几种经典的人工神经网络模型和典型功能，并通过实例和习题掌握人工神经网络的典型应用，为学习深度学习网络打好基础。

习　题

4.1　采用 5×5 的黑白二值表达待分类识别的 5 个符号，采用误差反向传播学习算法来训练所设计的 2 隐层的多层前向网络实现符号识别。

4.2　采用 5×5 的黑白二值表达待分类识别的 5 个符号，采用离散型自联想反馈网络实现符号识别。

参考文献

[1] JACEK M Z. Introduction to artificial neural systems [M]. st. Paul: West Publishing Company, 1992.
[2] 韩力群. 人工神经网络理论及应用 [M]. 北京：机械工业出版社，2017.

第5章

优化与智能计算

导 读

基本内容： 优化是很多人工智能方法的基础。优化模型的设计、优化问题的求解都是人工智能的重要研究方向。学习人工智能需要了解优化的基本概念和基本知识。本章首先介绍优化的基本概念，并说明优化在人工智能中的重要作用；其次介绍凸优化问题，使读者了解优化求解的基本思路，为之后学习人工智能算法奠定基础；最后介绍几种智能优化方法，这些方法曾经为优化问题的求解提供了另外的思路。

学习要点： 掌握优化的基本概念；理解优化在人工智能方法中的作用；掌握梯度下降方法；理解随机梯度下降的优点；了解智能优化方法的主要思路。

5.1 优化的基本概念

优化（Optimization）是在一定的约束条件下寻找最优方案的技术。在现代社会，优化可谓无处不在，如路径规划、节能方案、工艺流程、定价策略、工件设计等。对优化方法的研究已经成为应用数学和工程的重要交叉方向，又称为运筹学（Operations/Operational Research）或数学规划（Mathematical Programming）。对于从事数据科学的工程技术人员，优化方法是继线性代数之后应用最为广泛的应用数学技术。

人工智能的研究（特别是进行决策和分析时）可以抽象为：在外界条件约束下，寻找成功概率最大的模型、参数或决策。可见，人工智能本身就含有寻找最优的含义，天然地与优化方法紧密相连。数据驱动的人工智能方法更离不开优化技术。因此，人工智能的研究者需要有较好的优化方法基础，人工智能的使用者也需要了解优化的基本概念。

一般的优化问题可以抽象为

$$\begin{aligned} &\min_{\boldsymbol{x}} \quad f(\boldsymbol{x}) \\ &\text{s.t.} \quad h_i(\boldsymbol{x}) \leqslant 0,\ i=1,2,\cdots,m \\ &\qquad\ \ g_i(\boldsymbol{x}) = 0,\ i=1,2,\cdots,p \end{aligned} \tag{5-1}$$

其中：

1）$f(\boldsymbol{x})$ 是关于 $\boldsymbol{x}$ 的函数，称为“目标函数”，表示希望进行优化的指标。

2）min 表示对 $f(\boldsymbol{x})$ 进行极小化，其下标 $\boldsymbol{x}$ 表示优化变量（如果优化变量非常明确，下标可以省略）。相应地，极大化问题可以表示为 max $f(\boldsymbol{x})$，显然，这等价于 min $-f(\boldsymbol{x})$。因此，在优化的讨论中，可以不失一般性地约定只关注极小化问题。

3）s. t. 是 subject to 的缩写，表示其后的式子是对变量 $\boldsymbol{x}$ 的“约束”，即要求 $\boldsymbol{x}$ 满足的条件。满足约束的解称为“可行解”，所有“可行解”构成“可行域”，记为 $\boldsymbol{F}$。约束中的 $h_i(\boldsymbol{x})\leqslant 0$ 称为“不等式约束”；$g_i(\boldsymbol{x})=0$ 称为“等式约束”。可行域就是这些等式和不等式所确定的集合（严格意义上，还需要考虑各函数的定义域，即可行域是满足等式和不等式的集合与所有函数的定义域的交集）。

优化问题式（5-1）的解称为“最优解”。最优解 $\boldsymbol{x}^*$ 需要满足：

1）可行性条件：$\boldsymbol{x}^*\in\boldsymbol{F}$

2）最优性条件：$f(\boldsymbol{x}^*)\leqslant f(\boldsymbol{x})$，$\forall\boldsymbol{x}$：$\boldsymbol{x}\in\boldsymbol{F}$，即在可行域内没有比 $\boldsymbol{x}^*$ 更好的点。

需要注意，最优解并不一定唯一；在可行域中，有可能存在一个子集，其中所有的点具有相同的最优目标函数值，这样的集合称为“最优解集”。

在很多优化问题中，最优解可能不存在或者在实际中无法得到。退而求其次，需要求取“局部最优解”，即找到一个解 $\boldsymbol{x}^*$ 使得至少在其邻域中是最好的。数学表达为

$$\begin{cases}\boldsymbol{x}^*\in\boldsymbol{F}\\ \exists\delta>0: f(\boldsymbol{x}^*)\leqslant f(\boldsymbol{x}),\ \forall\boldsymbol{x}:\boldsymbol{x}\in\boldsymbol{F}\ \text{and}\ \|\boldsymbol{x}-\boldsymbol{x}^*\|\leqslant\delta\end{cases}$$

为与局部最优解相区别，最优解有时又被强调地称为“全局最优解”。

图 5-1 给出了一个有约束的二维优化问题。目标函数 $f(\boldsymbol{x})$ 的函数值由曲面给出，虽然函数在负坐标轴方向的取值更小，但已经超出了蓝色曲线所显示的可行域。在可行域内极小化目标函数可以得到两个局部最优解，其中一个是全局最优解。

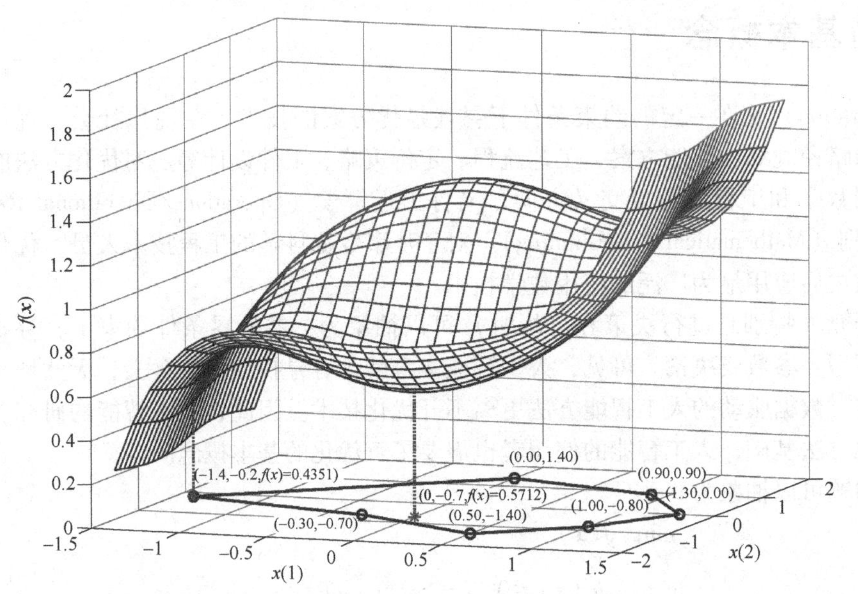

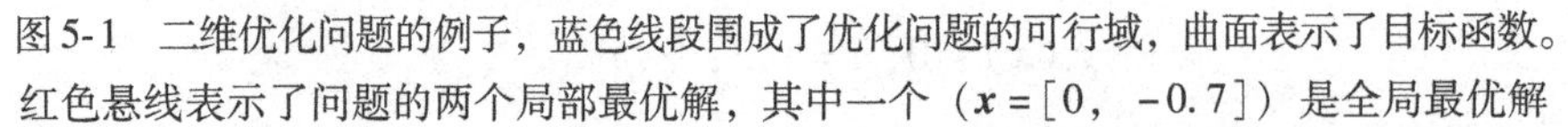
图 5-1　二维优化问题的例子，蓝色线段围成了优化问题的可行域，曲面表示了目标函数。红色悬线表示了问题的两个局部最优解，其中一个（$\boldsymbol{x}=[0,\ -0.7]$）是全局最优解

图 5-1 彩图

1. 优化问题与人工智能

通过设计问题（5-1）中的目标函数、约束条件，可以对实际工程中的很多问题进行优化建模。其基本思路是对问题进行描述，建立相应的优化问题，然后通过求解优化问题得到需要的值。以人工智能的最基本任务“线性回归”为例进行说明。假设有 m 个采样值 $\{\boldsymbol{x}_i, \boldsymbol{y}_i\}_{i=1}^m$，其中 $\boldsymbol{x}_i \in \mathbf{R}^n$ 是 n 维向量，$y_i \in \mathbf{R}$ 为观测值。如果 $\boldsymbol{x}$ 和 y 之间呈现线性关系，则观测值 $\boldsymbol{y}_i = \boldsymbol{w}^{\mathrm{T}}\boldsymbol{x}_i + b + \varepsilon$，其中 $\boldsymbol{w} \in \mathbf{R}^n$ 为线性组合的系数，$b \in \mathbf{R}$ 称为“偏置项”，而 ε 为随机噪声。线性回归的目的是从采样值中建立 $\boldsymbol{x}$ 和 y 之间的关系，即确定 $\boldsymbol{w}$ 和 b。为此，可以求解如下的优化问题：

$$\min_{\boldsymbol{w},b} \sum_{i=1}^{m} (\boldsymbol{w}^{\mathrm{T}}\boldsymbol{x}_i + b - y_i)^2 \tag{5-2}$$

其含义是寻找使得 $\boldsymbol{w}^{\mathrm{T}}\boldsymbol{x}_i + b$ 和观测值 y_i 之间误差最小的 $\boldsymbol{w}$ 和 b（这里选用的是平方误差函数，相关的细致讨论参见 6.1 节）。这是一个典型的无约束优化问题。如果先验知识或系统本身要求 $\boldsymbol{w}$ 非负，可以添加不等式约束 $w(i) \geqslant 0$；如果 $\boldsymbol{w}$ 代表的是权值，则可以要求 $\sum_{i=1}^{n} w(i) = 1$。那么，相应的系数可以通过求解如下的优化问题得到：

$$\begin{aligned}\min_{\boldsymbol{w},b}\ & \sum_{i=1}^{m} (\boldsymbol{w}^{\mathrm{T}}\boldsymbol{x}_i + b - y_i)^2 \\ \text{s. t.}\ & w(i) \geqslant 0, i = 1,2,\cdots,n \\ & \sum_{i=1}^{n} w(i) = 1\end{aligned}$$

这是一个带约束的优化问题。

这个例子初步显示了如何将人工智能的问题建模为优化问题。事实上，不仅回归问题可以构建为优化问题，还有大量的人工智能问题都可以归结为优化问题。优化问题可以统一抽象为式（5-1），根据其组成要素的不同形式，优化问题具有不同的特点和求解难度。在设计人工智能算法的时候，需要充分考虑优化问题的性质，在高性能和高效求解之间取得平衡。

2. 连续优化与离散优化

优化问题中的优化变量可以来自于实数空间（如前述的线性回归问题），这类优化问题称为“连续优化”。优化变量也可以来自于整数空间，即要求优化变量必须取整数值，这类整数变量的优化问题称为“离散优化”或“整数规划”。例如，在购买商品的决策中，优化变量表征购买商品的量。对水、电、气等商品，其量可以是实数值，相应的问题是连续优化问题；对于计算机、汽车、桌椅等物品，购买量必须是整数，对应于离散优化。整数变量的一类特殊情况是要求变量只能取 0 或 1。0-1 变量可以描述是否采取某个行动，因此又称为“决策变量”，相应的优化称为“0-1 整数规划”。如果优化变量中既有实数和也有整数，则称为“混合整数规划”。

从理论上，离散优化问题的可行解集合是有限的。但在实际应用中，由于可能的选择非常多（例如，100 维决策变量的搜索空间是 2 的 100 次方），即使现在如此强大的计算能力，也无法进行穷举操作。所以，虽然连续优化问题可能的选择有无穷多，而离散优化问题的选择是有限的，但在实际中，连续优化问题一般来说比离散优化问题要容易求解得多。其根本原因是连续优化问题所具有的“连续性”。连续性赋予了我们从初始点进行搜索的能力。如图 5-2 所示，我们希望极小化一个一维函数。直观地可以将一维函数看成一座山，对其极小化即希望找到海拔最低的点。从任意点开始，可以利用梯度的信息得到下山的方向（使目标函数值下降），沿着这样的方向行动，至少可以达到一个谷底（不严格地说，这对应了函数的一个局部极小），在某些条件下，这样的谷底就是整座山的最低点。相对地，对于离散优化问题，由于连续性的丧失，站在某个点，我们无法感知周围的任何信息（函数在整数周围没有意义），如图 5-2 的右图所示。如果没有其他信息，只能通过尝试计算周围的点来搜寻下一步前进的方向，而这种尝试需要付出计算时间或其他代价。

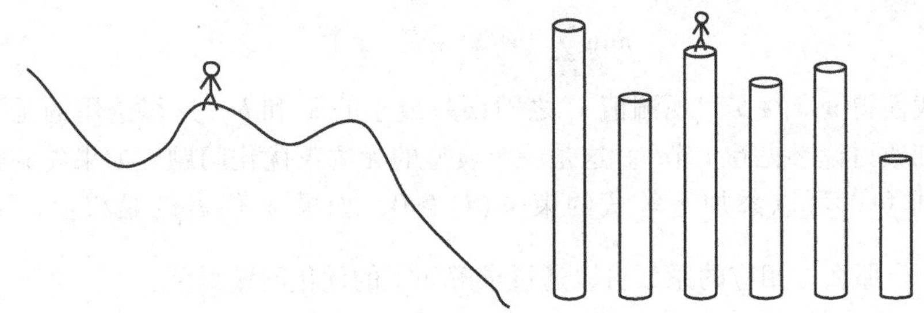

图 5-2　连续优化与离散优化的区别

注：在左图所示的连续优化问题中，从当前解出发，可以根据梯度等信息感知不同方向上的变化趋势；在右图所示的离散优化问题中，当前解与其附近的点之间没有联系（因为目标函数只在整数点上才有定义），无法预先知道周围解的情况。

这个例子显示了连续优化与离散优化之间的本质区别。一般而言，由于缺乏连续性，离散优化问题比连续优化要复杂很多。现在的个人计算机可以处理百万维的连续优化问题，但在合理的时间内能够求解的 0-1 整数规划的规模则十分有限。

根据所处理的问题和对象的不同，有的人工智能方法需要处理连续优化，有的则需要求解离散优化或者混合整数规划。离散优化问题的求解主要采用树搜索算法，连续优化主要利用梯度信息构建下降算法。离散优化和混合整数规划是非常重要和需要专门研究的领域。由于当前大部分的人工智能方法（包括深度神经网络的训练）均涉及连续优化问题的求解，因此，本章主要介绍连续优化。

3. 无约束条件与有约束优化

根据有无约束条件，优化问题可以分为无约束优化和有约束优化。一般意义上，无约束优化问题更容易求解，其局部最优条件（必要条件）是读者熟知的“导数为零”即 $\partial f/\partial \boldsymbol{x}=0$，其基本的优化方法是利用梯度（或更高阶信息）寻找使得函数值下降的方向，然后进行搜索。

如果存在约束，优化问题会变得更加复杂。约束的形式包括等式约束和不等式约束两种。

对于等式约束，如果 $g_i(\boldsymbol{x})=0$，$i=1, 2, \cdots, p$ 均为线性函数（或仿射函数。注：线性函数与仿射函数的差别在于是否有常数偏置量。本书主要利用它们的线性性质，因此不严格区分线性和仿射函数，统称其为线性函数），那么，一般来说，问题的求解难度与无约束问题类似。其原因在于可以通过求逆的方式将线性等式约束嵌入到求解的过程中。当前的计算能力可以几乎无代价地进行线性求逆操作（除非维度非常高）。

当遇到非线性的等式约束时，问题往往将变得非常复杂，需要根据等式约束的具体形式进行特别的处理。总体来说，非线性等式约束将使得优化问题变得难以求解，甚至使得找到一个满足等式约束的可行解（即求解非线性方程组 $g_i(\boldsymbol{x})=0$，$i=1, 2, \cdots, p$）都十分困难。这也提示我们在设计人工智能算法的时候要避免非线性的等式约束（除非可以方便地处理相应约束）。

对于不等式约束，不失一般性地将其写为小于等于的形式，即 $h_i(\boldsymbol{x})\leqslant 0$，$i=1, 2, \cdots, m$，并约定在此种形式下讨论 $h_i(\boldsymbol{x})$。当 $h_i(\boldsymbol{x})$ 为线性函数时，称为线性不等式约束。与直观的想象不同，在优化问题中，线性不等式的处理比线性等式要复杂得多。当读者学习了对偶理论后（本书在讲解支持向量机时，将不可避免地介绍一些对偶的知识，但严格和完整的对偶理论，需要读者进行自学。线性的对偶理论可以参见本章参考文献［1］；非线性的对偶理论参见本章参考文献［2］），将会意识到求解约束优化问题的本质是确定各约束是否“起作用”及起作用时的“重要程度”。对任何可行解，所有等式约束都是“起作用的”；当约束呈线性时，其“重要程度”是常数。因此，线性等式约束的重要性是确定的，而对于线性不等式约束，需要额外确定其是否起作用。总体上，在求解优化问题时，能够比较方便地处理线性等式约束，而不太容易处理不等式约束。

4. 线性规划

目标函数和约束条件都是线性函数的优化问题称为线性规划（Linear Programming）。线性函数是最简单的函数，因此，与其他技术的发展一样，优化方法也是从研究线性问题开始的。线性规划自 20 世纪 40 年代提出以来，已经有了长足的发展，直到今天，依然起着非常重要的作用。在当前的大数据时代，需要处理大规模的线性规划，其研究在投资组合问题、网络流问题、指派问题、运输问题等领域依然很活跃。

线性规划的发展经历了几个时期。George B. Dantzig 在 20 世纪 40 年代提出的单纯形算法（Simplex Algorithm）能够对线性规划进行快速的求解，但始终无法从算法复杂性角度证明单纯形法的有效性。1972 年 Victor Klee 和 George J. Minty 通过构造特殊的线性规划说明了单纯形法是非确定性多项式时间算法（Non-deterministic Polynomial-time hard，NP-hard）。（虽然单纯形方法的算法复杂度很高，但对于一般的线性规划问题，其求解效率很高，并且通过学习单纯形算法，读者能够更好地理解优化问题的实质和对偶等重要的概念。因此，很多现行的优化/运筹学教材，如本章参考文献［1］，仍然是从单纯形方法开始讲解的。）如果最简单的优化问题都是 NP-hard，那么，优化问题的研究将变得没有意义，依赖优化问题求解的人工智能算法也无法进一步发展。

所幸，在 20 世纪 70 年代末到 80 年代，通过若干重要学者（代表性人物包括 Leonid Khachain、Narendra Karmarkan、Arkadi Nemirovski、Yurii Nesterov）的共同努力，发展了内点法（Interior-point Method）用于求解线性规划，并证明了内点法可以在多项式时间内得到求解。不仅如此，在研究内点法的过程中，学者们发现“线性”并不是使用内点法的必要条件。换言之，对于一类非线性的优化问题，内点法仍然可以进行快速和有效的求解，从而将能够求解的优化问题的范围从线性扩展到了非线性，使得人们可以根据需要设计更加复杂的优化函数以处理实际问题。这类问题即是之后要讨论的凸优化问题，凸优化在人工智能领域起着非常重要的作用。

5.2 凸优化、梯度下降与随机梯度

凸优化是一类有着良好性质的优化问题，本书不涉及凸优化的具体求解，但试图直观地介绍凸优化的概念及基本算法。通过学习本节，读者能够对凸优化及凸优化算法有基本的了解，这也是之后学习人工智能算法所必备的基础知识。

1. 凸集、凸函数与凸优化

为定义凸优化问题，需要首先介绍“凸集”和“凸函数”的概念。

定义 5.1 集合 $\boldsymbol{D}$ 是凸集（Convex Set），当且仅当

$$\eta \boldsymbol{x}_1 + (1-\eta)\boldsymbol{x}_2 \in \boldsymbol{D}, \forall \eta \in [0,1], \forall \boldsymbol{x}_2, \boldsymbol{x}_2 \in \boldsymbol{D}$$

几何上理解，$\eta \boldsymbol{x}_1 + (1-\eta)\boldsymbol{x}_2$ 定义了穿过 $\boldsymbol{x}_1$ 和 $\boldsymbol{x}_2$ 的直线；$\eta \in [0, 1]$ 对应于以 $\boldsymbol{x}_1$ 和 $\boldsymbol{x}_2$ 为端点的线段（$\eta=1$ 对应于 $\boldsymbol{x}_1$，$\eta=0$ 对应于 $\boldsymbol{x}_2$）。因此，定义 5.1 的直观解释是：凸集是包含了内部任意两点之间连线的集合。图 5-3 给出了几个凸集和非凸集的例子，也显示了有限个凸集的交集是凸集。

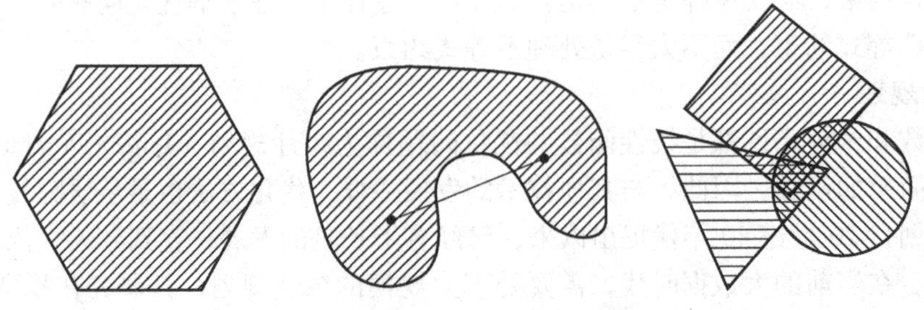

图 5-3　凸集（左图）和非凸集（中图）的示例

注：在非凸集中可以找到两点，使得两点间的线段不完全属于这个集合。

右图显示了多个凸集的交集仍然是凸集。

在凸集定义的基础上，可以定义凸函数如下：

定义 5.2 定义在凸集上的函数 f 是凸函数（Convex Function），当且仅当

$$f(\eta \boldsymbol{x}_1 + (1-\eta)\boldsymbol{x}_2) \leqslant \eta f(\boldsymbol{x}_1) + (1-\eta) f(\boldsymbol{x}_2), \forall \eta \in [0,1], \forall \boldsymbol{x}_2, \boldsymbol{x}_2 \in D$$

图 5-4 给出了一维和二维凸函数的示例。按照前述关于线段的解释，可以将凸函数理解为曲线段上的函数值小于等于端点值构成的线段，或者简单地总结为“弦在曲线上”。与凸函数相反，可以定义凹函数（Concave Function）为：如果 $-f$ 是凸函数，则 f 称为凹函数，其表现是“弦在曲线下”。通过这个定义可以看出，线性函数是凸函数也是凹函数。凸函数的定义要求 f 在 $\eta \boldsymbol{x}_1 + (1-\eta)\boldsymbol{x}_2$ 上的各点均有意义，因此凸函数的定义域必然是凸集。一般地，凸集可以由某个凸函数表示为 $\{\boldsymbol{x}: f(\boldsymbol{x}) \leqslant 0\}$；反之，如果 $f(\boldsymbol{x})$ 是凸函数，那么 $\{\boldsymbol{x}: f(\boldsymbol{x}) \leqslant 0\}$ 是一个凸集。

在式（5-1）所描述的优化问题中，如果目标函数 $f(\boldsymbol{x})$ 是凸函数，不等式约束 $h_i(\boldsymbol{x})$ 是凸函数，等式约束 $g_i(\boldsymbol{x})$ 是线性函数，那么相应的优化问题称为凸优化（Convex Optimization），即“在凸集上极小化凸函数”的问题。需要注意，等式约束 $g_i(\boldsymbol{x})=0$ 可以等价地写为 $g_i(\boldsymbol{x}) \leqslant 0$，$g_i(\boldsymbol{x}) \geqslant 0$。“不等式约束为凸函数”要求 $g_i(\boldsymbol{x})$ 和 $-g_i(\boldsymbol{x})$ 同时是凸函数。

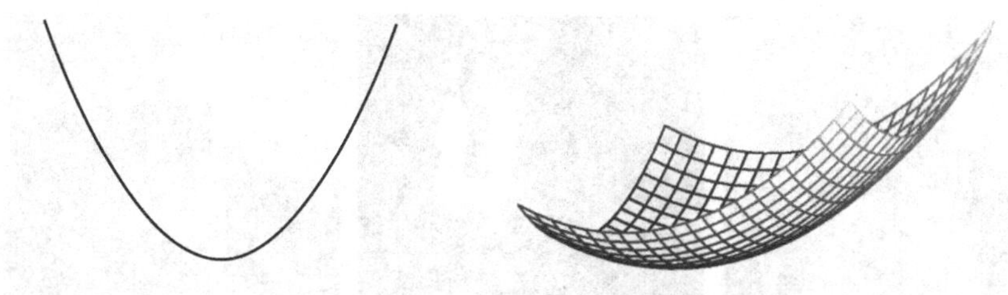

图 5-4 一维与二维的凸函数

注：可以直观地将凸性定义理解为"弦（$\eta f(\boldsymbol{x}_1)+(1-\eta)f(\boldsymbol{x}_2)$）在曲线（$f(\eta\boldsymbol{x}_1+(1-\eta)\boldsymbol{x}_2)$）"上。

满足这样条件的 $g_i(\boldsymbol{x})$ 必然是线性（仿射）函数，因此，凸优化问题不能含有非线性的等式约束。另外，由于凸集的交集仍然是凸集，因此，在凸优化问题中，添加有限数量的凸约束将保持优化问题的凸性不变。

利用定义，读者可以验证 5.1 节中给出的回归方法是一个凸优化问题。事实上，在人工智能领域有很多的经典算法都是凸优化问题。

（1）图像去噪

在很多情况下，设备采集得到的图像 $\boldsymbol{F}$ 是由真实图像和噪声叠加生成的。由于真实的自然图像往往只含有较少的边界和线条，因此可以认为其在差分域是稀疏的（稀疏向量或稀疏矩阵是指向量或矩阵的大部分分量都是零，只有少部分非零分量）。可以通过求解如下的凸优化问题达到去噪（Denoising）的目的：

$$\min_{\boldsymbol{X}}\|\boldsymbol{F}-\boldsymbol{X}\|^2+\lambda\|\boldsymbol{X}\|_{\mathrm{TV}}$$

式中，$\|\boldsymbol{X}\|_{\mathrm{TV}}$是图像 $\boldsymbol{X}$ 的总变差（Total Variation，TV）[3]，λ 是参数。对总变差进行极小化能够得到较少的边界或线条，我们不讨论总变差函数的具体形式，但在这里指出总变差函数是一个凸函数。由此，通过求解一个凸优化问题，我们找到了边界较少且与 $\boldsymbol{F}$ 很相近的图，从而达到了图像去噪的目的，如图 5-5 所示。

图 5-5 通过极小化总变差得到的图像去噪效果

（2）视频前后背景的分离

在视频监控任务中，常常需要将不动的背景和移动的前景区分开，即将观测到的视频 $\boldsymbol{H}$ 拆为 $\boldsymbol{H}=\boldsymbol{F}+\boldsymbol{B}$，其中 $\boldsymbol{F}$ 为前景，$\boldsymbol{B}$ 为背景。因为前景中的移动对象只占很少一部分，所以是稀疏的，即$\|\boldsymbol{F}\|_1$ 较小。因为背景在视频中是几乎不变的，所以每帧之间可以相互表示，其秩很低，即$\|\boldsymbol{B}\|_*$（$\|\boldsymbol{B}\|_*$ 为 $\boldsymbol{B}$ 的核范数）较小。由此，可以构造如下的凸优化问题：

$$\min_{\boldsymbol{F},\boldsymbol{B}}\|\boldsymbol{F}\|_1+\|\boldsymbol{B}\|_* \quad \text{s.t. } \boldsymbol{H}=\boldsymbol{F}+\boldsymbol{B}$$

通过求解这个凸优化问题，可以达到图 5-6 所示的效果，将监控录像中的前景和背景进行分离。

图5-6　通过求解凸优化问题，可以将视频分解为稀疏图像（前景）和低秩图像（背景）[4]

2. 最优性条件与梯度下降

凸优化与一般优化问题相比，其最大特点是局部最优等价于全局最优，即凸优化的任意局部最优解同时也是该问题的全局最优解。直观上，由图5-4显示的凸函数的形态可以看出凸函数只有一个峰谷。

由于凸优化问题的良好性质，使得我们可以只关注凸优化问题的局部最优解。当式（5-1）是凸优化问题且其中的函数都是可微函数时，对于$\boldsymbol{x}^*$，如果存在$\boldsymbol{\lambda}^*$、$\boldsymbol{v}^*$，满足：

$$h_i(\boldsymbol{x}^*)\leqslant 0,\quad i=1,2,\cdots,m$$

$$g_i(\boldsymbol{x}^*)=0,\quad i=1,2,\cdots,p$$

$$\lambda_i^*\geqslant 0,\quad i=1,2,\cdots,m$$

$$\lambda_i^* h_i(\boldsymbol{x}^*)=0,\quad i=1,2,\cdots,p$$

$$\nabla f(\boldsymbol{x}^*)+\sum_{i=1}^{m}\lambda_i^*\nabla h_i(\boldsymbol{x}^*)+\sum_{i=1}^{p}\boldsymbol{v}_i^*\nabla g_i(\boldsymbol{x}^*)=0$$

那么$\boldsymbol{x}^*$是问题的最优解，λ_i^*、$\boldsymbol{v}_i^*$是对偶问题的最优解。

上式总称为“Karush-Kuhn-Tucker（KKT）条件”。在KKT条件中，前两个条件要求$\boldsymbol{x}^*$满足式（5-1）的约束条件，即可行性条件；第三个条件是对偶变量的可行性条件；第四个条件称为“互补松弛条件”。这些条件在人工智能领域有很多重要的应用，如用于确定支持向量机（见6.3节）的偏置项，有兴趣的读者可以深入学习和研究对偶问题及原-对偶关系。

如果约束函数满足某些品性约束，那么KKT条件是可微优化问题的局部最优解的必要条件。对于凸优化问题来说，KKT条件同时也是全局最优解的充分条件。最优性条件在优化领域有着极其重要的作用。对于某些问题，可以直接通过KKT条件进行优化问题的求解。更一般地，KKT条件是分析优化问题的解的性质的重要工具。

对于无约束优化问题，KKT条件退化为读者熟悉的“梯度为零”，即$\nabla f(\boldsymbol{x}^*)=0$。当$\boldsymbol{x}_0$不是最优解时，$\nabla f(\boldsymbol{x}_0)$不等于零且提供了使目标函数值下降的方向。令$\boldsymbol{x}_1=\boldsymbol{x}_0-t\nabla f(\boldsymbol{x}_0)$则函数值$f(\boldsymbol{x}_1)$在这条射线上是关于$t$的函数，即$f(\boldsymbol{x}_1)=f(\boldsymbol{x}_0-t\nabla f(\boldsymbol{x}_0))\triangleq q(t)$。利用Taylor展开，可以得到

$$q(t)=q(0)+q'(0)t+o(t)=f(\boldsymbol{x}_0)-t\|\nabla f(\boldsymbol{x}_0)\|^2+o(t)$$

因此，$o(t)$是关于t的高阶无穷小，当$t>0$足够接近零时，$q(t)<q(0)$，即总能找到合适的t使目标函数下降。使目标函数f下降的方向有很多，称为“下降方向”。负梯度方向是其中一种，是欧几里得范数下的“最速下降”方向。这里所说的“最速”是对一次下降的

幅度而言的，实际上，如果每一步都走梯度方向且最优地选择步长 t，将会导致整体的搜索路径产生“锯齿现象”（见图 5-7）。

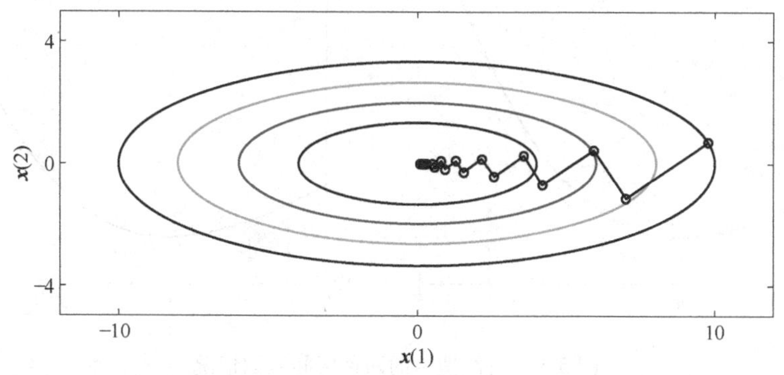

图 5-7　利用梯度下降算法极小化 $f(\boldsymbol{x})=\frac{1}{2}(\boldsymbol{x}(1)^2+9\boldsymbol{x}(2)^2)$

注：椭圆形曲线是目标函数的等位线。折线显示了梯度下降算法的搜索路径，产生了明显的锯齿现象

为消除锯齿现象，需要利用更高阶的导数信息对下降方向进行修正，如利用二阶导数（Hessian 矩阵）的牛顿法（Newton Method）可以达到非常快的收敛速度。但对于规模较大的优化问题，二阶导数需要很多的计算和存储资源，对于大规模问题并不可行。为此，学者们也发展了很多介于牛顿方法和梯度方法之间的优化方法，如共轭梯度法等。

当确定了能够使函数值下降的方向之后，需要确定步长 t 进而将优化变量更新为 $\boldsymbol{x}_1=\boldsymbol{x}_0-t\boldsymbol{\nabla}f(\boldsymbol{x}_0)$。在机器学习领域，步长 t 又称为“学习速率”。如前所述，在给定更新方向 $\boldsymbol{\nabla}f(\boldsymbol{x}_0)$ 之后，函数值是步长 t 的函数，可以通过求解 $\min_{t\geqslant 0}q(t)$ 得到。步长的搜索是一维优化问题，并且当 f 是凸函数时，$q(t)$ 也是凸函数（在形态上呈“单谷”现象），如图 5-8 所示。

可以通过直线搜索实现一维函数的优化。下面给出几种对凸函数进行直线搜索的方法。这些方法属于区间压缩方法：设 $a=0$，由于单谷的性质，总可以找到足够大的 b（否则，目标函数无下界，不存在最优解），使得 $q(a)\leqslant q(b)$。从包含了最优解的区间 $[a, b]$ 开始逐步压缩，只要每次更新后的区间比之前小并且仍然包含最优解，就可以找到满足精度要求的最优解。这类方法的关键就是如何进行区间的迭代压缩。

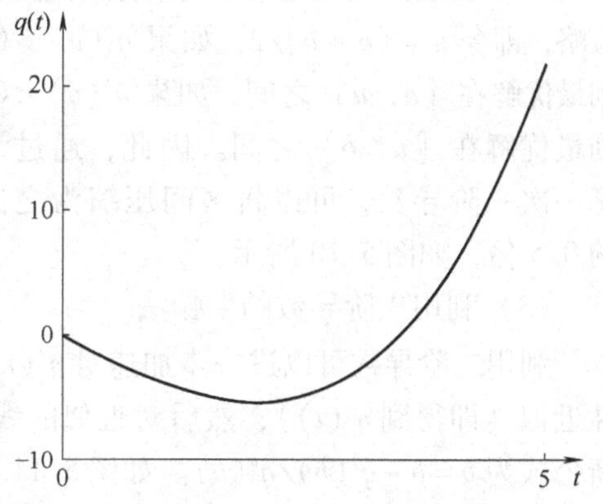

图 5-8　一维凸函数呈现单一的山谷形态，具有全局最优解

（1）利用函数值的区间压缩

对于单谷函数 $q(t)$，在 $[a, b]$ 中任取两点 $u<v$，如图 5-9 所示，有两种可能的情况：①如果 $q(u)\leqslant q(v)$，则最优解在 $[a, v]$ 内，更新 $b=v$；②如果 $q(u)\geqslant q(v)$，则最优解在 $[u, b]$ 内，更新 $a=u$。在下一步的更新时，可以利用前一次未用的点。例如，如果此次更新为 $b=v$，那么下一次选点时可以将 v 取为上一次的 u。

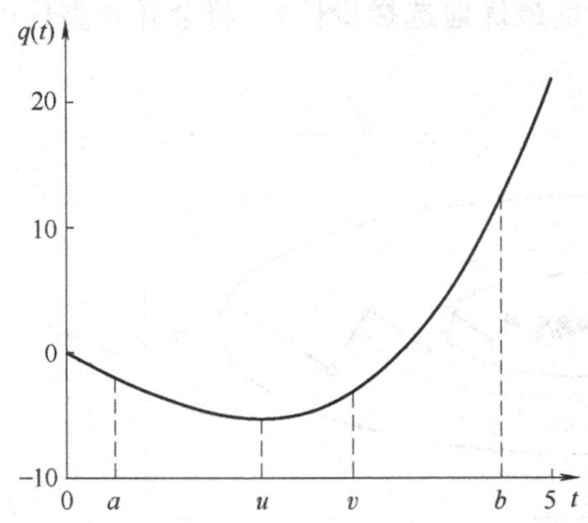

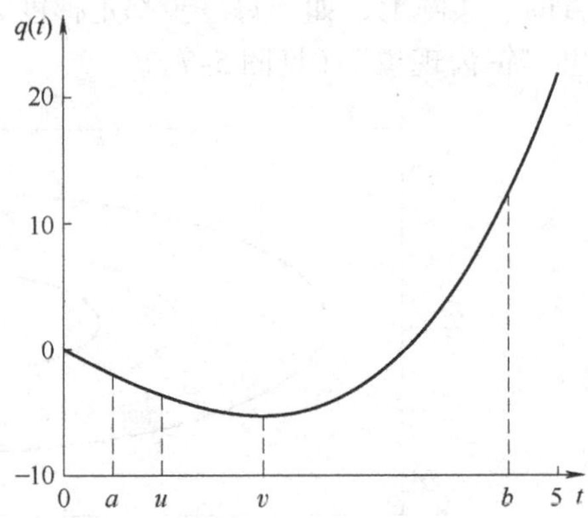

图 5-9 直线搜索的两种区间压缩情况

注：根据取点的值的不同，有两种情况。左图所示的情况中，最优解一定在［a，v］区间内；右图所示的情况中，最优解在［u，b］区间内。

在这种方法中，每计算一次函数值，可以实现一次区间的压缩。压缩的效率由 u、v 的选点方法决定。最优的选点方法称为“斐波那契方法”，其极限情况是“0.618 法”，即可以通过计算一次函数值实现区间压缩为前一次的 0.618 倍（相关的证明和推导可见本章参考文献［1］）。

（2）利用一阶导数的区间对分

对于图 5-8 所示的单谷函数，其导数一定满足 $q'(a)\leqslant 0\leqslant q'(b)$。因此搜索函数的最小值的点等价于寻找一阶导数的零点：$q'(t)=0$。对此，可以通过一次采样得到更新策略，即令 $u=(a+b)/2$，如果 $q'(u)>0$，则最优解在［a，u］之间；如果 $q'(u)<0$，则最优解在［u，b］之间。因此，通过计算一次一阶导数，可以将区间压缩为之前的 0.5 倍，如图 5-10 所示。

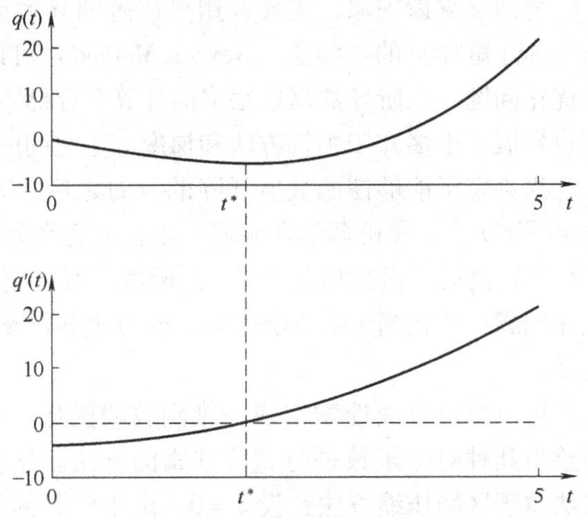

图 5-10 利用导数信息，将 $q(t)$ 极小化问题转化为寻找 $q'(t)$ 的零解问题，可以将区间压缩速率提升为 0.5

（3）利用二阶导数的牛顿法

利用二阶导数可以进一步加速对 $q'(t)=0$ 的搜索，其基本想法是在 b 点对 $q'(t)$ 进行线性近似（即得到 $q''(t)$），然后对近似的线性函数求取零点，作为新的区间的端点，具体更新公式为 $b=b-q'(b)/q''(b)$。如图 5-11 所示，利用二阶导数可以得到非常快速的收敛。

在以上三种方法中，每次计算时考虑的导数信息越多，区间压缩的效率越高。但总体的时间耗费由迭代压缩次数和每次的计算量综合决定，选用方法时需要综合考虑。

对于无约束优化问题 $\min f(\boldsymbol{x})$，从初始解 $\boldsymbol{x}_0$ 开始，通过确定下降方向和在下降方向上的直线搜索实现了解的更新和函数值的下降，这类方法直观地称为“下降算法”或形象地称为“下山法”。利用下山法，总可以来到一个“山谷”，即获得优化问题的局部最优解。

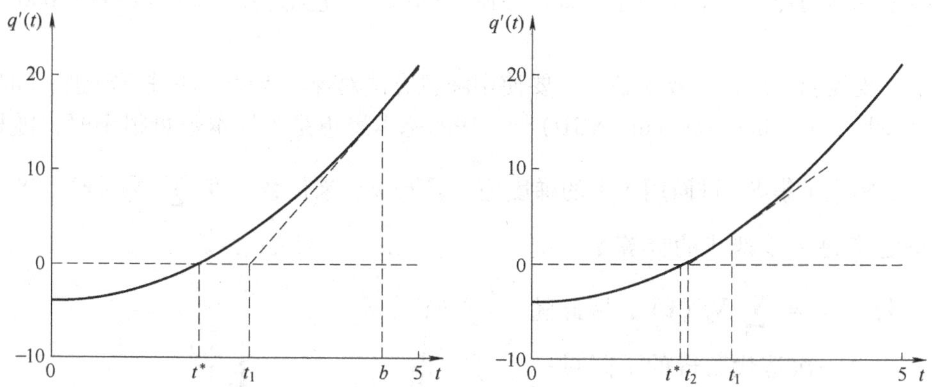

图 5-11　利用二阶导数（即一阶导数的切线）可以更快地找到最优解

注：从 b 开始，通过求解二阶导数的零点，可以得到 t_1（左图）；从 t_1 继续利用二阶导数，可以得到 t_2（右图）。仅仅经过两次迭代，就可以非常准确地逼近最优解 t^*

下降方向的求取和下降方向上的直线搜索是下降算法的两个主要步骤。在实际应用中，有很多改进梯度方向的方法用以加快收敛和适应大规模问题。对于非线性函数，下降方向只在一个小的范围内起作用。因此，在进行直线搜索时，可以不追求每次都取得最大的下降，而在取得一定的下降之后即求取新的下降方向。相对每次都求得直线搜索最优解的精确搜索，非精确直线搜索在很多问题中的整体效率更高。常见的非精确方法是回溯直线搜索（Backtracking Line Search）[2]，其要点是保证函数值得到有效的下降。对于更大规模的优化问题，如深度神经网络的训练，可以使用固定步长或让步长以预先给定的方式变化以避免直线搜索时的计算量。以非搜索方式进行迭代时，需要精心地调试以选择适合的步长：小的步长导致优化所需的迭代步数过多；大的步长容易导致训练在得到最优解之前过早终止。

3. 随机梯度下降

梯度下降方法是求解连续优化问题的基本方法。对于中小规模的问题，可以考虑利用高阶导数或其近似，提高算法的收敛速度。对于 n 维优化问题，其二阶导数是 $n \times n$ 的矩阵。因此，当问题规模变大时，高阶导数的计算和存储将变得十分困难，使得低阶的梯度下降方法成为求解这类问题的主流选择。

在本书后续的学习中，读者会发现很多基于样本的总（平均）误差的人工智能方法都可以建模为如下的问题：

$$\min_{x} \sum_{i=1}^{m} f_i(\boldsymbol{x})$$

式中，$f_i(\boldsymbol{x})$ 是第 i 个采样的误差。利用梯度下降法对 $f(\boldsymbol{x}) = \sum_{i=1}^{m} f_i(\boldsymbol{x})$ 进行极小化时，需要在迭代过程中反复计算梯度：

$$\nabla f(\boldsymbol{x}) = \nabla\left(\sum_{i=1}^{m} f_i(\boldsymbol{x})\right) = \sum_{i=1}^{m} \nabla f_i(\boldsymbol{x})$$

当样本数量很多，即 m 很大的时候，即便单个 $\nabla f_i(\boldsymbol{x})$ 易于计算，$\sum_{i=1}^{m} \nabla f_i(\boldsymbol{x})$ 的计算量也会非常大。例如，ImageNet 数据库包含 1400 万张图片，在不进行数据增强（即将图片进行旋转等变换生成新的样本）的情况下，梯度下降法的每一步也都要计算 $m = 14\ 000\ 000$ 个梯度的和。

为对大规模问题进行有效求解，需要使用随机方法对梯度下降方法进行改进。随机梯度下降（Stoachstic Gradient Descent，SGD）[5]方法的基本思想是当样本数量很多时，随机地选择部分样本构成子集 S，进而用 S 上的梯度 $\sum_{i \in S} \nabla f_i(\boldsymbol{x})$ 来代替梯度 $\sum_{i=1}^{m} \nabla f_i(\boldsymbol{x})$ 。S 中的样本数量决定了每一步迭代的计算量。由于 $\sum_{i \in S} \nabla f_i(\boldsymbol{x}) \neq \sum_{i=1}^{m} \nabla f_i(\boldsymbol{x})$ ，因此随机梯度方法每一次迭代获得的下降量一般来说小于梯度方法。甚至，采用随机梯度方向并不能保证函数值在每一步都获得下降。图 5-12 显示了使用随机梯度下降方法时，函数值的典型变化情况。

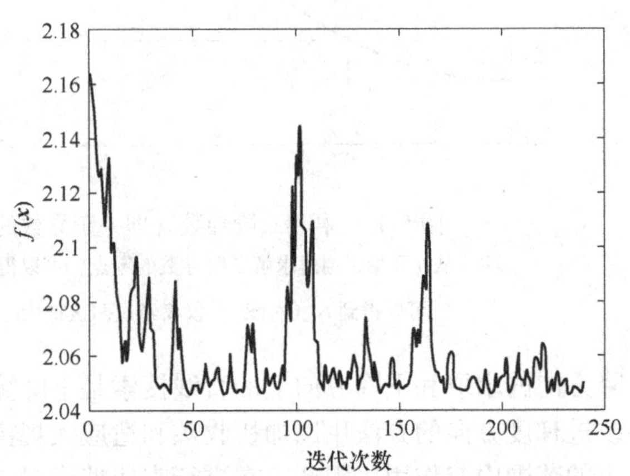

图 5-12　利用随机梯度下降方法进行优化时，函数值呈整体下降的趋势，但每一步迭代并不保证函数值的下降

虽然随机梯度的使用牺牲了每一步的优化效果，但可以证明，在满足某些条件的情况下，随机梯度方法仍然能以概率收敛到局部最优解附近。图 5-13 对比了梯度下降方法和随机梯度下降方法：随机梯度下降方法的迭代次数增多，但由于每次计算的时间大大减少，总的优化效率得到了很大的提升。

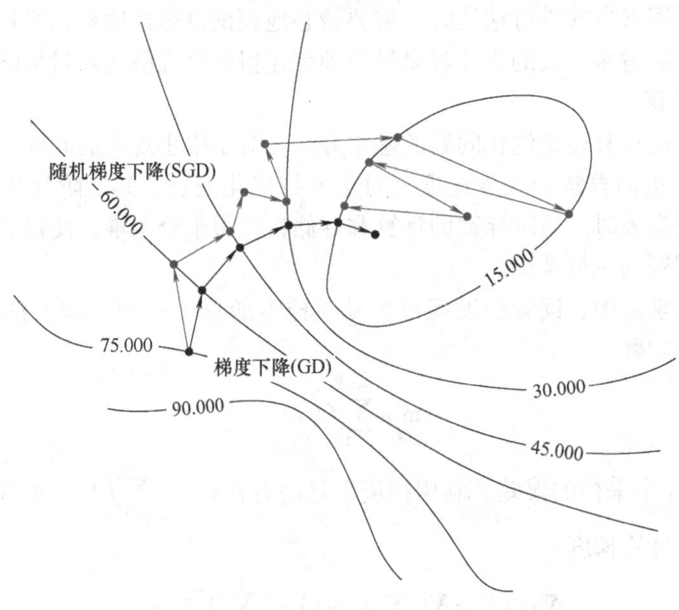

图 5-13　梯度和随机梯度下降算法的搜索路径

注：在每一步迭代中，梯度下降得到了函数值的快速下降，而随机梯度下降方法的函数值甚至有可能上升。因此，随机梯度下降的搜索次数比梯度下降多。但每一步计算时，随机梯度下降的计算量比梯度下降少，总的计算效率有可能比梯度下降方法高，特别是在大规模优化问题中。

在基于大量样本进行学习的人工智能方法中，利用随机梯度进行训练是目前的主流方法。本节介绍了随机梯度的基本思想，有兴趣的读者可以深入学习随机梯度方法的优化理论和具体算法，如动量（Momentum）、平均（Averaging）、自适应梯度（AdaGrad）、自适应矩方法（Adam）等，这些方法已经在深度神经网络的训练等问题中得到了成功的应用，读者可以通过本章参考文献［5］进行了解。

5.3 智能优化方法

梯度下降算法是下降算法的一种，下降算法追求目标函数值在每一步都获得下降。直观上，只要目标函数有下降且目标函数值有界，利用下降算法一定能收敛，并且在很多情况下，能够收敛到一个局部极小。但是，如果目标函数非凸，局部最优并不能保证是全局最优。

一旦达到局部最优之后，向任何方向进行搜索都会导致函数值的上升。因此，无法利用下降算法取得更好的解。为跳出局部极小，需要在搜索时“容忍”函数值的上升。受物理学中粒子行为启发，科学家们提出了“模拟退火算法”[6]。其基本思想是借鉴物理中粒子的运动规律：粒子趋向于小的能量状态，但仍然有一定的概率跃升到更高的能量状态。在温度从高到低的变化过程中，跃升到更高能量状态的概率逐渐减小。仿照这样的行为，模拟退火算法采取如下的步骤以求解 $\min f(\boldsymbol{x})$：

1）设置初始温度 T，初始值 $\boldsymbol{x}_0$，最大迭代步数 K，令 $k=0$。

2）在 $\boldsymbol{x}_k$ 的邻域随机选择一个点 $\boldsymbol{x}'$。

3）生成服从［0，1］上均匀分布的随机数 t。

4）如果 $P(f(\boldsymbol{x}')-f(\boldsymbol{x}_0),T)\geqslant t$，则令 $\boldsymbol{x}_{k+1}=\boldsymbol{x}'$。

5）如果 $k<K$，则减小 T，令 $k=k+1$，并转到第2）步。

其中，$P(f(\boldsymbol{x}')-f(\boldsymbol{x}_0),T)$ 表示在温度 T 时，对于函数值改变量 $f(\boldsymbol{x}')-f(\boldsymbol{x}_0)$ 的接受概率。当 $f(\boldsymbol{x}')-f(\boldsymbol{x}_0)<0$ 时，函数值得到了改善，应当以很高的概率接受新的解；当 $f(\boldsymbol{x}')-f(\boldsymbol{x}_0)\geqslant 0$ 时，模拟退火算法仍然以一定的概率接受，但这个概率随 $f(\boldsymbol{x}')-f(\boldsymbol{x}_0)$ 的增加而减少，并且温度 T 越低，接受的概率越小。P 函数的典型设置称为玻耳兹曼概率因素（Boltzmann Probability Factor）：

$$P=\exp\left(\frac{-(f(\boldsymbol{x}')-f(\boldsymbol{x}_0))}{T}\right)$$

图5-14显示了模拟退火算法的收敛过程。在下山阶段，模拟退火算法以较高的概率接受好的解，可以很快收敛到局部极小（山谷）；此后，当温度较高时，仍将以一定的概率接受函数值的上升，实现上山并翻过山峰进入另一个下山阶段。

为达到跳出局部极小的目的，模拟退火算法以概率接受函数值的上升。另一种称为粒子群优化（Particle Swarm Optimization）[7]的算法则受启发于生物的群体智能，通过多个解之间的协作尝试跳出局部极小。基础的粒子群算法框架如下，其中粒子群的数量为 $\boldsymbol{S}$，每个粒子的位置为 $\boldsymbol{x}_i\in\mathbf{R}^n$，速度为 $\boldsymbol{v}_i\in\mathbf{R}^n$。每个粒子在运动中经历过的最佳位置为 $\boldsymbol{z}_i$，所有粒子经历过的最佳位置为 $\boldsymbol{z}$。

1）对于每个粒子，从可行域内按照均匀分布初始化状态 $\boldsymbol{x}_i$ 和速度 $\boldsymbol{v}_i$，并令 $\boldsymbol{z}_i=\boldsymbol{x}_i$。

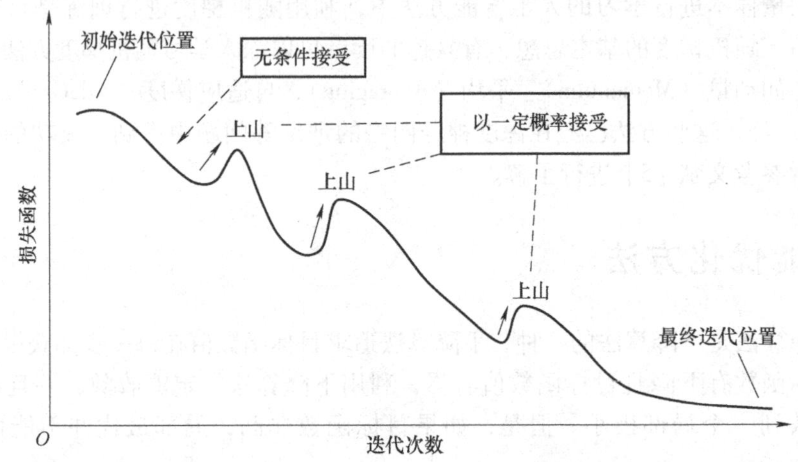

图 5-14 模拟退火算法的示意图

注：当目标函数下降时，以较高概率（或无条件地）接受新的点。当搜索的解的值大于当前解时，以一定的概率接受，实现跳出局部最优的目的。接受函数值上升的概率随着迭代次数的增加而减小，随着上升的幅度增加而减小。

2）选择最好的粒子 $\boldsymbol{z}$，即 $\boldsymbol{z}=\boldsymbol{z}_{i^*}$，其中 $i^*=\operatorname{argmin}_i f(\boldsymbol{z}_i)$。

3）计算每一个粒子在每一维的速度：

$$v_i(j)=\lambda v_i(j)+\rho_p r_p(z_i(j)-\boldsymbol{x}_i(j))+\rho_g r_g(z(j)-\boldsymbol{x}_i(j))$$

其中，λ、ρ_p、ρ_g 是事先给定的正参数，r_p 和 r_g 是从［0，1］上的均匀分布中抽取的随机数。

4）更新 $\boldsymbol{x}_i=\boldsymbol{x}_i+\boldsymbol{v}_i$。

5）如果更新后的 $\boldsymbol{x}_i$ 优于 z_i，即 $f(\boldsymbol{x}_i)<f(z_i)$，则令 $z_i=\boldsymbol{x}_i$。

6）如果更新后的 z_i 优于 $\boldsymbol{z}$，即 $f(z_i)<f(\boldsymbol{z})$，则令 $\boldsymbol{z}=z_i$。

7）在中止条件（如最大迭代次数、函数值变化量等）满足前，转至第 3）步。

粒子群算法使用多个粒子进行协同寻优，寻优时粒子的前进方向由自身之前的速度、该粒子已经找到的最优位置、所有粒子得到的最优位置共同决定。利用其他粒子的最优解影响粒子的前进方向实现了粒子间的协同寻优。粒子群算法有很多变种，也被赋予了各种有趣的名字，如蚁群算法、鱼群算法、蝙蝠群算法等，这些名字来源于在基础粒子群算法中加入的不同的生物启发机制。

另一种受生物启发的优化算法是遗传算法（Genetic Algorithm）[8]，通过模拟生物的遗传和进化过程实现对函数的优化。根据生物遗传学，首先使用“染色体”（Chromosome）对变量进行编码。可以仿照 DNA 采用 A-T-C-G 四变量进行编码，也可以利用 0-1 变量进行编码。例如，可以用 8 位 0-1 数字对于二维实数区域 $[0,1]^2$ 进行编码：用前 4 位对第一维实数进行量化编码，此时，0.5 编码为 0100，0.3 编码为 0011，0.25 编码为 0010（对实数的编码总存在量化误差，误差大小随着编码长度的增加而减小）；类似地，可以用后 4 位对第二维进行编码。由此，得到二维向量的染色体。

在染色体编码的基础上，模拟生物选择机制以生成更好的解，其基本框架为：

1）随机生成包含足够数量的染色体的生物种群。

2）计算种群中每个个体的“适应度”（Fitness）。

3）根据适应度随机选择竞争中胜出的个体，适应度越高，相应个体被选中的概率越高。

4）胜出的个体进行杂交（交换染色体），并以一定概率进行变异，生成子代个体。

5）转到第 2）步，进行下一代的繁衍。

从基本框架可以看出，遗传算法是在模拟自然界的“选择-杂交-变异”机制，通过群体的竞争、优势个体的信息交换进行寻优，并随机加入新的尝试。选择-杂交-变异具体地如下：

1）选择：根据目标函数计算适应度，用以表征具体个体（染色体）对环境的适应能力，适应度越高的个体具有更高的概率在竞争中胜出，被选择成为能够产生子代的个体。对于极小化问题，往往以目标函数的负值作为适应度。计算时需要首先将染色体进行解码，然后计算目标函数值。

2）杂交：对选择出的个体进行配对，通过交换染色体编码达到协同，产生新的个体。有很多具体的杂交方案，如片段交换、对位交换等。在交换选取基因时，也可以考虑适应度以不同的概率进行选择。

3）变异：为增加种群的丰富性以增强全局的搜索能力，可以对杂交得到的子代随机选取点位进行变异。对于 0-1 编码，变异就是在该位置进行取异；对于其他编码，可以随机地改变其编码值。

通过选择-杂交-变异，产生了新的种群后，可以将新种群加入已有种群，再次进行竞争；也可以按照一定比例淘汰老的种群，实现种群的代谢更新。

本节介绍的模拟退火算法、粒子群算法、遗传算法是智能优化方法的主要代表。自 20 世纪七八十年代以来，有很多相关的研究工作，对特定的问题设置了各类不同的机制。本节介绍了这些方法的基本框架，感兴趣的读者可以阅读相关的文献以了解细节和最新进展。

以上介绍的几种智能优化算法只用到了函数值的信息（在模拟退火算法中，$f(\boldsymbol{x})$ 用以确定接受概率；在粒子群算法中，$f(\boldsymbol{x})$ 用以更新粒子的最优位置和群体最优位置；在遗传算法中，$f(\boldsymbol{x})$ 用以计算适应度函数以模拟自然界的选择过程）。由于只利用了函数值信息，而没有用到导数 $f'(\boldsymbol{x})$ 或函数的其他结构信息，因此，智能优化算法的局部搜索能力不强。但也正是由于不需要导数或其他信息，使得智能优化算法的适用性非常广泛，能够对只知道值而不知道形式的函数（称为“神谕”函数）进行优化，也适用于计算梯度 $f'(\boldsymbol{x})$ 耗费比较大的问题。

本章小结

本章介绍了优化方法的基础知识，如目标函数、约束条件、可行域等，并初步讨论了凸优化和梯度下降算法。这些算法是人工智能研究的基础。本章还介绍了几种智能优化方法，这些方法各有特色，希望能够启发读者的创造力。

限于篇幅，本章只能浅显地涉及优化的基本概念和基本方法，其首要目的是希望读者能够了解优化在人工智能方法中的重要作用，并为学习后续章节提供基础。在后续章节中，随着人工智能算法的学习，读者还将陆续接触其他优化的相关知识，并更深地体会优化方法对于人工智能的重要性。笔者建议有志于在人工智能方法方面进行探究的读者对优化方法进行系统的学习。

习　题

5.1　对于线性回归问题，可以利用误差二次方和作为目标构建优化问题。试设计 5 种合理的目标函数，并解释各自的优缺点。

5.2　试证明：如果 $\boldsymbol{D}_i$，$i=1, 2, \cdots, p$ 是凸集，那么 $\bigcap_{i=1}^{p} \boldsymbol{D}_i$ 也是凸集。

5.3　对于一个无约束的凸优化问题 $\min f(\boldsymbol{x})$，试证明：如果 $\boldsymbol{x}^*$ 是局部最优解，那么它也一定是全局最优解。

5.4　利用最小二乘方法对数据集 carsmall 进行建模，分别利用梯度下降法、粒子群算法和遗传算法进行求解，比较计算时间和求解精度。

参考文献

[1] 胡运权，郭耀煌. 运筹学教材 [M]. 2 版. 北京：清华大学出版社，2012.

[2] BOYD S，VANDENBERHE L. 凸优化 [M]. 王书宁，许鋆，黄晓霖，译. 北京：清华大学出版社，2013.

[3] CHAN T，SHEN J. Image processing and analysis-variational，PDE，wavelet，and stochastic methods [M]. New York：SIAM，2005.

[4] LIU X，ZHAO G，YAO J，et al. Background subtraction based on low-rankand structured sparse decomposition [J]. IEEE Transactions on Image Processing，2015，24 (8)：2502-2514.

[5] BOTTOU L. Advanced Lectures on Machine Learning [M]. Berlin：Springer，2004：146-168.

[6] KIRPATRIK S，GELATT G，VECCHI M. Optimization by simulated annealing [J]. Science，1983，220 (4598)：671-680.

[7] KENNEDY J，EBERHART R. Particle swarm optimization [C]//Proceedings of IEEE International Conference on Neural Networks IV. New York：IEEE Press，1995：1942-1948.

[8] FOGEL D. Evolutionary computation：the fossil record [M]. New York：IEEE Press，1998.

第6章

统计学习方法

导 读

基本内容：统计学习是一类重要的机器学习方法。统计学习方法认为观测数据来源于特定但未知的分布，其基本思路是通过观察和分析采样数据，得到关于分布的规律，进而对未来或未知的数据进行预测，并分析预测值的统计特性（如期望误差、方差的界等）。本章首先介绍统计学习的基本框架，然后依次介绍最小二乘、压缩感知、支持向量机、决策树和随机森林。这些方法在实际工程中有着非常广泛的应用。同时，学习这些方法也能够使读者了解统计学习的求解思路和研究方法，有助于其他人工智能方法的学习。

学习要点：了解统计学习的基本概念；掌握最小二乘方法；理解正则化项的作用；理解支持向量的概念；了解集成学习的思路。

6.1 统计学习的基本概念

可以假设变量 $\boldsymbol{x}\in\mathbf{R}^n$ 和 $y\in\mathbf{R}$ 之间的关系为

$$y=f(\boldsymbol{x})+\varepsilon$$

式中，f 是确定但未知的函数；ε 是随机噪声，一般要求 ε 是零均值的。统计学习的任务可以归纳为：从采样样本 $\{\boldsymbol{x}_i,\ y_i\}_{i=1}^m$ 中构建函数 $\hat{f}$ 用以逼近 f，然后利用 $\hat{f}$ 进行预测（Prediction）或者解释（Inference）。

预测的主要作用是在 $\boldsymbol{x}$ 容易测量而 y 无法得到（或测量难度很大）的情况下通过计算 $f(\boldsymbol{x})$ 来预测 y。例如，$\boldsymbol{x}$ 代表病人的各项身体指标，如 $x(1)$ 代表血压、$x(2)$ 代表血脂、$x(3)$ 代表心率，而 y 表示病人对某种药品的反应程度。如果能够通过数据学习得到 $\boldsymbol{x}$ 和 y 之间的关系 $f(\boldsymbol{x})$，则能够通过易于测量的身体指标对药物应激反应进行预测，以取代人体实验。解释则是希望对 f 进行分析。例如，了解应激反应与某项指标之间的关系，进而通过控制该项指标达到改变应激反应程度的目的。

无论是预测还是解释，总是希望 $\hat{f}$ 和 f 尽量接近。设 $\boldsymbol{x}$ 的概率密度为 $\rho(\boldsymbol{x})$，那么 $\hat{f}$ 和 f 之间的差距可以用期望误差（也称为泛化误差）衡量如下：

$$\|\hat{f}-f\|^2=\int_x(\hat{f}(\boldsymbol{x})-f(\boldsymbol{x}))^2\rho(\boldsymbol{x})\mathrm{d}\boldsymbol{x}$$

统计学习的目的就是找到使得$\|\hat{f}-f\|^2$尽量小的$\hat{f}$。但我们不知道$f(\boldsymbol{x})$和分布$\rho(\boldsymbol{x})$，而仅仅知道采样$\{\boldsymbol{x}_i, y_i\}_{i=1}^m$。因此，直观上可以通过极小化经验误差来达到极小化期望误差的目的。对于给定的采样$\{\boldsymbol{x}_i, y_i\}_{i=1}^m$，其经验均方误差为：$\frac{1}{m}\sum_{i=1}^m(\hat{f}(\boldsymbol{x}_i)-y_i)^2$。采样本身有误差，即$y_i\neq f(\boldsymbol{x}_i)$，因此对于真实函数$f(\boldsymbol{x})$，其经验误差也不是零。一般情况下，无法也没有必要追求经验均方误差为零。

需要注意，经验误差和期望误差之间存在差距，使得经验误差很小的$\hat{f}$并不一定对应很小的期望误差。在统计学习方法的研究中，需要考虑经验误差和期望误差之间的关系。典型地，即

$$\|\hat{f}-f\|^2\leqslant\frac{1}{m}\sum_{i=1}^m(\hat{f}(\boldsymbol{x}_i)-y_i)^2+\Omega(f)\tag{6-1}$$

其中，$\Omega(f)$表征函数f的复杂度，函数越简单$\Omega(f)$越小；复杂函数的$\Omega(f)$较大。作为导论，本书不涉及误差公式的推导，但误差公式表明了统计学习方法的基本思路：使用尽量简单的函数来降低经验误差，以达到良好的期望误差。

6.2 最小二乘与压缩感知

在统计学习方法中，最小二乘是最基础、应用最为广泛也是研究得最为透彻的方法。通过学习最小二乘方法，不仅能够体会统计学习方法的研究思路，也能够帮助理解其他人工智能方法。

标准的最小二乘方法是针对线性回归问题提出的。在5.1节介绍优化算法的时候，已经接触了线性回归问题。简而言之，线性回归就是从m个采样$\{\boldsymbol{x}_i, y_i\}_{i=1}^m$中寻找线性参数$\boldsymbol{w}$、$b$用以描述$\boldsymbol{x}$和$y$之间的关系：$y=\boldsymbol{w}^{\mathrm{T}}\boldsymbol{x}+b$。

由于噪声的存在，无法也没有必要找到满足所有采样的直线。或多或少地，在y_i和$\boldsymbol{w}^{\mathrm{T}}\boldsymbol{x}_i+b$之间会存在偏差，称为残差，一般定义为$y_i-(\boldsymbol{w}^{\mathrm{T}}\boldsymbol{x}_i+b)$。直观上，要寻找的“最优”参数应当使得总的误差“最小”。这里涉及的首要问题就是如何衡量逼近的好坏。最直接的想法是使用“误差二次方和”或者“均方误差”衡量，即$\sum_{i=1}^m(y_i-(\boldsymbol{w}^{\mathrm{T}}\boldsymbol{x}_i+b))^2$，由此，可以构造如下的优化问题以确定$\boldsymbol{w}$和$b$：

$$\min_{\boldsymbol{w},b}\sum_{i=1}^m(y_i-(\boldsymbol{w}^{\mathrm{T}}\boldsymbol{x}_i+b))^2\tag{6-2}$$

对于优化问题的目标函数，乘以一个正的常数并不影响求解的结果，因此，“误差二次方和”与“均方误差”对应的目标函数没有区别。因为是通过极小化误差二次方和来求解回归问题，所以称为最小二乘方法（Least Squares）。

首先探讨最小二乘方法的统计意义。直观上，利用残差的平方来衡量回归的质量符合人们在欧式空间的想法；统计上，它对应于高斯噪声下的最大似然（Maximum Likelihood）估计。

如果采样受到加性噪声的干扰则$y_i=\boldsymbol{w}^{\mathrm{T}}\boldsymbol{x}_i+b+\varepsilon$，且噪声服从均值为零、方差为$\sigma^2$的

正态分布。那么，对于给定的参数 $\boldsymbol{w}$ 和 b，观测到 y_i 的条件概率为

$$\text{Prob}(y_i \mid \boldsymbol{x}_i, \boldsymbol{w}, b) = \text{Prob}(\boldsymbol{w}^{\text{T}}\boldsymbol{x}_i + b + \varepsilon \mid \boldsymbol{x}_i, \boldsymbol{w}, b) = \frac{1}{\sqrt{2\pi}\sigma}\exp\left(-\frac{(y_i - (\boldsymbol{w}^{\text{T}}\boldsymbol{x}_i + b))^2}{2\sigma^2}\right)$$

在高斯噪声假设下，误差 $\varepsilon = y_i - (\boldsymbol{w}^{\text{T}}\boldsymbol{x}_i + b)$ 的概率密度函数如图 6-1 所示。观测到所有采样 $\{\boldsymbol{x}_i, y_i\}_{i=1}^m$ 的概率为 $\prod_{i=1}^{m}\text{Prob}(y_i \mid \boldsymbol{x}_i, \boldsymbol{w}, b)$，对其取对数，可以得到

$$\begin{aligned}\log\left(\prod_{i=1}^{m}\text{Prob}(y_i \mid \boldsymbol{x}_i, \boldsymbol{w}, b)\right) &= \sum_{i=1}^{m}\log\frac{1}{\sqrt{2\pi}\sigma}\exp\left(-\frac{(y_i - (\boldsymbol{w}^{\text{T}}\boldsymbol{x}_i + b))^2}{2\sigma^2}\right)\\ &= -\left(\sum_{i=1}^{m}\log\sqrt{2\pi} + \lg\sigma + \frac{(y_i - (\boldsymbol{w}^{\text{T}}\boldsymbol{x}_i + b))^2}{2\sigma^2}\right)\end{aligned}$$

根据最大似然估计的思路，回归问题所寻求的参数使得观测到采样 $\{\boldsymbol{x}_i, y_i\}_{i=1}^m$ 的概率最大。在优化问题中，常数项不影响优化的结果。因此，寻求使得概率最大的 $\boldsymbol{w}$ 和 b 等价于对 $\sum_{i=1}^{m}(y_i - (\boldsymbol{w}^{\text{T}}\boldsymbol{x}_i + b))$ 求极小。由此可见，最小二乘方法的解就是高斯噪声假设下的最大似然估计。

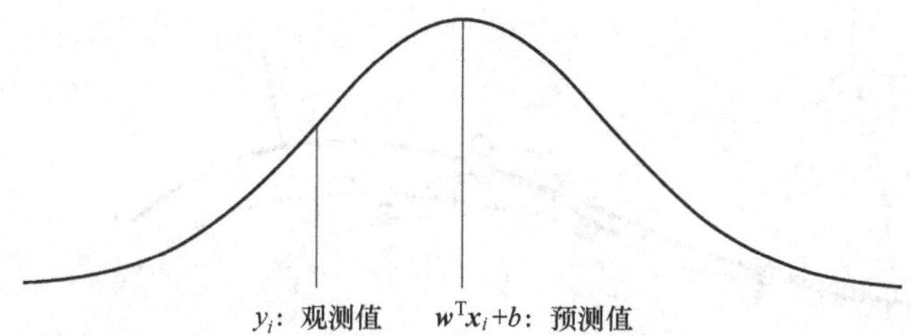

图 6-1　对于给定的 $\boldsymbol{w}$、b，第 i 个采样的值应当为 $\boldsymbol{w}^{\text{T}}\boldsymbol{x}_i + b$，当实际观测数据为 y_i 时，认为其残差 $y_i - (\boldsymbol{w}^{\text{T}}\boldsymbol{x}_i + b)$ 来自噪声，则可以根据概率密度函数计算得到噪声等于 $y_i - (\boldsymbol{w}^{\text{T}}\boldsymbol{x}_i + b)$ 的概率

最小二乘方法不仅具有良好的统计特性，而且易于求解。式（6-2）是无约束的二次优化问题，将目标函数对参数求导，可以得到最优解需要满足的条件：

$$\begin{cases}\dfrac{\partial\sum_{i=1}^{m}(y_i - (\boldsymbol{w}^{\text{T}}\boldsymbol{x}_i + b))^2}{\partial\boldsymbol{w}} = 2\sum_{i=1}^{m}(y_i - (\boldsymbol{w}^{\text{T}}\boldsymbol{x}_i + b))\boldsymbol{x}_i = 0\\[2ex] \dfrac{\partial\sum_{i=1}^{m}(y_i - (\boldsymbol{w}^{\text{T}}\boldsymbol{x}_i + b))^2}{\partial b} = 2\sum_{i=1}^{m}(y_i - (\boldsymbol{w}^{\text{T}}\boldsymbol{x}_i + b)) = 0\end{cases}$$

通过求解这个线性方程组（又称为正规方程），可以得到最小二乘问题的解。（为方便读者理解，这里采用了向量的形式进行表达，但建议读者自行推导最小二乘和正规方程的矩阵表示形式。）

高斯噪声是应用最为广泛的噪声模型，它假设观测数据受到服从高斯分布的加性噪声干扰。在实际应用中，如果真实噪声与高斯噪声相差较远，特别是幅值较大的噪声出现概率较

大（相应的概率分布称为“长尾”或“厚尾”分布）时，最小二乘方法容易受到大噪声的影响。为此，需要选用和设计稳健的罚函数，如 Huber 罚函数、绝对值罚函数等。

通过优化问题的构造和求解，最小二乘方法能够得到线性回归问题中的线性参数 $\boldsymbol{w}$ 和 b。如果选用非线性基函数 $\phi(\boldsymbol{x})$：$\mathbf{R}^n \mapsto \mathbf{R}^d$，最小二乘方法也可以用于构建非线性的回归函数 $y_i = \boldsymbol{w}^{\mathrm{T}}\phi(\boldsymbol{x}_i) + b + \varepsilon$，相应的回归问题变为

$$\min_{\boldsymbol{w},b} \sum_{i=1}^{m} (y_i - (\boldsymbol{w}^{\mathrm{T}}\phi(\boldsymbol{x}_i) + b))^2$$

常用的基函数包括多项式函数、径向基函数等。例如，二阶多项式基函数包含所有分量 $x(1)$，$x(2)$，…，$x(n)$、各分量的二次方项 $x(1)^2$，$x(2)^2$，…，$x(n)^2$、各分量的二阶交叉项 $x(1)x(2)$，$x(1)x(3)$，…，$x(n-1)x(n)$。图 6-2 给出了利用五阶多项式对散点进行建模，并用最小二乘方法进行求解的结果。一个有趣的现象是虽然利用最小二乘得到的多项式在每一个采样点上都拟合得很好，但在非采样点上的准确度却不高。这种现象称为过拟合（Overfitting），在采样有噪声的情况下，过拟合带来的危害很大。

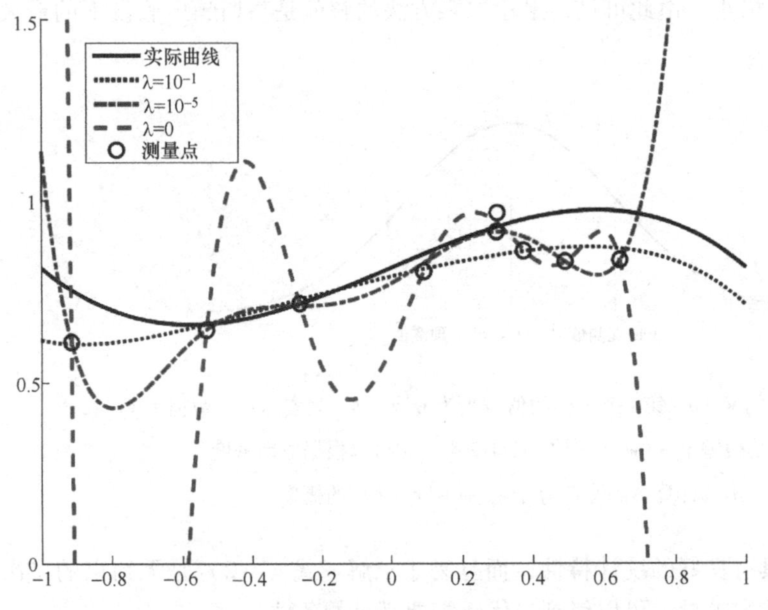

图 6-2　使用五阶多项式对测量点进行逼近，会产生过拟合

注：在采样点的残差很小，但在其他地方的误差很大。

利用岭回归方法，可以控制模型的复杂度，减小过拟合。

图 6-2 彩图

过拟合的原因是经验误差和期望误差的不一致。如式（6-1）所示，使用的模型越复杂，两者的不一致性越大。在 $\boldsymbol{w}^{\mathrm{T}}\phi(\boldsymbol{x}_i) + b$ 中，$\boldsymbol{w}$ 的模越大，函数的变化就越剧烈。因此，可以用 $\|\boldsymbol{w}\|_2^2$ 衡量模型的复杂程度。在统计学习的理论分析中，这一直观的认识意味着式（6-1）中的 $\Omega(f)$ 是关于 $\|\boldsymbol{w}\|_2^2$ 的单调增函数。因此，为控制模型的复杂度以减小过拟合，可以将最小二乘法修改为

$$\min_{b} \lambda \|\boldsymbol{w}\|_2^2 + \sum_{i=1}^{m} (y_i - (\boldsymbol{w}^{\mathrm{T}}\phi(\boldsymbol{x}_i) + b))^2 \tag{6-3}$$

式中，$\|\boldsymbol{w}\|_2^2$ 是正则化项（Regularization Term），用以调节模型的复杂性［2-范数的正则化项

又称为 Tikhonov 正则（完整的 Tikhonov 正则可以在 $\boldsymbol{w}$ 前添加系数矩阵）]；λ 为正则化参数，用以在模型准确度和复杂性之间取得平衡。修改后的最小二乘方法又称为岭回归（Ridge Regression），而式（6-2）称为原始最小二乘（Original Least Squares）。岭回归中使用 $\|\boldsymbol{w}\|_2^2$ 作为正则化项，相应的优化问题本身仍然是无约束的二次优化，能够得到快速的求解；并且，$\|\boldsymbol{w}\|_2^2$ 具有良好的统计学意义，有兴趣的读者可以通过阅读本章参考文献［1］的第 3 章进行细致的了解。图 6-2 显示了使用不同 λ 的效果：可以通过合理的正则化参数很好地控制过拟合。

岭回归使用了系数的 2- 范数作为正则化项，还可以使用其他的正则化方式，其中应用最为广泛的正则化项是系数的 1- 范数，即 $\boldsymbol{w}$ 的各分量的绝对值之和：

$$\|\boldsymbol{w}\|_1 = \sum_{i=1}^{n} |w(i)|$$

相应的线性回归问题可以建模为

$$\min_{w,b} \lambda \|\boldsymbol{w}\|_1 + \sum_{i=1}^{m} (y_i - (\boldsymbol{w}^{\mathrm{T}}\boldsymbol{x}_i + b))^2$$

1996 年 R. Tibshirani 提出这一方法时将其称为 LASSO（Least Absolute Shrinkage and Selection Operator）[2]，这里提到的 Selection 是指通过极小化 L1 范数，能够自动地挑选“有用”的分量，而将其他分量置零。图 6-3 显示了使用 LASSO 求解线性回归问题的例子。使用岭回归可以控制系数的整体大小，而使用 LASSO 可以自动地选择非零系数。

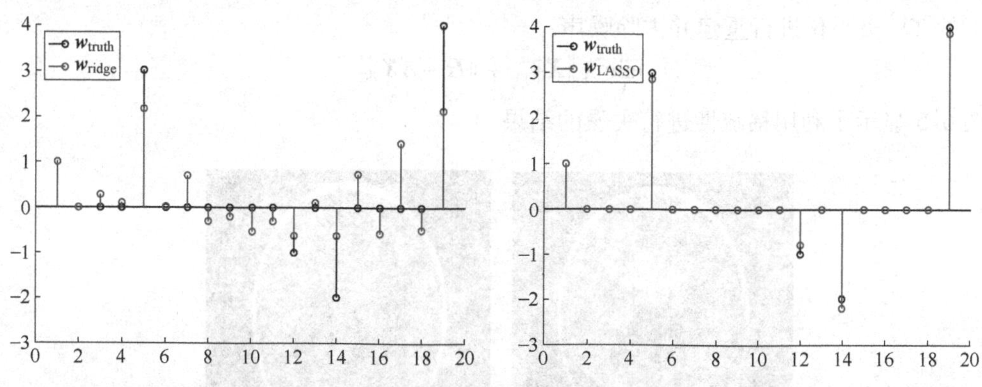

图 6-3 利用岭回归（左图）和 LASSO（右图）进行线性回归的结果

注：如果真实解是稀疏的（即大部分分量为零，对系统没有贡献），那么使用 LASSO 方法能够自动分辨无贡献的分量。

对于高维向量或矩阵，如果其中大部分的分量为零，则称其为“稀疏”的。稀疏性广泛地存在于工程实践中，特别是在大数据的时代，很多数据都具有极高的维度，但对于具体的问题，往往只有其中一部分发挥作用，此时，稀疏性是这些数据的固有特征。

在无噪声的情况下，要求 $\boldsymbol{w}^{\mathrm{T}}\boldsymbol{x}_i + b$ 符合观测值 y_i 等同于求解线性方程组 $y_i = \boldsymbol{w}^{\mathrm{T}}\boldsymbol{x}_i + b$，$i=1，2，\cdots，m$。众所周知，当采样数量小于未知数的个数时，一般无法得到 $\boldsymbol{w}$ 的真实解。但是，如果 $\boldsymbol{w}$ 本身稀疏并且采样矩阵满足某些条件的情况下，可以通过求解以下的凸优化问题，得到真实解：

$$\min_{w,b} \|\boldsymbol{w}\|_1, \text{s. t. } y_i = \boldsymbol{w}^{\mathrm{T}}\boldsymbol{x}_i + b, i = 1,2,\cdots,m$$

利用这样的方法，有可能在稀疏的情况下得到不定方程的解。应用在信号处理的领域，利用这种 L1 范数极小化的方法，能够以低于采样定理所要求的采样率对稀疏信号进行采样而无损地恢复出原始信号。因此，这样的方法又称为压缩感知（Compressive Sensing）[3]。

稀疏性是很多信号的固有属性，很多人工智能算法中都使用了1-范数作为正则化项以追求解的稀疏性。对于有些问题，虽然数据本身不是稀疏的，但在某种表示下是稀疏的。寻找合适的稀疏表示，是利用压缩感知方法的关键。例如，自然图像或医学影像本身不是稀疏的，但其在差分域是稀疏的，在Haar小波表示下也是稀疏的，如图6-4所示。

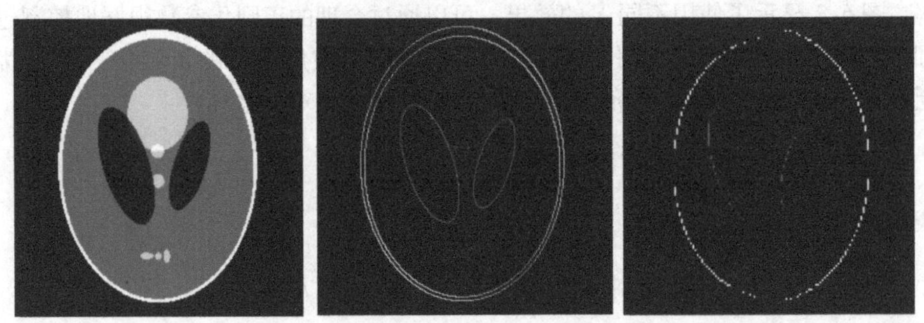

图6-4　左图所示的医学影像（这是一个颅骨模拟图像）是非稀疏的，但其差分图像（中图）和Haar小波表示（右图）都是稀疏的

在差分域是稀疏的图像，可以使用总变差（Total Variation，TV）[4] $\|\boldsymbol{X}\|_{\mathrm{TV}}$作为正则化项。例如，在医学图像重建问题中，得到的采样是含有噪声的，即投影采样$\boldsymbol{H}=\boldsymbol{A}\boldsymbol{X}+\varepsilon$，可以通过如下的TV极小化进行重建并去除噪声：

$$\min_{\boldsymbol{X}} \lambda\|\boldsymbol{X}\|_{\mathrm{TV}}+\|\boldsymbol{H}-\boldsymbol{A}\boldsymbol{X}\|_2^2$$

图6-5显示了利用稀疏性进行去噪的结果[4]。

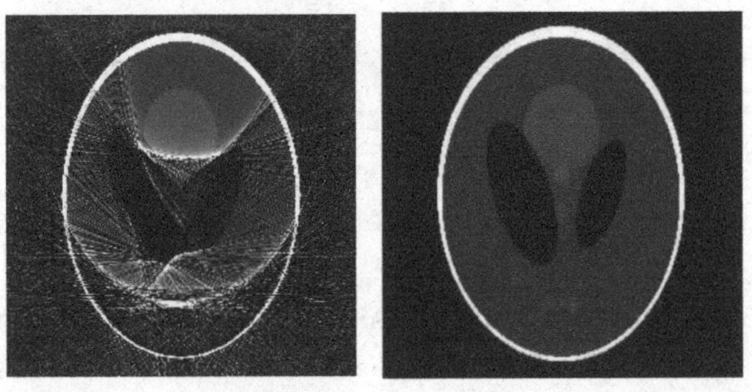

图6-5　原始图像在差分域是稀疏的，因此可以利用总变差极小化方法进行重建

注：不采用总变差极小化得到的重建图如左图所示；采用总变差正则化项（右图）可以很好地抑制噪声，得到较好的重建效果。

6.3　支持向量机及核方法

在线性回归方法的基础上，本节将考虑分类问题。寻找分类器的过程和求解回归问题类似，都是构建合理的优化问题，然后通过优化问题的求解得到符合样本和先验知识的分类器。与回归问题的本质区别在于：分类问题的样本$\{\boldsymbol{x}_i, y_i\}$的标号$y_i$不再来自于实数，而是对类别的标号，一般用整数表示。对于二分类问题，本书约定以$y_i=1$和$y_i=-1$来区分两类样本。

对于多分类问题，可以采用 $y_i=1, 2, 3, \cdots$ 对各类进行标号。需要注意，除了某些特殊场景（如推荐系统、打分系统等）外，分类问题标号的数值本身没有意义，因此不宜用回归方法进行建模。多分类的问题可以通过构建对单值响应的目标函数或构建多个二分类器进行判别。常用的判别准则包括1对1（即对多分类的每两类间构建一个二分类器）或1对其余（即对多分类的每一类，构建区分这类与其他类别的分类器）。本章仅讨论二分类问题。

从线性分类方法开始研究。给定采样点 $\{\boldsymbol{x}_i, y_i\}_{i=1}^m$，其中 $\boldsymbol{x}_i \in \mathbf{R}^n, y_i \in \{-1, +1\}$，试图构建线性函数 $f(\boldsymbol{x})=\boldsymbol{w}^{\mathrm{T}}\boldsymbol{x}+b$ 使得 $f(\boldsymbol{x})$ 的符号与其标号相同，即利用 $f(\boldsymbol{x})=0$ 作为分类面。为得到好的分类器，需要设计衡量分类函数好坏的指标。首先，需要分类正确，即希望分类函数的符号与标号相同，也即 $y_i f(\boldsymbol{x}_i)>0$。此时，两类样本之间有一定的距离 $\Delta=\min_i y_i f(\boldsymbol{x}_i)>0$，即 $y_i f(\boldsymbol{x}_i)/\Delta \geqslant 1$。因此，可以不失一般性地要求 $y_i f(\boldsymbol{x}_i) \geqslant 1$。其次，总是希望两类之间的距离尽量地远。如图6-6所示，对于两类样本，有很多直线能够将其分开，直观上，认为两者之间的间距（即 $f(\boldsymbol{x}_i)=1$ 和 $f(\boldsymbol{x}_i)=-1$ 之间的距离）越大越好。

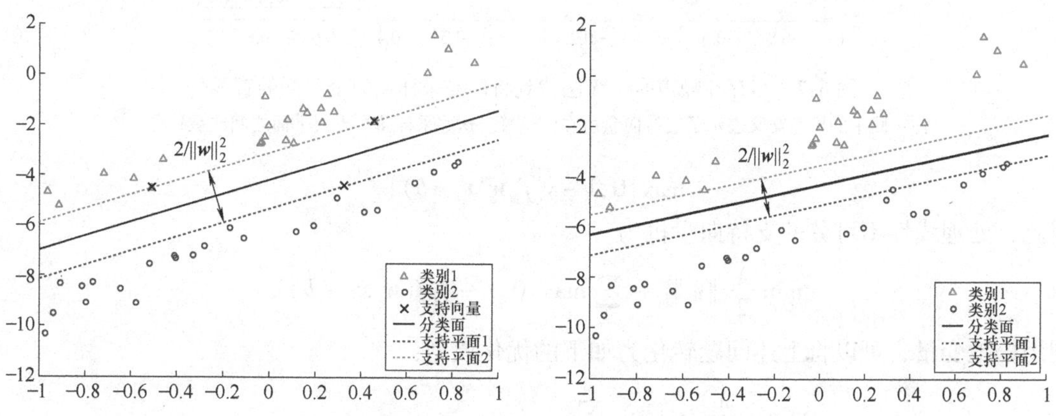

图6-6　当有多个线性分类器能够将两类样本区分开时，认为间距越大的分类器的分类效果越好，即认为左图所示的分类器优于右图

利用解析几何，可以得知 $f(\boldsymbol{x}_i)=1$ 和 $f(\boldsymbol{x}_i)=-1$ 之间的距离等于 $2/\|\boldsymbol{w}\|_2^2$，因此，能够在 $y_i f(\boldsymbol{x}_i) \geqslant 1$ 的约束下，通过极大化 $2/\|\boldsymbol{w}\|_2^2$ 来构建线性分类器，即求解

$$\begin{aligned} \min_{\boldsymbol{w}, b} \quad & \|\boldsymbol{w}\|_2^2 \\ \text{s.t.} \quad & 1-y_i(\boldsymbol{w}^{\mathrm{T}}\boldsymbol{x}_i+b) \leqslant 0, \forall i=1,2,\cdots,m \end{aligned} \tag{6-4}$$

这一方法就是支持向量机（Support Vector Machine，SVM）[5]的最初形态，用以解决能够被线性分类器完全区分的二分类问题。但在很多问题中，存在线性不可分的情况：采样 $\boldsymbol{x}_i$ 存在噪声；标号 y_i 有错误；问题本身十分复杂，无法寻找到完全符合标号的线性分类器。在线性不可分的情况下，优化问题式（6-4）的可行域是空集，无法找到 $\boldsymbol{w}$、b 使得所有采样点都满足 $y_i f(\boldsymbol{w}^{\mathrm{T}}\boldsymbol{x}_i+b) \geqslant 1$，如图6-7所示。

在线性不可分的情况下，需要放松要求，允许某些采样违反约束 $y_i f(\boldsymbol{w}^{\mathrm{T}}\boldsymbol{x}_i+b) \geqslant 1$，但需要给予这些“违反”以惩罚，并通过极小化惩罚使得分类器尽量满足采样的标号。可以让惩罚与违反程度成正比，此时选用的罚函数可以写为

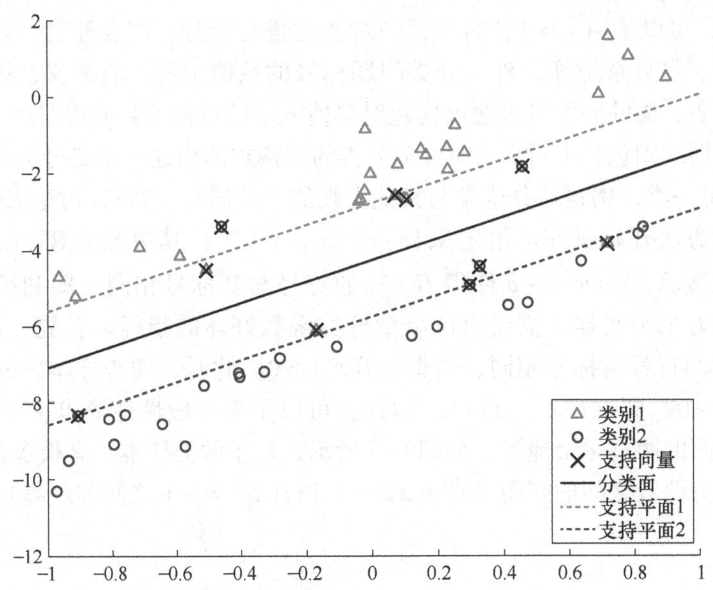

图 6-7　当存在噪声时，无法找到将两类采样点完全分开的直线

注：图中的黑色交叉表示了支持向量所在的位置。这些采样落在支持平面之间或被错分。

$$\max\{0, 1 - y_i f(\boldsymbol{w}^{\mathrm{T}}\boldsymbol{x}_i + b)\}$$

因此，处理线性不可分的支持向量机为

$$\min_{\boldsymbol{w},b} \frac{\lambda}{2}\|\boldsymbol{w}\|_2^2 + \sum_{i=1}^{m}\max\{0, 1 - y_i f(\boldsymbol{w}^{\mathrm{T}}\boldsymbol{x}_i + b)\}$$

利用松弛变量，可以将上述问题转化为如下的优化模型：

$$\begin{aligned} \min_{\boldsymbol{w},b,\varepsilon} \quad & \frac{\lambda}{2}\|\boldsymbol{w}\|_2^2 + \sum_{i=1}^{m}\varepsilon_i \\ \text{s.t.} \quad & 1 - y_i(\boldsymbol{w}^{\mathrm{T}}\boldsymbol{x}_i + b) \leqslant \varepsilon_i, \forall i = 1,2,\cdots,m \\ & \varepsilon_i \geqslant 0, \forall i = 1,2,\cdots,m \end{aligned} \tag{6-5}$$

这是线性约束下的凸二次优化，可以得到很方便地求解。（以上这种添加松弛变量的技术是处理不光滑的优化问题的常用手段，读者可以很简单地验证两者的等价性。）

“支持向量机”的名字来源于“支持向量”，它描述的是支持向量在对偶空间（Dual Space）的性质。为求取式（6-5）的对偶问题及理解原对偶问题之间的关系，需要读者自行学习凸优化的相关知识（见本章参考文献［6，第 5 章］），这里直接给出其对偶形式及相应性质。

支持向量机式（6-5）的对偶问题为

$$\begin{aligned} \min_{\alpha} \quad & \sum_{i=1}^{m}\sum_{j=1}^{m}\alpha_i y_i \boldsymbol{x}_i^{\mathrm{T}}\boldsymbol{x}_j y_j \alpha_j - \sum_{i=1}^{m}\alpha_i \\ \text{s.t.} \quad & 0 \leqslant \alpha_i \leqslant 1/\lambda, \forall i = 1,2,\cdots,m \\ & \sum_{i=1}^{m} y_i\alpha_i = 0 \end{aligned} \tag{6-6}$$

式（6-6）的最优解（记为 α^*）和式（6-5）的最优解（记为 $\boldsymbol{w}^*$、b^*）之间满足如下关系：

$$\begin{gathered}\boldsymbol{w}^* = \sum_{i=1}^{m} y_i\,\alpha_i^*\,\boldsymbol{x}_i \\ \alpha_i^* \neq 0 \rightarrow y_i(\boldsymbol{x}_i^{\mathrm{T}}\boldsymbol{w}^* + b^*) \leqslant 1 \\ 0 < \alpha_i^* < 1/\lambda \rightarrow y_i(\boldsymbol{x}_i^{\mathrm{T}}\boldsymbol{w}^* + b^*) = 1 \\ y_i(\boldsymbol{x}_i^{\mathrm{T}}\boldsymbol{w}^* + b^*) > 1 \rightarrow \alpha^* = 0\end{gathered} \tag{6-7}$$

利用这样的关系，可以在计算对偶问题式（6-6）得到 α_i^* 的基础上，选择满足 $0<\alpha_i^*<1/\lambda$ 的采样点，进而通过求解线性方程：

$$y_i(\boldsymbol{x}_i^{\mathrm{T}}\boldsymbol{w}^* + b^*) = y_i\left(\sum_{j=1}^{m} y_j\,\alpha_j^*\,\boldsymbol{x}_j^{\mathrm{T}}\boldsymbol{x}_i + b^*\right) = 1$$

求取最优的偏置项 b^*。

在求取得到 α_i^* 和 b^* 之后，就获得了分类函数的对偶表达形式：

$$f(\boldsymbol{x}) = \boldsymbol{x}^{\mathrm{T}}\boldsymbol{w}^* + b^* = \sum_{i=1}^{m} y_i\,\alpha_i^*\,\boldsymbol{x}_i^{\mathrm{T}}\boldsymbol{x} + b^*$$

在对偶表达形式中，分类函数表示为训练集合中的点的线性组合。如果 $\alpha_i^*=0$，就不必考虑相应的采样点。因此，在使用对偶表达式时，只需要存储和计算 $\alpha_i^*\neq 0$ 的采样值。由于最终的分类函数是由这些对偶变量非零的采样值决定的，因此称它们为“支持向量”。一般来说，支持向量只是所有采样中的很少一部分。如式（6-7）所示，只有 $y_i f(\boldsymbol{x}_i)\leqslant 1$ 的点才有可能是支持向量。图 6-7 中所有的支持向量用黑色交叉标注。

支持向量机的基本想法是找到间距尽量大的线性分类面将两类采样分开或使得分类误差尽量小。对于复杂的问题，线性分类器无法得到很好的分类效果。与 6.2 节讨论的回归问题相同，可以引入非线性映射 $\boldsymbol{\phi}(\boldsymbol{x})$，利用 $\boldsymbol{w}^{\mathrm{T}}\boldsymbol{\phi}(\boldsymbol{x}_i)+b$ 实现非线性分类。将式（6-5）中的 $\boldsymbol{x}_i$ 替换为 $\boldsymbol{\phi}(\boldsymbol{x}_i)$ 得到原空间的非线性支持向量机：

$$\begin{aligned}\min_{\boldsymbol{w},b,\varepsilon}\quad & \frac{\lambda}{2}\|\boldsymbol{w}\|_2^2 + \sum_{i=1}^{m}\varepsilon_i \\ \text{s.t.}\quad & 1 - y_i(\boldsymbol{w}^{\mathrm{T}}\boldsymbol{\phi}(\boldsymbol{x}_i) + b) \leqslant \varepsilon_i,\ \forall i = 1,2,\cdots,m \\ & \varepsilon_i \geqslant 0,\ \forall i\end{aligned}$$

相应的对偶问题变为

$$\begin{aligned}\min_{\alpha}\quad & \sum_{i=1}^{m}\sum_{j=1}^{m}\alpha_i\,y_i\,\boldsymbol{\phi}(\boldsymbol{x}_i)^{\mathrm{T}}\boldsymbol{\phi}(\boldsymbol{x}_j)\,y_j\,\alpha_j - \sum_{i=1}^{m}\alpha_i \\ \text{s.t.}\quad & 0 \leqslant \alpha_i \leqslant 1/\lambda,\ \forall i \\ & \sum_{i=1}^{m} y_i\alpha_i = 0\end{aligned}$$

仔细观察上式可以发现，在求解对偶的支持向量机时，并不需要 $\boldsymbol{\phi}(\boldsymbol{x}_i)$ 的具体形式，而只需要知道 $\boldsymbol{\phi}(\boldsymbol{x}_i)^{\mathrm{T}}\boldsymbol{\phi}(\boldsymbol{x}_j)$ 的值。用对偶变量表示分类函数时，有

$$f(\boldsymbol{x}) = \boldsymbol{\phi}(\boldsymbol{x})^{\mathrm{T}}\boldsymbol{w}^* + b^* = \sum_{i=1}^{m} y_i\,\alpha_i^*\,\boldsymbol{\phi}(\boldsymbol{x}_i)^{\mathrm{T}}\boldsymbol{\phi}(\boldsymbol{x}) + b^* = \sum_{i=1}^{m} y_i\,\alpha_i^* K(\boldsymbol{x}_i,\boldsymbol{x}) + b^*$$

同样，不需要知道 $\boldsymbol{\phi}(\boldsymbol{x})$。这种只需要 $\boldsymbol{\phi}(\boldsymbol{u})^{\mathrm{T}}\boldsymbol{\phi}(\boldsymbol{v})$ 而不需要 $\boldsymbol{\phi}$ 本身表达式的技术称为核戏法

(Kernel Trick)。由原-对偶关系得到的核戏法能够将设计 $\boldsymbol{\phi}$ 的问题转化为设计核函数 $K(\boldsymbol{u},\ \boldsymbol{v})=\boldsymbol{\phi}(\boldsymbol{u})^{\mathrm{T}}\boldsymbol{\phi}(\boldsymbol{v})$ 的问题。$K(\boldsymbol{u},\ \boldsymbol{v})$ 可以视为对样本 $\boldsymbol{u}$ 和 $\boldsymbol{v}$ 之间的关系的描述，能够融入领域专家的知识。在实践中，应用广泛的核函数包括多项式（Polynomial）核、径向基（Radial Basis Function，RBF）核，其表达式分别为

$$K_{\text{poly}}(\boldsymbol{u},\boldsymbol{v})=(\boldsymbol{u}^{\mathrm{T}}\boldsymbol{v}+c)^{d}$$

$$K_{\text{RBF}}(\boldsymbol{u},\boldsymbol{v})=\exp(-\|\boldsymbol{u}-\boldsymbol{v}\|_2^2/\sigma^2)$$

图 6-8 绘出了这两个核函数在二维空间的形状。

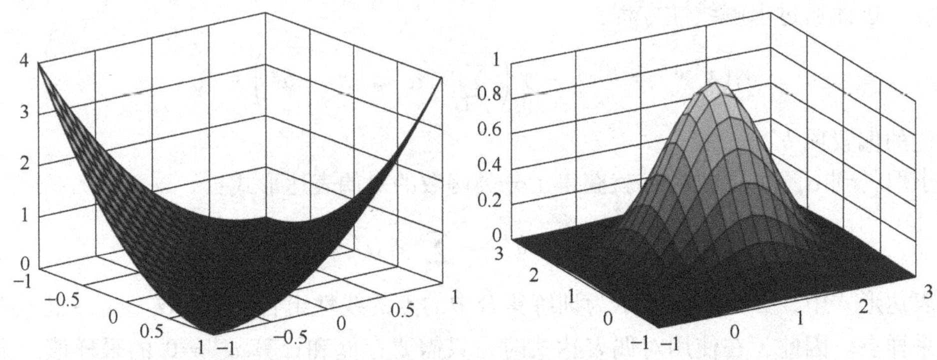

图 6-8　二阶多项式核（左图）和径向基核（右图）在二维空间的形状

在支持向量机中使用核函数的本质是对数据进行非线性变换 $\boldsymbol{\phi}$。在一般情况下，无法知道非线性变换 $\boldsymbol{\phi}$ 的具体形式。以下介绍几种特殊情况，在这些情况下可以求取 $\boldsymbol{\phi}$ 并观察核函数起作用的机理。当 $d=1$、$c=0$ 时，多项式核退化为线性核 $K(\boldsymbol{u},\ \boldsymbol{v})=\boldsymbol{u}^{\mathrm{T}}\boldsymbol{v}$，对应的 $\boldsymbol{\phi}(\boldsymbol{x})=\boldsymbol{x}$。当 $d=2$、$c=0$ 时，在二维空间的多项式核可以分解为

$$K_{\text{poly}}(\boldsymbol{u},\boldsymbol{v})=(\boldsymbol{u}^{\mathrm{T}}\boldsymbol{v})^2=[u^2(1),\sqrt{2}u(1)u(2),u^2(2)]^{\mathrm{T}}[v^2(1),\sqrt{2}v(1)v(2),v^2(2)]$$

因此，相应的非线性映射为 $\boldsymbol{\phi}(\boldsymbol{x})=[x^2(1),\sqrt{2}x(1)x(2),x^2(2)]^{\mathrm{T}}$。图 6-9 显示了应用这个映射将二维空间映射到三维空间的效果：将线性不可分的问题变成线性可分的问题，进而得到求解。

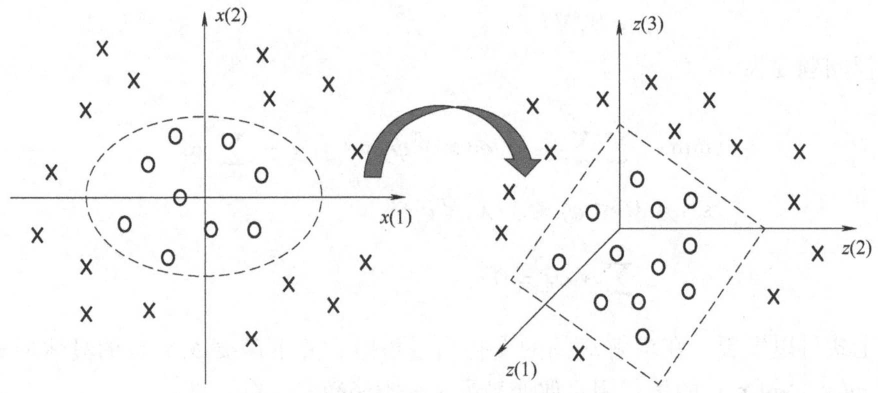

图 6-9　左图所示的两类采样无法被线性分类器所分类，使用二阶多项式核等同于使用非线性映射 $\boldsymbol{\phi}(\boldsymbol{x})=[x^2(1),\sqrt{2}x(1)x(2),x^2(2)]^{\mathrm{T}}$ 将采样映射到右图所示的三维空间并且在三维空间可以被线性分类器所区分

当核函数 $K(\boldsymbol{u}, \boldsymbol{v})$ 满足 Mercer's condition 时（见本章参考文献［5］），一定存在 $\boldsymbol{\phi}(\boldsymbol{x})$ 使得 $K(\boldsymbol{u}, \boldsymbol{v}) = \boldsymbol{\phi}(\boldsymbol{u})^{\mathrm{T}}\boldsymbol{\phi}(\boldsymbol{v})$。一般而言，$\boldsymbol{\phi}(\boldsymbol{x})$ 非常复杂，甚至是无穷维函数；除了前述的一些简单情况外，无法显式地找到相应的 $\boldsymbol{\phi}(\boldsymbol{x})$。利用核方法可以实现复杂的非线性映射，这不仅应用在支持向量机中，也广泛应用在其他任务中。这类方法称为核学习（Kernel Learning）。

在 6.1 节，提及了经验误差和期望误差（泛化误差）的关系，前者衡量了采样点的误差，而后者衡量了新的未知点的误差。期望误差是真正衡量分类函数好坏的标准，但由于在训练的时候只知道采样，只能计算经验误差。为分析期望误差、经验误差、模型复杂度之间的关系，Vladimir Vapnik 对于支持向量机给出了具体的界，并发展了称为 VC 维（用其发明者V. Vapnik和 A. Chervonenkis 的姓氏命名）的理论框架用以定量地对泛化误差进行估计。大体说来，在支持向量机中，极小化 $\sum_{i=1}^{m}\max\{0,1-y_i f(\boldsymbol{w}^{\mathrm{T}}\boldsymbol{x}_i+b)\}$ 的目的是减小经验误差，而极小化 $\|\boldsymbol{w}\|_2^2$的目的是控制结构的复杂度。一般而言，结构越复杂，经验误差越小，但期望误差的变化并不是单调的。图 6-10 给出了误差随复杂度变化的示例。在实际使用中，可以使用交叉验证（Cross Validation）“模拟”泛化过程，进而在复杂度和经验误差之间进行权衡。

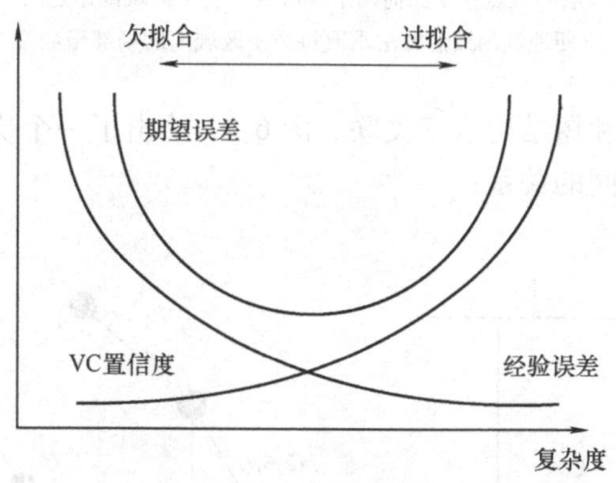

图 6-10　期望误差、经验误差和复杂度之间的关系

注：随着复杂度的增加，经验误差单调减小而结构风险（对支持向量机来说，可由 VC 置信度衡量）单调增加。最小的期望误差需要通过选择适合的复杂度达到。

6.4 决策树、集成学习和随机森林

在回归、分类以及其他各种人工智能任务中，如果能够使用线性函数进行建模，那么总可以得到快速和高效的求解。对于复杂的问题，构造合理的非线性函数 $\boldsymbol{\phi}(\boldsymbol{x})$ 是取得良好识别效果的关键。可以通过先验知识人工设计 $\boldsymbol{\phi}(\boldsymbol{x})$；也可以通过核方法隐式地使用 $\boldsymbol{\phi}(\boldsymbol{x})$；还可以利用（深度）神经网络表示 $\boldsymbol{\phi}(\boldsymbol{x})$，并利用大量的数据进行训练。

本节介绍另一种处理非线性的思路，即将问题的定义域划分为小的子区域，当子区域足够小的时候，总可以用线性函数很好地逼近非线性，进而在全局得到非常灵活的函数。如

图 6-11所示，当子区域足够小且划分合理时，可以在局部使用常值函数（左图）或线性函数（右图）达到很好的逼近效果。当给定子区域之后，确定子区域内的常值或线性函数一般而言较为容易。因此，这类方法的难点在于如何对整个区域进行合理的划分。区域的划分是十分复杂的优化问题，本节首先介绍决策树（Decision Tree）方法：将区域的划分构建成树模型，然后利用基于树的算法优化区域的划分。

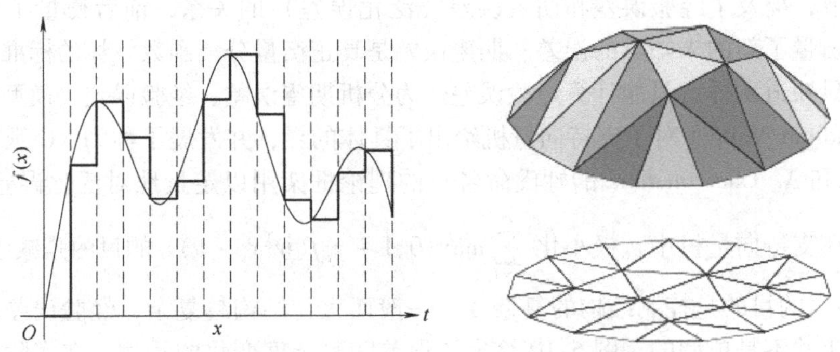

图 6-11　将定义域划分为足够小的子区域，并在子区域内使用常值（左图）或线性函数（右图）能够很好地逼近非线性函数

注：此类方法的难点在于如何确定子区域。当子区域确定之后，能够很方便地利用线性方法求取每个子区域内的局部函数。

决策树的子区域划分和树结构紧密关联。图 6-12 给出了一个决策树的例子，显示了二叉树结构与子区域划分之间的关系：

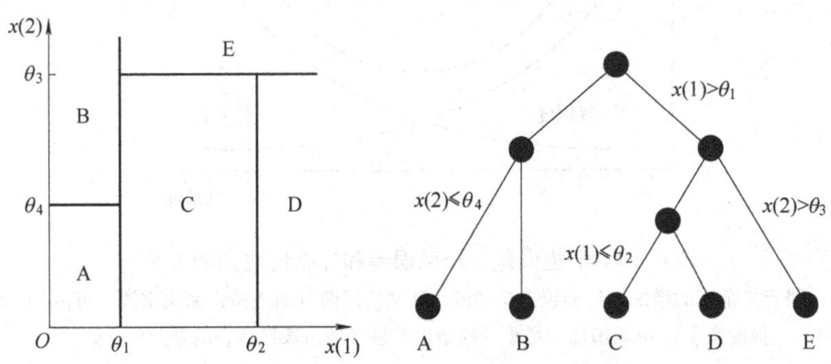

图 6-12　子区域结构和决策树

注：叶子结点与相应的子区域相对应，各结点依据不同维进行分裂，对应于将子区域依据不同维划分为更小的子区域。

1）首先选取第 1 维 $x(1)$，然后确定划分子区域的分段点 θ_1，进而将整个区域分为两部分：$\{\boldsymbol{x}: x(1)\leqslant\theta_1\}$ 和 $\{\boldsymbol{x}: x(1)\geqslant\theta_1\}$，构成树的根结点。

2）对于 $\{\boldsymbol{x}: x(1)\leqslant\theta_1\}$ 部分，选取第 2 维 $x(2)$，分段点 θ_4，进一步将其划分为两个子区域：$\{\boldsymbol{x}: x(1)\leqslant\theta_1, x(2)\leqslant\theta_4\}$ 和 $\{\boldsymbol{x}: x(1)\leqslant\theta_1, x(2)\geqslant\theta_4\}$，分别对应树的两个叶子结点 A 和 B。

3）类似地，对于每个结点，都可以通过选取某一维并确定其分段点，实现对子区域的细致划分。对应于二叉树的一次分裂，直至叶子结点。

在构建树的同时得到了子区域的一个划分，每个叶子结点对应一个子区域。进而，在子区域内构建线性回归函数或分类函数能够实现非线性的建模。对于任何给定的数据，从根结点开始，依据相应的判断准则，经过各层结点，最终到达叶子结点之后，就可以选择某个线性回归/分类函数对其进行决策。这样的建模方法称为“决策树”。

寻求好的决策树是十分复杂的优化问题，其根本困难在于前层的分段效果与后层的分段情况紧密相关。简单地寻求当前结点的最优分解并不能得到整个树的最优。为构造良好的决策树（即寻找良好的子区域划分），需要考虑以下关键问题：

1）确定每个结点的分裂数。

2）选择分裂时使用的分量（或几个分量的组合）。

3）确定分裂时的分段点。

4）确定中止分裂准则，即确定叶子结点。

5）进行剪枝以避免模型过于复杂。

与其他机器学习算法一样，决策树的构建首先需要明确目标，然后通过子区域划分对目标进行优化。以分类问题为例，决策树算法常使用“纯度”（Purity）或“不纯度”（Impurity）作为目标，对前者极大化或对后者极小化。用 $P(c_i)$ 表示结点（既可以是中间结点也可以是叶子结点）所表征的区域中第 i 类别的采样出现的概率，可以定义如下三种指标衡量结点的性能：

1）熵不纯度（Entropy Impurity）：$-\sum_i P(c_i)\lg P(c_i)$。

2）基尼不纯度（Gini Impurity）：$1-\sum_i P(c_i)^2$。

3）错分不纯度（Misclassification Impurity）：$1-\max_i P(c_i)$。

这些不纯度指标的基本特征是：当结点对应子区域只包含一个类别（$P(c_i)=1$）时，不纯度的值为0；当子区域包含的类别多且各类均衡时，不纯度大。读者也可以尝试构建其他的不纯度指标。

总体上，构建决策树的过程就是极小化不纯度的过程。已有很多构建决策树的标准算法，如 CART、ID3、C4.5 等，这些算法大多已经集成在机器学习软件平台中。这里介绍 Leo Breiman 教授于 1993 年提出的分类回归树（Classification and Regression Tree，CART）。CART 是一个二叉树，选用基尼不纯度并采取“贪婪”（Greedy）策略，即在每次分裂时选择能最大幅度降低基尼不纯度的维度进行划分，并选择能够使得基尼不纯度减少最多的分段点，直至所有结点的不纯度为 0（或达到某个事先约定的、可以接受的阈值）。

以一个简单的例子进行说明，在图 6-13 所示的区域中有三类样本，其中红色的点 100 个，蓝色的点 50 个，绿色的点 50 个，相应的基尼不纯度为

$$1-\sum_i P(c_i)^2 = 1-(0.5^2+0.25^2+0.25^2) = 0.625$$

此时，进行结点分裂：

1）如果选择用 $x(1)$ 进行分裂：最好的分裂点是 $x(1)=0.1$，分裂之后的两个子区域为 A 和 B。A 中有两类点，各自概率为 0.5；B 中只有一类点。因此，这种分裂得到的总的基尼不纯度为 $[1-(0.5^2+0.5^2)]+(1-1^2)=0.5$。

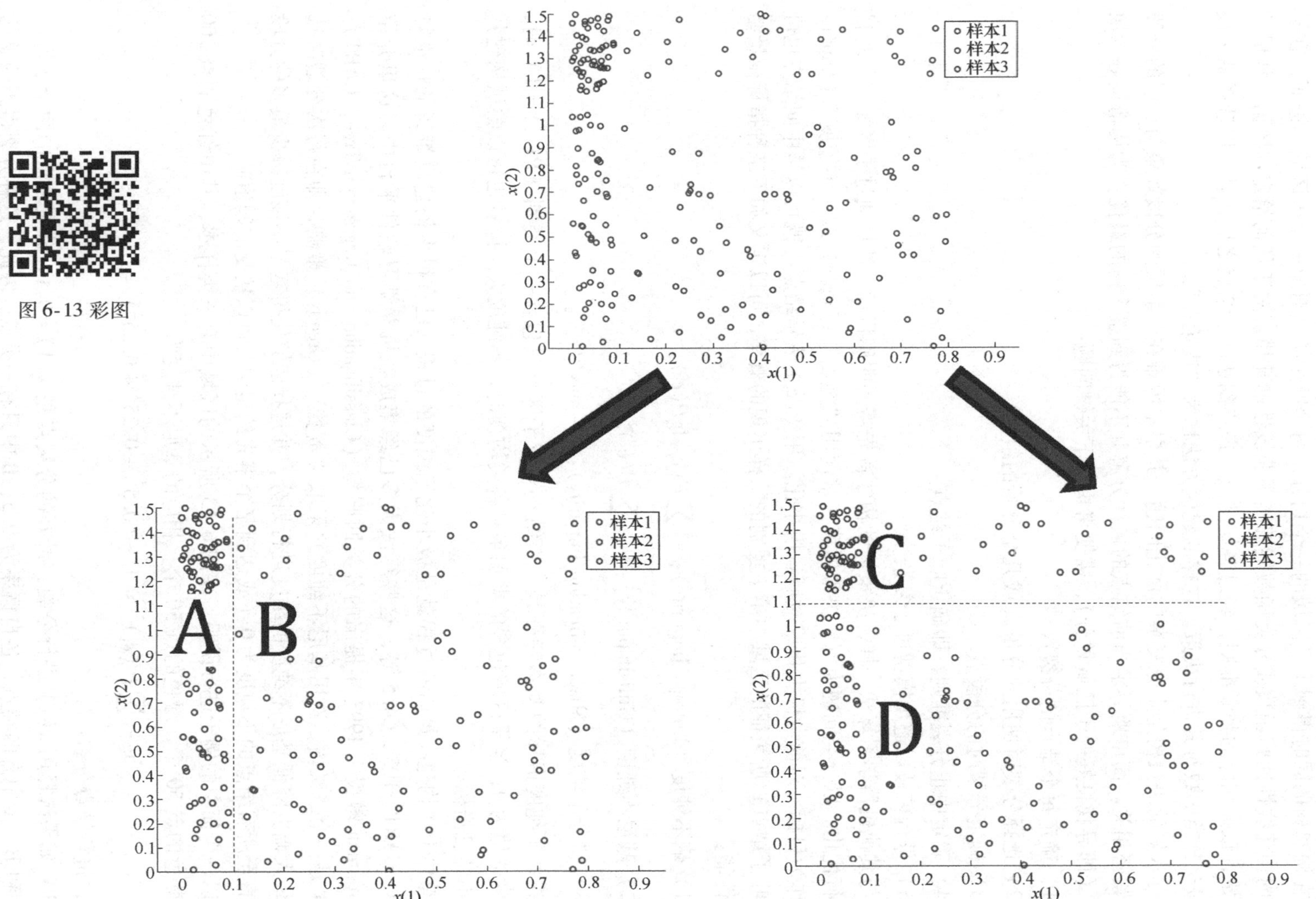

图 6-13 彩图

图 6-13　决策树进行分裂时，分别按 $x(1)$ 和 $x(2)$ 分裂，计算相应的最佳不纯度。左图的不纯度优于右图，因此在这个结点将选择 $x(1)$ 进行分裂

2）如果选择用 $x(2)$ 进行分裂：最好的分裂点为 $x(2)=1.1$，进而得到两个子区域 C 和 D。C 中有蓝色的点 50 个，红色的点 25 个；D 中有绿色的点 50 个，红色的点 75 个。此时的基尼不纯度为 $\{1-[(2/3)^2+(1/3)^2]\}+\{1-[(2/5)^2+(3/5)^2]\}=0.924$。

根据贪婪策略，选择第一种方案进行分裂，得到新的子结点，其中区域 B 的不纯度为 0，已经是叶子结点，不需要再分裂。对于区域 A，重复上述过程，可以利用 $x(2)=1.1$ 将 A 分裂为两个结点，各自的不纯度为 0。

通过贪婪地选择分裂的维和相应的分段点，CART 最终得到了将区域进行充分划分的树，使得叶子结点的不纯度为 0（或非常低）。可以预见，对于较为复杂的问题，零不纯度的树会对应非常复杂的子区域结构，子区域个数（树的叶子结点个数）会非常多。如前所述，过于复杂的模型容易出现过拟合。为取得好的泛化能力，需要对树的复杂度进行控制。在 CART 算法中，引入了后“剪枝”（Pruning）机制，即从分裂产生的树上剪去不必要的枝杈。另一类剪枝的方法称为预剪枝，即在结点分裂时，预先估计分裂是否能够带来泛化能力的提升。与 6.2 节中的岭回归类似，CART 同样需要引入正则化项，用以在模型复杂度和准确度之间做出平衡：

$$\text{剪枝目标函数}=\text{分类误差}+\gamma\,\text{复杂度}$$

其中，复杂度可以由叶子结点的个数来衡量，γ 为正的常数。

在剪枝时，需要将来自同一个父结点的两个子结点同时去掉，并将原父结点变为叶子结点。采用这种剪枝策略时，每次能够减少一个结点，从而将剪枝目标函数减少 γ。如果剪枝带来的分类误差的增长小于 γ，则选择剪去这个结点，进而使得剪枝目标函数下降。除单个结点的剪枝外，也可以直接剪去一个子树（Sub-tree）。类似地，仍然可以使用剪枝目标函数来综合判断剪枝带来的分类误差上升和复杂度减小。

利用 CART 或其他算法，可以构造合理的决策树以获得良好的子区域划分。需要注意的是，对子区域的划分本质上是非常复杂的优化问题，现有的决策树算法都是某种程度上的近似算法，无法获得“最优”的子区域结构。子区域划分问题的复杂性来源于区域结构的灵活性。在图 6-12 所表示的这类原始的决策树的子区域中，子区域边界一定是平行于坐标轴的。在改进的决策树算法中，可以同时考虑多个变量进行分裂，但计算复杂度随着每次考虑的变量数而指数增加。子区域结构优化的复杂性可以由树的构建过程进行理解：在 CART 的每次分裂时只考虑了一步最优，但树的每一层的分裂对后面的分裂都是有影响的。更精确的算法需要考虑几步后的效果作为本次分裂的判决依据，但这会使得计算的复杂度随着考虑的深度而指数增加。

决策树方法具有求解效率高、可解释性好的特点，每个结点选用的维数、不同维的分段点、最终形成的子区域的结构可以为进一步的分析提供宝贵的信息。但总体来说，决策树构建的模型结构相对简单，得到的分类或回归函数的性能往往不能满足需求复杂的任务。

为增强弱的学习机的性能，可以考虑“三个臭皮匠顶得上一个诸葛亮”的思路。其基本想法是利用简单的模型或只在部分采样集合上训练，得到若干弱（即结构简单、效果欠佳）的学习机 f_1，f_2，…，f_k。对于样本 $\boldsymbol{x}$，这些弱的学习机分别输出 $f_1(\boldsymbol{x})$，$f_2(\boldsymbol{x})$，…，$f_k(\boldsymbol{x})$，我们希望通过某些策略做出综合的判断来提升最终的判别效果。这类学习方法称为集成学习（Ensemble Learning）（见图 6-14），集成策略主要包括 Boosting 和 Bagging。

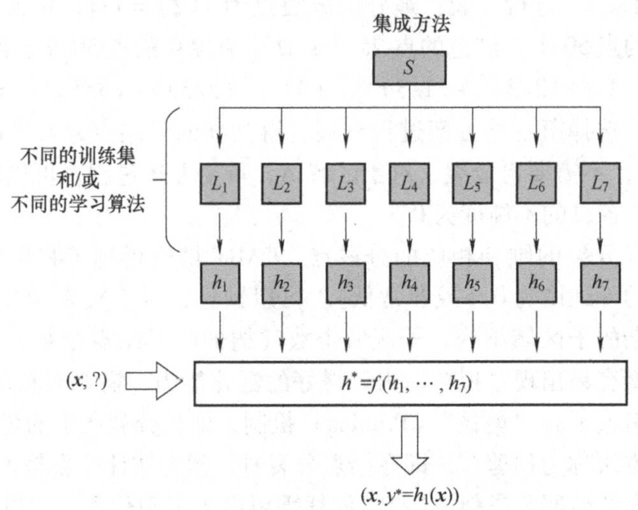

图 6-14　集成学习的基本思路是通过多个（弱）学习机的共同作用，利用综合判断得到更好的效果

Boosting 的基本思路是对样本和弱学习机进行迭代赋权。以处理二分类问题的 Adaboost（Adaptive Boosting）算法为例，对 $k=1, 2, \cdots, K$，依次进行以下步骤：

1）以概率从训练集中选取采样点（选取第 i 个样本的概率为v_i），构成训练集合 S_k。

2）在 S_k上训练弱分类器 $f_k(\boldsymbol{x})$。

3）计算分类错误的期望（对概率v_i）：$e_k = \sum_{i=1}^{m} v_i I(y_i \neq f_k(\boldsymbol{x}_i))$㊀。

4）计算分类器的权重：$\alpha_k = \frac{1}{2}\lg\frac{1-e_k}{e_k}$。

5）计算 $d_i = v_i\exp(\alpha_k I(y_i \neq f_k(\boldsymbol{x}_i)))$，并更新 $v_i = d_i / \sum_{i=1}^{m} d_i$。

通过重复上述过程，依次训练得到 K 个分类器 $f_k(\boldsymbol{x})$ 及相应的权重 α_k，并最终构成集成分类器 $f(x) = \sum_{k=1}^{K} \alpha_k f_k(\boldsymbol{x})$。可以看出 Adaboost 有以下特征：

1）对于不同的样本，更关心容易错分的样本，即被弱分类器错分的样本将以更大的概率被再次选入训练集，从而有可能被后续的学习机正确划分；

2）对于不同的学习机，更信赖准确率高的弱学习机，即在集成分类器中给予更大的权重。

在数学上，Adaboost 的本质是通过串行学习依次训练 K 个分类器，并在每一步极小化集成分类器的期望误差。其相应的统计解释参见本章参考文献［1］的第 14 章。

另一种集成策略称为 Bagging，其含义为 Bootstrap Aggregating（辅助聚集）。Bagging 的基本思路是对样本进行有放回的重采样，得到训练子集。由于是有放回的采样，因此训练子集之间及单个子集内部都有可能有同样的样本。在使用 Bagging 策略时，首先分别在各子集

㊀　I 为示性函数，即当 u 为真时，$I(u)=1$，否则 $I(u)=0$。

上训练学习机，然后用投票（分类问题）或平均（回归问题）作为最终输出。Bagging 方法能够增强稳健性，减小方差。

例如，对于回归问题，由 K 个子函数 $f_k(\boldsymbol{x})$（这里简单地假设各子函数的方差相同，记为 σ^2；两个子函数之间相关系数为 ρ）的平均得到的集成函数 $\sum_{k=1}^{K} f_k(\boldsymbol{x})/K$ 的方差为

$$\begin{aligned}\operatorname{var}\left(\frac{1}{K}\sum_{k=1}^{K} f_k(\boldsymbol{x})\right) &= \frac{1}{K^2}\sum_{i=1}^{K}\sum_{j=1}^{K}\operatorname{cov}(f_i(\boldsymbol{x}),f_j(\boldsymbol{x})) \\ &= \frac{1}{K^2}\sum_{i=1}^{K}\left(\sum_{j\neq i}^{K}\operatorname{cov}(f_i(\boldsymbol{x}),f_j(\boldsymbol{x})) + \operatorname{var}(f_i(\boldsymbol{x}))\right) \\ &= \frac{1}{K^2}\sum_{i=1}^{K}((K-1)\sigma^2\rho + \sigma^2) \\ &= \frac{(K-1)\rho\sigma^2}{K} + \frac{\sigma^2}{K} \\ &= \rho\sigma^2 + \sigma^2\frac{1-\rho}{K}\end{aligned}$$

由此可见，在子函数的方差和相关系数不变的假设下，集成得到的学习机的方差随着子函数的个数增加而减小，从而得到理想的分类器。在其他更复杂的情况下，具体的关系式会发生变化，但总的学习机的方差随子函数的增加而减小的基本规律仍然成立。

利用 Bagging 的思路，可以对决策树进行集成，使得多个决策树能够协同地发挥作用，提高学习机的性能。由多个决策树集成的分类方法形象地称为随机森林（Random Forest）。为构建随机森林，首先进行有放回的重采样，然后在得到的训练子集上分别构建决策树。这两步是标准的 Bagging 方法。随机森林方法在此基础上，进一步使用了特征辅助聚集（Feature Bagging），通过对特征（维）进行随机采样和选择，使得在树的结点分裂时能够选择更好的特征。其基本思想是如果一些特征能够很好地表征或影响目标输出，那么这些特征会被很多树选中并相互关联。由于在随机森林构建的过程中，通过采样和特征的双重 Bagging，增加了随机性并实现了各子决策树之间的协同。因此，随机森林方法一般不需要进行剪枝。

随机森林方法基于决策树，具有很好的可解释性；通过集成学习，使得多个决策树能够综合地发挥作用，完成较为复杂的学习任务。由于在灵活性和可解释性方面的优势，使得随机森林方法在实际中得到了广泛的应用，其向深度学习方法的发展也引起了很多注意[7]。

6.5　无监督学习

在前述小节，讨论了回归和分类问题，其共同点是训练集 $\{\boldsymbol{x}_i, y_i\}$ 中含有监督信息 y_i，y_i 又称为标签（Label）。对于回归问题，标签 y_i 对应 $\boldsymbol{x}_i$ 的观测值；对于分类问题，标签 y_i 对应 $\boldsymbol{x}_i$ 所在的类别。在实际应用中，还有大量没有监督信息的数据需要处理。处理无标签数据的机器学习方法称为无监督学习（Unsupervised Learning）。在很多应用中，对大量的样本给出标签十分耗费人力物力，甚至是不可能的。因此，无监督学习在近年来得到了越来越多的关注。更一般地，在实际问题中，往往能够获得数据中部分样本的标签，这样的问题称为半监督学习（Semi-supervised Learning）。本节介绍无监督学习方法，有兴趣的读者可以在了

解监督和无监督学习的基础上，自学半监督学习方法。

以猫和狗的识别任务为例，可以说明监督学习和无监督学习的异同：如果告知计算机哪张图是猫，哪张图是狗，那么处理的就是典型的分类问题；如果不告诉计算机哪张图是猫，哪张图是狗，计算机仍然有可能找到区分两类的方法，其目标是将相同类的采样聚合在一起，因此称为聚类（Clustering）。图 6-15 用两个例子进一步显示了分类与聚类问题的不同。

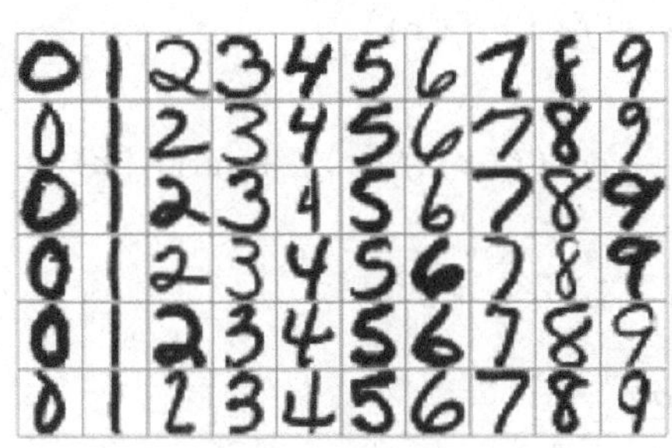
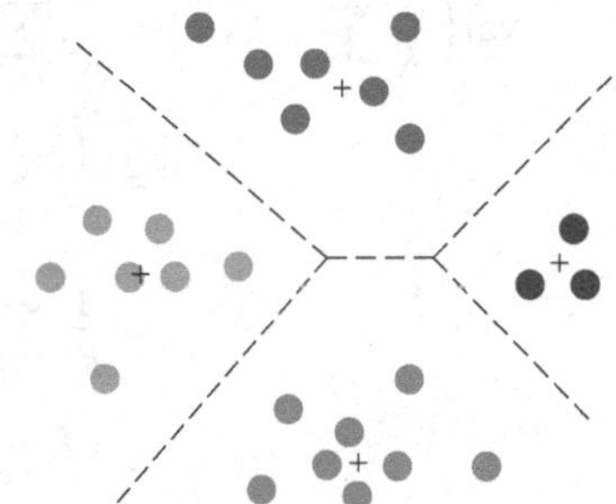

图 6-15　分类与聚类的区别

注：（左图）如果告知计算机这些数字分别属于“0”“1”…“9”，则对识别图中数字的任务属于分类问题；如果不告知数字所属类别，希望计算机直接对其区分，则属于聚类问题。（右图）抽象地，如果告知计算机这些点各自所属的类别，则属于分类问题；如果只给出点的位置，而不给出点的标号，则属于聚类问题。

聚类方法的基本思路是将“相似”的采样聚合成一类，而让“不相似”的采样点属于不同的类别。为实现这样的想法，首先需要确定两个采样点的“相似”或“不相似”的度量。对于向量 $\boldsymbol{u}$ 和 $\boldsymbol{v}$，常用的度量包括：

1）平方距离：$d(\boldsymbol{u},\boldsymbol{v}) = \sum_i (u(i) - v(i))^2$。

2）范数度量：$d(\boldsymbol{u},\boldsymbol{v}) = \left(\sum_i |u(i) - v(i)|^q\right)^{1/q}$，其中 $q>0$。需要注意的是，当 $q \geqslant 1$ 时，上式定义了范数；当 $0<q<1$ 时，不满足范数的定义，称为“拟范数”。

3）一致性距离：$d(\boldsymbol{u},\boldsymbol{v}) = \sum_i I(u(i) \neq v(i))$，其中 $I(a)$ 是指示函数，当 a 成立时，$I(a)=1$，否则 $I(a)=0$。

4）相对距离：$d(\boldsymbol{u},\boldsymbol{v}) = \sum_i \frac{|u(i) - v(i)|}{|u(i) + v(i)|}$。

向量的维数标号与时间有关时，往往称为序列（Sequence）。衡量两个序列的异同时，除了考虑相应维度之间的数值差异外，还应当考虑序列的趋势。序列趋势的相似性可以由皮尔逊线性相关系数（Pearson Linear Correlation，PLC）衡量：

$$\rho(\boldsymbol{u},\boldsymbol{v}) = \frac{\sum_i (u(i) - \bar{u})(v(i) - \bar{v})}{\sqrt{\sum (u(i) - \bar{u})^2}\sqrt{\sum (v(i) - \bar{y})^2}}$$

由 PLC 定义的距离为

$$d(\boldsymbol{u},\boldsymbol{v}) = 1 - \rho(\boldsymbol{u},\boldsymbol{v})$$

PLC 的值在［0，1］之间，值越大表明序列的趋势越相近。如图 6-16 所示，左图的两条曲线的值有差异，但其趋势一致；中图的两条曲线的值更接近，但趋势有差异。因此，如果只考虑数值的比较，应当选用平方距离进行衡量。此时，中图的两条曲线间的距离小于左图的两条曲线间的距离。反之，如果序列的趋势是所关心的关键信息，则应当选用 PLC 所定义的距离。此时，左图的两条曲线间的距离很小。总而言之，同样的采样在不同的度量下有不同的表现，需要在使用时根据不同的任务合理地选择距离度量。需要注意的是，PLC 只能度量线性相关关系，右图所示的两个序列有着直接的确定性关系：$u(i)=v^2(i)$，但非线性相关无法被线性相关系数所反映，其 PLC 值很低。除以上介绍的向量形式的数据外，实际问题中还会遇到图像、视频等各种数据，需要定义相应的不相似度量。对于图像数据，读者可以阅读矩阵范数方面的文献；视频数据则涉及张量（Tensor）间的距离度量。

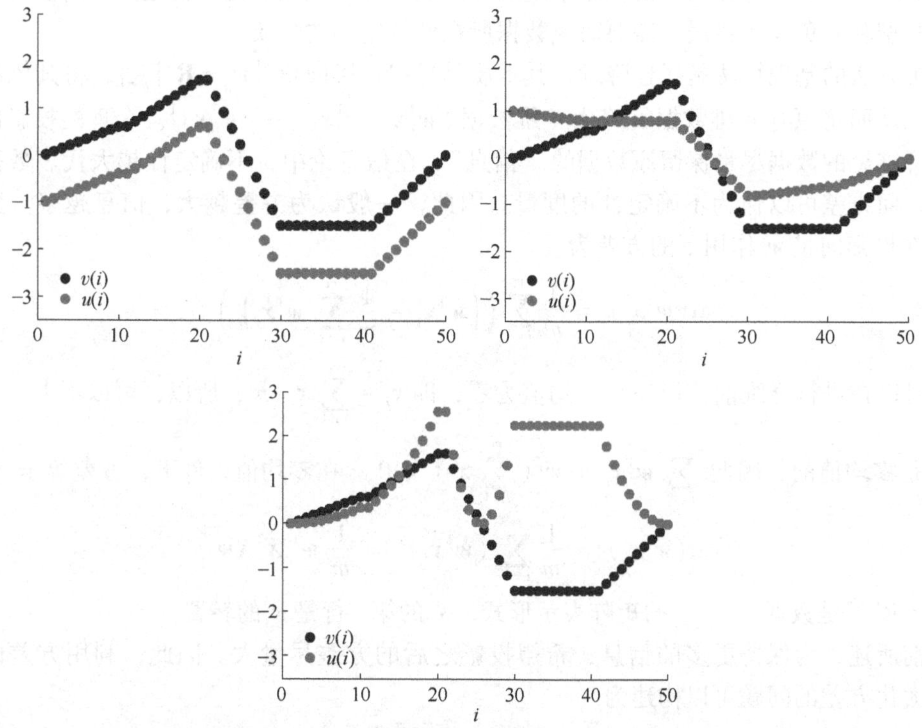

图 6-16 采用不同的距离度量会得到不同的结论

注：利用 PLC 进行度量，左图的两条序列非常接近；用范数距离度量，中图的两条序列比左图的更接近。右图的两条序列之间有确定的非线性关系，但不能被 PLC 这样的线性度量所反映。

在确定了衡量样本之间的距离之后，可以根据样本之间的距离进行聚类。聚类主要有平面（Flat）和层次（Hierarchical）两类方法。前者的代表方法是 K- 均值聚类（K-means）；后者包括从底向上的凝聚（Agglomerative）方法和从上到底的分裂（Divisive）方法。

K- 均值聚类：首先设定最终需要的类别数 M；然后随机选择 M 个样本点，作为各类的初始中心 $\boldsymbol{\mu}_1, \boldsymbol{\mu}_2, \cdots, \boldsymbol{\mu}_M$。在选定初始中心之后，对每个样本点 $\boldsymbol{x}_i$，选择最近的类中心作为其类别，即如果 $d(\boldsymbol{x}_i, \boldsymbol{\mu}_s) \leqslant d(\boldsymbol{x}_i, \boldsymbol{\mu}_t)$，$\forall t=1, 2, \cdots, M$，那么将 x_i 的类别设定为 s。当将每个点赋予新的类别之后，更新中心 $\boldsymbol{\mu}_t$，然后重新考虑所有结点的类别，直至收敛。

凝聚方法：设置 M 个类别作为初始状态，每个类别都是只包含一个样本的单点集合；其后，计算各个类别之间的距离（例如，用每类的中心间的距离代表类间距离）并选择距离最近的两类进行合并。重复以上过程减少类别至满意的程度，或最终重新归为一类。

分裂方法：与凝聚方法相反，分裂方法的初始状态是设定所有采样点属于一类，再使用 K-均值聚类，将同属一类的采样分为 K 类；然后针对每一个子类再迭代使用 K-均值聚类，直至分类数量达到预先设定或者每个采样组成单点类。

在无监督学习中，学习数据 $\boldsymbol{x}_i$ 本身的结构或分布是非常重要的任务，其中降维（Dimensionality Reduction）是数据可视化（将高维数据降到二维或三维空间）的基本手段，也是提升数据可解释性、可靠性和稳健性的重要方法。在很多问题中，有意义的数据往往集中于数据空间的一个低维的（线性）子空间或（非线性）流形上。因此，学习得到的模型只在这个低维空间中发挥作用，而在这个空间外的误差往往很大。为了构建更好的模型，更好地使用模型和避免发生错误，需要研究数据所在低维空间的性质。

降维方法的基础算法是线性降维，其本质是寻找投影向量 $\{\boldsymbol{w}_p \in \mathbf{R}^n\}_{p=1}^{d}$，将其依次作用于数据，从而将原有 n 维数据 $\boldsymbol{x}$ 降为 d 维数据 $[\boldsymbol{w}_1^{\mathrm{T}}\boldsymbol{x}, \boldsymbol{w}_2^{\mathrm{T}}\boldsymbol{x}, \cdots, \boldsymbol{w}_d^{\mathrm{T}}\boldsymbol{x}]^{\mathrm{T}}$。合理的投影向量需要使得降维后的数据尽量保留原数据的“信息”。在信息论中，不确定性越大代表数据的信息越多，而方差可以作为不确定性的度量。因此，一般认为方差越大，信息越多。数据集 $\{\boldsymbol{x}_i\}_{i=1}^{m}$ 在投影向量 $\boldsymbol{w}$ 作用下的方差为

$$\operatorname{var}(\boldsymbol{w}^{\mathrm{T}}\boldsymbol{x}_i) = \frac{1}{m}\sum_{i=1}^{m}\left(\left(\boldsymbol{w}^{\mathrm{T}}\boldsymbol{x}_i - \frac{1}{m}\sum_{i=1}^{m}\boldsymbol{w}^{\mathrm{T}}\boldsymbol{x}_i\right)^2\right)$$

总可以在进行降维前使得 $\{\boldsymbol{x}_i\}_{i=1}^{m}$ 均值为零，即 $\boldsymbol{x}_i - \sum_{i=1}^{m}\boldsymbol{x}_i/m$，所以，可以不失一般性地假设 $\boldsymbol{x}_i$ 是零均值的，因此 $\sum_{i=1}^{m}\boldsymbol{w}^{\mathrm{T}}\boldsymbol{x}_i = \boldsymbol{w}^{\mathrm{T}}(\sum_{i=1}^{m}\boldsymbol{x}_i) = 0$。在零均值条件下，方差等于

$$\operatorname{var}(\boldsymbol{w}^{\mathrm{T}}\boldsymbol{x}_i) = \frac{1}{m}\sum_{i=1}^{m}(\boldsymbol{w}^{\mathrm{T}}\boldsymbol{x}_i)^2 = \frac{1}{m}\boldsymbol{w}^{\mathrm{T}}\boldsymbol{X}^{\mathrm{T}}\boldsymbol{X}\boldsymbol{w}$$

这里 $\boldsymbol{X} \in \mathbf{R}^{m \times n}$ 是数据 $\{\boldsymbol{x}_i\}_{i=1}^{m}$ 的矩阵表示形式，$\boldsymbol{X}$ 的第 i 行是 $\boldsymbol{x}_i$ 的转置。

如前所述，为保持更多的信息，希望投影之后的方差尽量大。因此，利用方差的表达式，极大化方差的问题可以构建为

$$\max_{\boldsymbol{w}^{\mathrm{T}}\boldsymbol{w}=1} \quad \boldsymbol{w}^{\mathrm{T}}\boldsymbol{X}^{\mathrm{T}}\boldsymbol{X}\boldsymbol{w} \tag{6-8}$$

这里需要特别注意：约束条件 $\boldsymbol{w}^{\mathrm{T}}\boldsymbol{w}=1$ 是不可或缺的。如果没有这个约束，追求方差最大将变得没有意义：对于任意解 $\boldsymbol{w}_0$，总有 $\boldsymbol{w}_0^{\mathrm{T}}\boldsymbol{X}^{\mathrm{T}}\boldsymbol{X}\boldsymbol{w}_0 < (2\boldsymbol{w}_0)^{\mathrm{T}}\boldsymbol{X}^{\mathrm{T}}\boldsymbol{X}(2\boldsymbol{w}_0)$。实际上，降维问题关心的只是投影方向，而乘以正系数并不影响投影方向。为构建合理的优化问题，需要增加约束条件 $\boldsymbol{w}^{\mathrm{T}}\boldsymbol{w}=1$，其含义是在单位球上寻找投影后的方差最大的方向。由于这个方向含有最多的信息，因此称为主成分（Principal Component），求取主成分的方法称为主成分分析（Principal Component Analysis，PCA）。

主成分分析式（6-8）是等式约束下的极小化问题，其拉格朗日函数为

$$L(\boldsymbol{w},\lambda) = \boldsymbol{w}^{\mathrm{T}}\boldsymbol{X}^{\mathrm{T}}\boldsymbol{X}\boldsymbol{w} - \lambda(\boldsymbol{w}^{\mathrm{T}}\boldsymbol{w}-1)$$

根据最优解条件，最优解需要满足

$$\frac{\partial L(\boldsymbol{w},\lambda)}{\partial \boldsymbol{w}} = \boldsymbol{X}^{\mathrm{T}}\boldsymbol{X}\boldsymbol{w} - \lambda\boldsymbol{w} = 0$$

因此，$\boldsymbol{X}^{\mathrm{T}}\boldsymbol{X}\boldsymbol{w} = \lambda\boldsymbol{w}$，即最优解 $\boldsymbol{w}_1$ 是矩阵 $\boldsymbol{X}^{\mathrm{T}}\boldsymbol{X}$ 的特征向量，其投影后的方差为

$$w_1^T X^T X w_1 = \lambda w_1^T w_1 = \lambda$$

即w_1对应的特征值。主成分 w_1就是对应矩阵 X^TX 的最大特征值的特征向量。

找到主成分之后，希望继续寻找其他方向以保留更多的信息。此时，寻找的投影向量需要满足两个条件：①投影之后的方差尽量大；②与主成分投影方向垂直（见图 6-17）。相应的优化问题变为

$$\max_{w^T w = 1, w_1^T w = 0} w^T X^T X w$$

与式（6-8）相比，这里添加了约束 $w_1^T w = 0$，其含义是要求新的投影方向与主成分方向 w_1 保持垂直。仿照前述方法进行推导，可以得到其最优解 w_2是对应矩阵 X^TX 的第二大特征值的特征向量，这个方向也称作“次主成分”。

依次进行分析，可以通过对矩阵X^TX 进行特征值分解得到 n 个特征向量，并且数据在投影方向上的方差等于相应的特征值。在实际应用中，首先确定需要得到的维数，然后使用主成分分析方法依特征值从大到小选择相应的投影分量，实现对原始数据的降维。

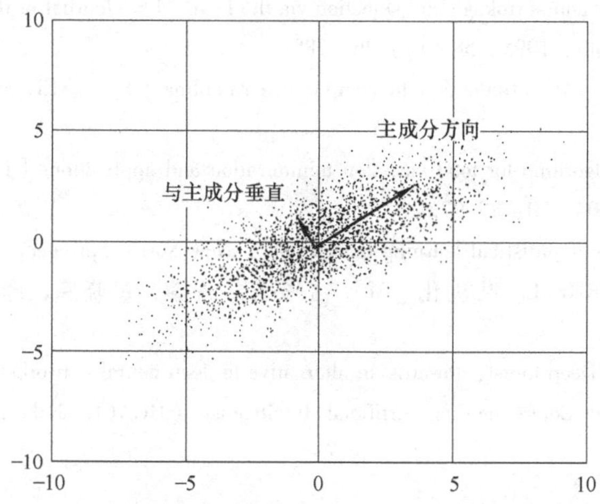

图 6-17　主成分方向指向了方差最大的方向；次主成分方向应与主成分方向垂直

本章小结

本章讨论了统计学习，介绍了最小二乘、压缩感知、支持向量机、决策树、随机森林、聚类和主成分分析等方法。受制于篇幅，本章只选取了典型的方法，讲解了其基本原理。目的是希望读者能够通过本章内容，了解到统计学习方法的基本思想和基本思路，为进一步学习其他统计学习方法和后续人工智能方法奠定基础。

习　题

6.1　最小二乘问题的求解可以转换为正则方程的求解，但当数据规模很大时，正则方程的求解将变得十分困难，需要使用梯度下降算法或随机梯度下降算法。请分别写出利用梯度下降算法和随机梯度下降算法求解式（6-2）的伪代码。

6.2 请验证 $\min_{w,b} \frac{\lambda}{2}\|\boldsymbol{w}\|_2^2 + \sum_{i=1}^{m} \max\{0, 1 - y_i f(\boldsymbol{w}^{\mathrm{T}}\boldsymbol{x}_i + b)\}$ 和式（6-5）的等价性，即证明两个问题的最优解相同。

6.3 调用标准优化程序在 fisheriris 数据集上实现：①线性的支持向量机；②核支持向量机算法（RBF 核）。（注意利用交叉验证方法确定参数）

6.4 编写程序，利用决策树方法对 fisheriris 数据集进行分类，并绘制出决策树以直观展示分类的决策过程。

6.5 证明将数据向次主成分方向进行投影后，其方差等于矩阵 $\boldsymbol{X}^{\mathrm{T}}\boldsymbol{X}$ 的第二大特征值。

6.6 编写程序，利用主成分分析将 fisheriris 数据集降到二维空间并绘制图像。

参考文献

[1] BISHOP C. Pattern recognition and machine learning [M]. New York: Springer, 2007.

[2] TIBSHIRANI R. Regression shrinkage and selection via the lasso [J]. Journal of the Royal Statistical Society, Series B (Methodological), 1995, 58 (1): 267-288.

[3] Candès E, WAKIN M. An introduction to compressive sampling [J]. IEEE Signal Processing Magazine, 2008, 25 (2): 21-30.

[4] CHAMBOLLE A. An algorithm for total variation minimization and applications [J]. Journal of Mathematical Imaging and Vision, 2004, 20: 89-97.

[5] VAPNIK V. The nature of statistical learning theory [M]. New York: Springer, 1995.

[6] BOYD S, VANDENBERHE L. 凸优化 [M]. 王书宁，许鋆，黄晓霖，译. 北京：清华大学出版社，2013.

[7] ZHOU Z H, FENG J. Deep forest: towards an alternative to deep neural networks [C] // In the Proceedings of the 26th International Conference on Artificial Intelligence (IJCAI). Palo Alto: AAAI Press, 2017: 3553-3559.

第7章

深 度 学 习

导 读

基本内容： 近年来，随着可用数据量的不断增加和计算机硬件性能的大幅度提升，使人工智能领域得到飞速的发展。深度学习（Deep Learning，DL）作为人工智能领域最重要的突破，在计算机视觉领域中取得了很大进展，基于深度学习的算法效果明显好于传统算法。本章首先介绍深度学习的优势和特点以及研究现状，然后依次介绍卷积神经网络（Convolutional Neural Network，CNN）、循环神经网络（Recurrent Neural Network，RNN）和长短期记忆（Long Short-Term Memory，LSTM）网络，对深度学习的基本结构和优化算法进行深入探讨，研究不同结构对于最终结果的影响和意义。这些网络在机器视觉、计算机图形学、自然语言处理等众多领域都有良好的效果，在实际工程中得到了广泛的应用。

学习要点： 掌握深度学习的发展历史、主要优点；学习 CNN 的结构和原理，了解其使用范围、使用场景、经典模型等；学习 RNN 的经典结构及其变体，掌握 RNN 的前向传播与反向传播原理以及隐层激活函数的选择，了解 RNN 的应用；学习 LSTM 网络的标准结构，掌握遗忘门、输入门和输出门的工作原理，了解两个有名的 LSTM 变体：Gated Recurrent Unit 和 Peephole LSTM。

7.1 深度学习概述

深度学习出现之前，传统机器学习已经在很多应用中展现出非同一般的能力，如推荐系统、数据挖掘等机器学习技术在人们生活中随处可见。基于 Boosting 和支持向量机的算法也在很长的一段时间内应用于各种计算机视觉以及语音识别等任务。传统的机器学习算法受限于对自然原始数据的处理。过去数十年里，设计一个好的机器学习算法通常需要极为巧妙的特征工程，而且是由人工设计或者选择的。特征工程一般用于将原始数据转化成适用于该机器学习模型的内部表示或者特征向量，机器学习模型则对该特征进行相应的测试。

2006 年，多伦多大学的教授 Geoffrey Hinton 在 *Science* 杂志上发表了一篇深度学习的文章[1]，打开了深度学习大门。深度学习的概念源于神经网络，是由最早的多层感知机发展而来的。对于一个神经网络，它的深度定义在于其网络结构中非线性函数总体计算的程度和数量。深度学习在语言处理、图像分类识别、视频多媒体方面都有极大的应用价值，作为一个复杂的人工智能领域的算法，它很好地让机器学习了人类的思维方式、信息处理机理，提出了很多新的角度和思路，解决了很多复杂的模式识别问题，对人工智能领域有着极大的推动作用。相信在不远的将来，深度学习将能够使人工智能具有人类一般的文本识别、声音处理、数据辨识能力。

深度学习是一个可以用于对数据进行不同层次抽象的多层神经网络。深度学习的基本思想是设计对应的层次结构，来构建一个深层的神经网络，通过网络参数训练学习，使得输出尽量与输入相对应，而中间每一层得到的信息便是一系列的学习特征，通过这样的方式来对输入信息进行拓扑式的分级表示。

深度学习从网络的深度着手，学习输入数据的潜在规律和结构表达层次，通过逐层传导的方式进行特征提取和参数训练，以信息流动的方式使得模型的特征在层与层之间变换和抽象，信息在多层次的非线性网络中传递抽象的模型也更符合人类的信息处理机理，因此其表达更容易接近信息和数据本质。相较于传统的学习模型，深度学习有更多的层次结构，它的隐藏结点、内部参数都是成倍数增长的。

由此可见，深度学习中最重要的就是自主学习到数据结构的表示。由于深度学习具有多层级深度的特性，所以学习到的是数据的多层次表示。深度学习可以从原始数据中学习到从底层到抽象的特征，这是其他机器学习方法所不具备的。因为深度学习的每一层都是非线性操作，可以将输入进行非线性的转化。深度学习通过多层非线性操作可以拟合出一个极为复杂的函数。而且，深度学习具有高层特征越来越抽象的特点。在图像识别中，更高层的特征会更有利于区分不同图像和类别。

对一张图像来说，输入是这张图像的像素值，底层一般可以学习到是否存在某一固定方向的物体边缘，再高层则可以学习到由这些物体边缘组成的简单图案，更高层则可以学习到具体的物体，一般都是由底层学习到的边缘和图案所组成的。深度学习最重要的特点就是这些中间层的特征不是由人手工选取得到的，而是通过一种学习的方式从数据中获得的。

深度学习正在解决人工智能数十年面临的难题，并且深度学习对于高维的数据特别有效，所以正在广泛应用于人类生活的各个领域。除了语音和视觉领域，深度学习也在传统机器学习方向取得了优势，同时也在不断扩展新的领域，如智能医疗等方向。因为深度学习需要极少的特征工程，所以在有足够计算量和数据量的前提下，可以得到惊人的效果。主要的深度神经网络包括卷积神经网络（CNN）、循环神经网络（RNN）和长短期记忆（LSTM）网络等。

7.2 卷积神经网络

在人工全连接神经网络中，每相邻两层的每个神经元之间都是相连的，连接权重就是需要训练的参数。当输入层的特征维度很高时，全连接网络需要训练的参数就会增加很多，计算速度就会变得很慢。例如，一张黑白的 28×28 的手写数字图片，输入层的神经元就有784个，如图7-1所示，若在中间只使用一层隐藏层，参数就有 $784\times15=11760$ 个；若输入的是28×28带有颜色的RGB格式的手写数字图片，输入神经元就有28×28×3=2352个。这很容易看出使用全连接神经网络处理图像存在训练参数过多的问题。

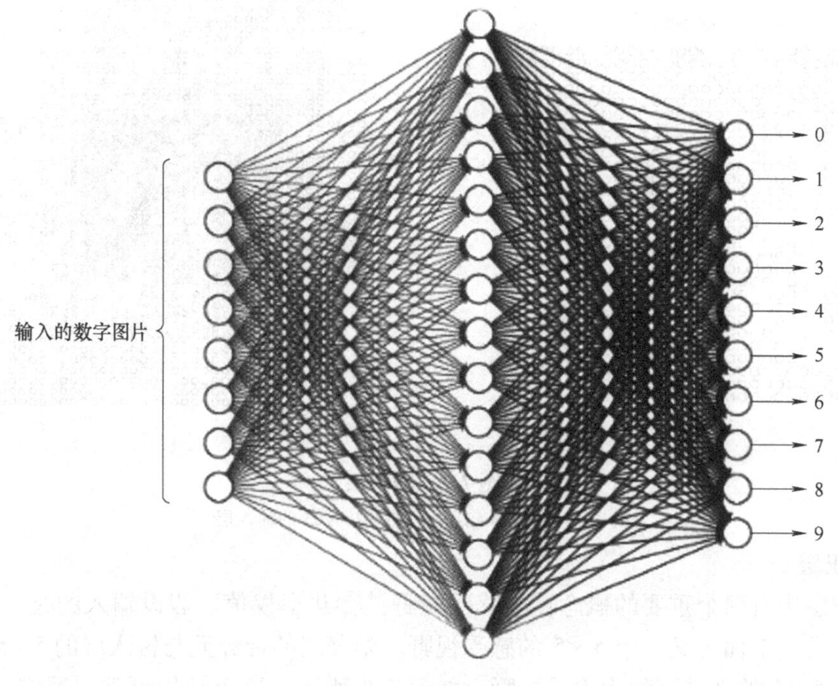

图7-1 全连接层

而在卷积神经网络（Convolutional Neural Network，CNN）中，卷积层的神经元只与前一层的部分神经元结点相连，即它的神经元间的连接是非全连接的，且同一层中某些神经元之间的连接权重 w 和偏移 b 是共享的，即相同的。这样大大减少了需要训练参数的数量，这就是设计CNN的初衷。

7.2.1 卷积神经网络的结构

卷积神经网络的结构一般包含几个部分：①输入层，用于数据的输入；②卷积层，使用卷积核进行特征提取和特征映射；③激励层，由于卷积是一种线性运算，因此需要增加非线性映射；④池化层，进行下采样，对特征图进行稀疏处理，减少数据运算量；⑤全连接层，通常在CNN的尾部进行重新拟合，减少特征信息的损失；⑥输出层，用于输出结果。当然中间还可以使用一些其他的功能层，例如：①归一化层，在CNN中对特征进行归一化；②切分层，对某些（图片）数据进行分区域的单独学习；③融合层，对独立进行特征学习的分支进行融合。下面对CNN的结构进行进一步分析。

1. 输入层

在CNN的输入层中，数据（图片）输入的格式与全连接神经网络的输入格式（一维向量）不太一样。CNN输入层的输入格式保留了图片本身的结构。对于黑白的28×28的图片，CNN的输入是一个28×28的二维神经元，如图7-2a所示。对于RGB格式的28×28的图片，CNN的输入则是一个3×28×28的三维神经元（RGB中的每一个颜色通道都有一个

28×28 的矩阵)，如图 7-2b 所示。

a)　　b)

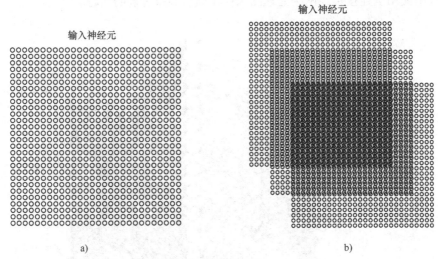

图 7-2　输入层

a）28×28 的输入层　b）3×28×28 的输入层

2. 卷积层

在卷积层中有两个重要的概念：①感受视野；②共享权值。假设输入的是一个 28×28 的二维神经元，下面定义一个 5×5 的感受视野。隐藏层的神经元与输入层的 5×5 个神经元相连，这个 5×5 的区域就称为感受视野，如图 7-3 所示。这个结构可类似看作隐藏层中的神经元具有一个固定大小的感受视野去感受上一层的部分特征。

在全连接神经网络中，隐藏层中的神经元的感受视野足够大乃至可以看到上一层的所有特征。而在卷积神经网络中，隐藏层中的神经元的感受视野比较小，只能看到上一层的部分特征。上一层的其他特征可以通过平移感受视野来得到同一隐藏层的其他神经元，由同一隐藏层的其他神经元来看（特征表征）。假设移动的步长为 1，从左到右扫描，每次移动 1 格，扫描完之后，再向下移动 1 格，再次从左到右扫描。反复循环，直至输入层的任何一个感受视野大小的区域都被扫描，并被同一隐藏层的某个神经元看过。因此，卷积层（隐藏层）的神经元只与前一层的部分神经元结点相连，表达相连局部区域的特征，每一条相连的线对应一个权重 w。

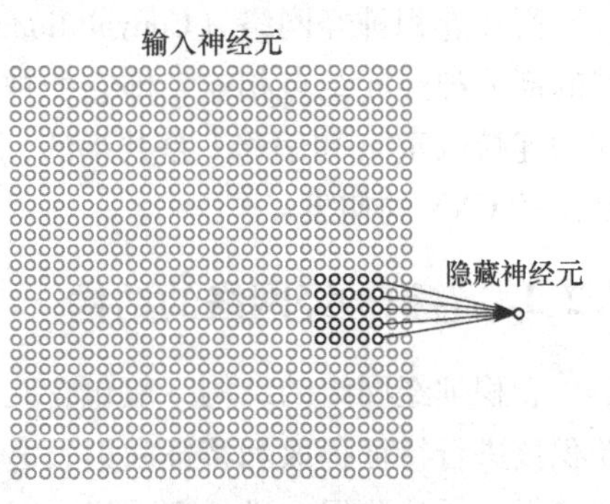

图 7-3　感受视野

一个感受视野对应一个卷积核，将感受视野中权重为 w 的矩阵称为卷积核。感受视野对输入的扫描间隔称为步长（Stride）。当步长比较大（Stride>1）时，为了扫描到边缘的一些特征，感受视野可能会“出界”，这时需要对边界扩充（Pad），边界扩充可以设为 0 或者其他值。步长和边界扩充值的大小也由用户来定义。卷积核的大小，即定义的感受视野的大小也由用户来定义。卷积核的权重矩阵的值，就是卷积神经网络的参数。为了有一个偏移项，卷积核可附带一个偏移项 b，它的初值可以随机来生成，并且通过训练进行变化。

感受视野对上一层扫描时，可以计算出下一层对应神经元的值为

$$f(x) = b + \sum_{i=0}^{4}\sum_{j=0}^{4} w_{ij}\,x_{ij} \tag{7-1}$$

对下一层的所有神经元来说，它们从不同的位置去探测了上一层神经元的特征。图7-4是一个神经元的卷积实例。将通过一个带有卷积核的感受视野扫描生成的下一层神经元矩阵称为一个特征图（Feature Map）。在同一个特征图上的神经元使用的卷积核是相同的，因此这些神经元共享权值，即共享卷积核中的权值和附带的偏移。一个特征图对应一个卷积核。若使用3个不同的卷积核，则可以输出3个特征图（见图7-5）。假设每一张特征图的感受视野为5×5，步长为1，则在CNN的这个卷积层，需要训练的参数大大地减少到78=3×(5×5+1)。

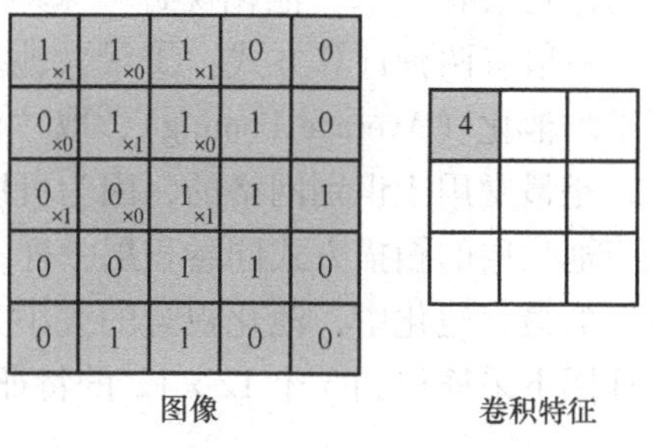

图7-4 卷积实例

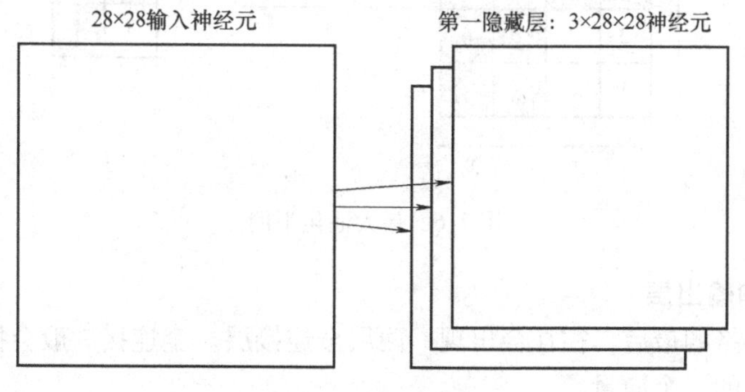

图7-5 特征图

3. 激励层

激励层主要是对卷积层的输出进行一个非线性映射，因为卷积层的计算还是一种线性计算。卷积层和激励层通常合并在一起称为“卷积层”，使用的激励函数一般为修正线性单元(Rectified Linear Unit，ReLU) 函数：

$$f(x) = \max(x,0) \tag{7-2}$$

ReLU激活函数是过去几年里最常使用的激活函数，有很多非线性激活函数所不具有的优势和特点：①ReLU函数能极大地增加随机梯度下降算法的收敛速度，相对于sigmoid和tanh函数，ReLU对于神经网络里的梯度不会产生过饱和现象；②相比于sigmoid和tanh函数的复杂计算量，ReLU仅仅通过一个阈值为0的矩阵即可实现。

但是ReLU也有弊端，会产生一个神经元“死亡”的现象。当一个超大的梯度经过ReLU激活函数的神经元时，会导致这个神经元再也不会被激活。如果这个现象发生，在后面的优化过程里，该神经元的输出值一直会为0。在有些神经网络中甚至会导致40%的神经元都“死亡”，这通常是由于学习速率设置得太大导致的，减小学习率能有效避免这一问题。

4. 池化层

当输入经过卷积层时，如果感受视野比较小，步长也比较小，得到的特征图还是比较大

的。对于一副图像，相邻的图像区域具有很大的相关性，这是由于图像有“静态性”的特殊属性。所以引入了池化，将相邻位置的特征进行聚合，然后对一个整合的特征进行表达。池化在不丢失表达特征的情况下，有效地实现降尺寸。

池化层有一个“池化视野”来对卷积层进行扫描，对“池化视野”中的矩阵值进行计算，一般有两种计算方式：①最大池化（Max Pooling），取“池化视野”矩阵中的最大值；②平均池化（Average Pooling），取“池化视野”矩阵中的平均值。常用的池化层是最大池化，是最常用于识别网络的，因为可以提取出最能代表一个区域的特征（见图 7-6）。

池化层的扫描方式同卷积层一样，先从左到右扫描，结束则向下移动步长大小。图 7-6 所示的最大池化中，池化视野的大小为 2×2，步长为 2。这个池化操作可将 3 个 24×24 的特征图下采样得到 3 个 12×12 的特征矩阵，总体减少了 3/4 的特征值个数。

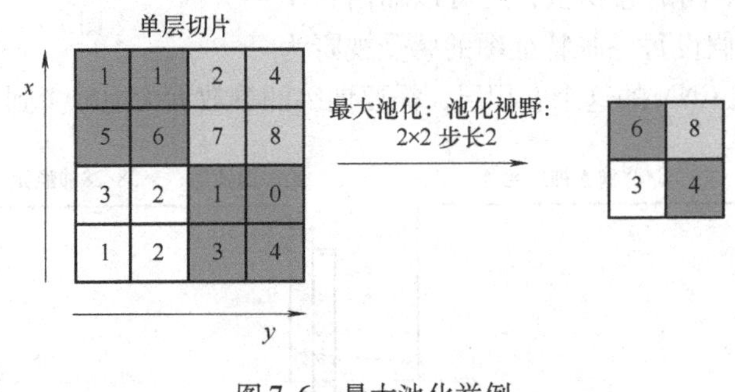

图 7-6　最大池化举例

5. 全连接层和输出层

在卷积神经网络的最后，往往会出现一两层全连接层。全连接一般会把卷积输出的二维特征图转化成一维的一个向量。

图 7-7 是全连接的一个实例。最后的两列小圆球就是两个全连接层，在最后一层卷积结束后，进行了最后一次池化，输出了 20 个 12×12 的图像，然后通过了一个全连接层变成了 1×100 的向量。这是怎么做到的呢？其实就是通过 20×100 个 12×12 的卷积核卷积出来的。对于输入的每一张图，用了一个和图像一样大小的核卷积，这样整幅图就变成了一个数了。如果输入图像的深度是 20，就是那 20 个核卷积完了之后相加求和。这样就能把一张图浓缩成一个数了。

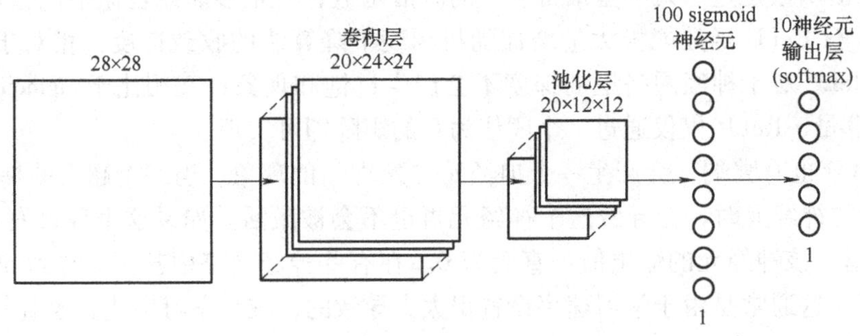

图 7-7　全连接层

全连接层的目的是什么呢？因为传统网络的输出都是分类，也就是几个类别的概率甚至就是一个数（类别号），那么全连接层就是高度抽象的特征了，以便进行最后的分类器或者回归。与一般的神经网络中的连接形式类似，全连接层中的神经元和上一层的输出是全连接状态的，一般用于识别网络中的最后几层，而且全连接层的上一层一般是尺度极小的特征图或者是一维向量，因为过大的特征图会引入过多参数导致模型变得极难训练和优化。例如，图 7-7 里就有 $20\times12\times12\times100$ 个参数。

所以现在的趋势是尽量避免全连接，目前主流的一个方法是全局平均值，即最后那一层的特征图（最后一层卷积的输出结果）直接求平均值。

7.2.2 典型的卷积神经网络

目前图像领域广泛应用的卷积神经网络模型几乎都是在 ImageNet 数据集上预训练过的，并且是在 ImageNet 上取得非常好效果的模型，甚至在 ImageNet 上取得冠军，一般都拥有极强的特征提取和泛化能力。这些网络一般是特定图像任务的一部分，主要是完成特征提取的工作。ImageNet 里有 1400 多万图片，类别多达两万以上，所以使用该数据集训练的模型一般都覆盖了所有自然图像的特征。

1. LeNet

第一个真正意义上的卷积神经网络由 LeCun 在 1989 年提出[2]，后来进行了改进，它用于手写字符的识别，是当前各种深度卷积神经网络的鼻祖。本章参考文献［3］的网络即为 LeNet-5 网络，这是第一个广为流传的卷积网络，LeNet-5 的结构如图 7-8 所示。

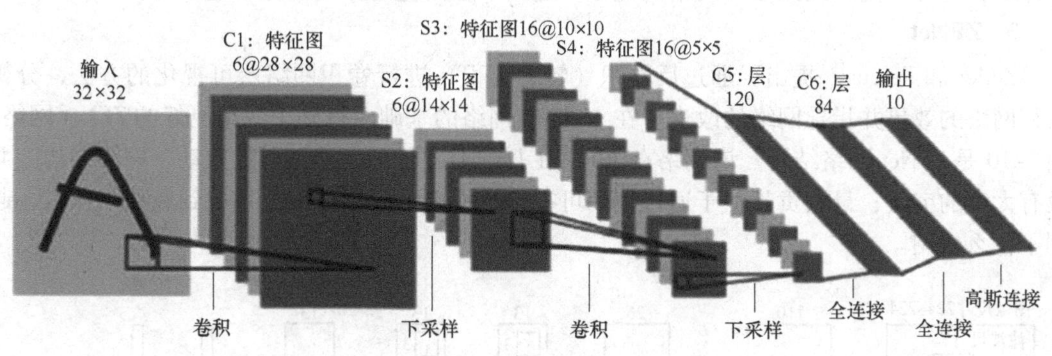

图 7-8 LeNet-5 的结构

早期的卷积网络用于人脸检测[4]、人脸识别[5]、字符识别[6]等各种问题，但并没有成为主流的方法。其原因主要是梯度消失问题、训练样本数的限制、计算能力的限制三方面因素。梯度消失的问题在之前就已经被发现，对于深层神经网络难以训练的问题，本章参考文献［7］进行了分析，但给出的解决方法没有成为主流。

2. AlexNet

现代意义上的深度卷积神经网络起源于 AlexNet 网络[8]，它是深度卷积神经网络的鼻祖。AlexNet 网络与之前的卷积网络相比，最显著的特点是层次加深，参数规模变大。其网络结构如图 7-9 所示。

AlexNet 网络有 5 个卷积层。它们中的一部分后面接着最大池化层进行下采样，然后是

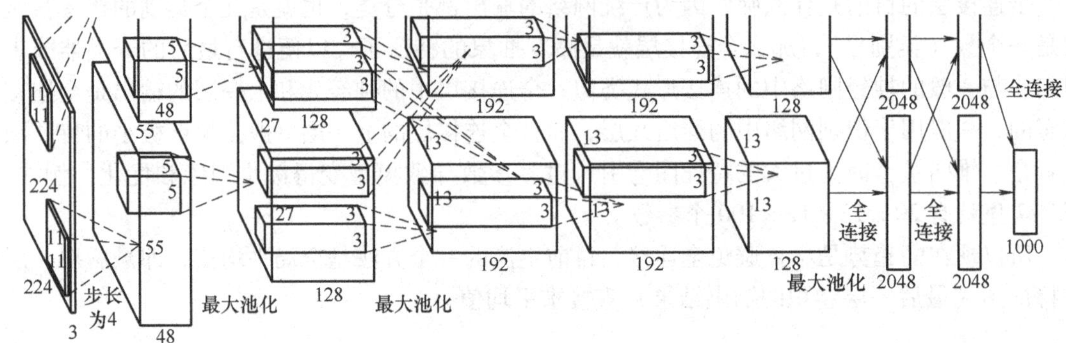

图 7-9 AlexNet 网络结构

3 个全连接层。最后一层是 softmax 输出层，共有 1000 个结点，对应 ImageNet 图集中 1000 个图像分类。网络中部分卷积层分成 2 个 group 进行独立计算，有利于 GPU 并行化以及降低计算量。

AlexNet 网络有两个主要的创新点：①新的激活函数 ReLU；②dropout 机制[8]。ReLU 函数和它的导数计算简单，在正向传播和反向传播时都减少了计算量。由于在正数时函数的导数值为 1，可以在一定程度上解决梯度消失问题，训练时有更快的收敛速度。当负数时函数值为 0，这使一些神经元的输出值为 0，从而让网络变得更稀疏，起到了类似 L1 正则化的作用，也可以在一定程度上缓解过拟合。dropout 机制是在训练时随机地选择一部分神经元进行休眠，另外一些神经元参与网络的优化，起到了正则化的作用以减轻过拟合。

3. ZFNet

Zeiler 和 Fergus[9] 提出了通过反卷积（转置卷积）进行卷积网络层可视化的方法，分析卷积网络的效果并指导网络的改进，在 AlexNet 网络的基础上得到了效果更好的 ZFNet 网络。图 7-10 是 ZFNet 网络结构。该网络在 AlexNet 基础上进行了一些细节的改动，网络结构上并没有太大的突破，最大贡献在于通过使用可视化技术揭示了神经网络各层到底在干什么，起到了什么作用。

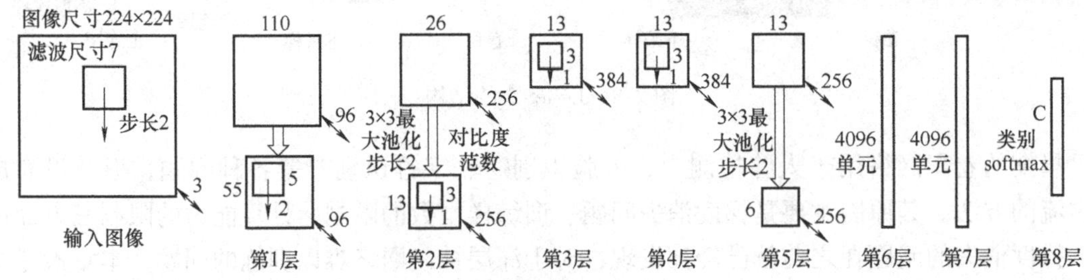

图 7-10 ZFNet 网络结构

如果不知道神经网络为什么取得了如此好的效果，那么只能靠不停的实验来寻找更好的模型。使用一个多层的反卷积网络来可视化训练过程中特征的演化及发现潜在的问题，同时根据遮挡图像局部对分类结果的影响来探讨对分类任务而言到底哪部分输入信息更重要。图 7-11为典型反卷积网络示意图。

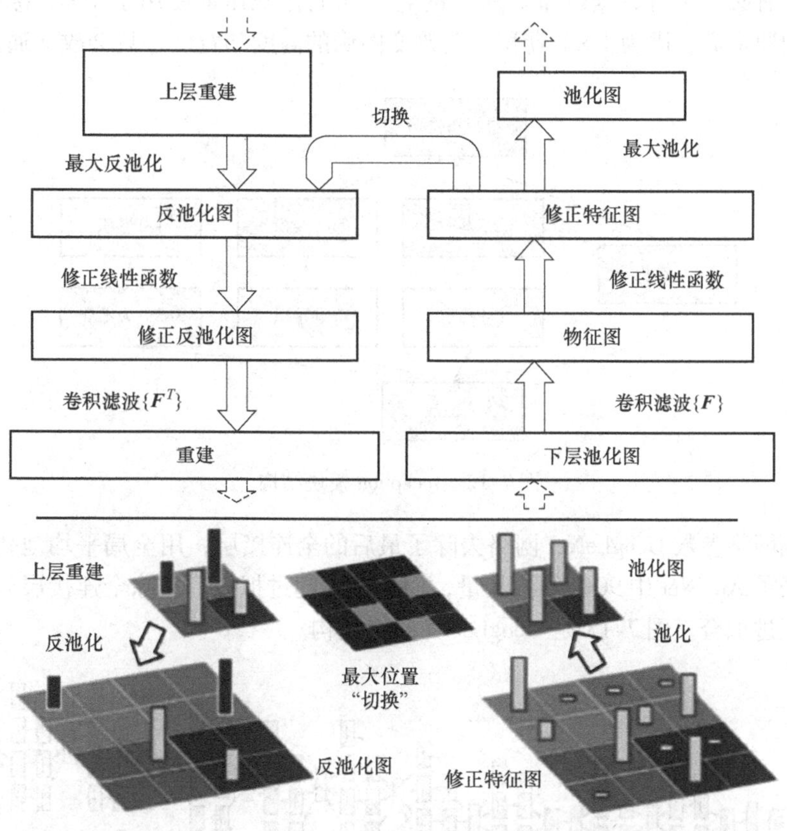

图 7-11 典型反卷积网络示意图

4. GoogLeNet

在 AlexNet 出现之后，针对图像类任务出现了大量改进的网络结构，总体来说改进的思路主要是增大网络的规模，包括深度和宽度。但是直接增大网络的规模将面临两个问题：首先，网络参数增加之后更容易出现过拟合，在训练样本有限的情况下这一问题更为突出；另一个问题是计算量的增加。

Christian Szegedy[10] 在 2014 年提出了一种称为 GoogLeNet 的网络结构（Inception-V1），致力于解决上面两个问题。GoogLeNet 的主要创新是 Inception 机制，即对图像进行多尺度处理。这种机制带来的一个好处是大幅度减少了模型的参数数量，其做法是将多个不同尺度的卷积核、池化层进行整合，形成一个 Inception 模块。典型的 Inception 模块结构如图 7-12 所示。

图 7-12 所示的 Inception 模块由三组卷积核以及一个池化单元组成。它们共同接受来自前一层的输入图像，有三种尺寸的卷积核，以及一个最大池化操作，它们并行地对输入图像进行处理，然后将输出结果按照通道拼接起来。因为卷积操作接受的输入图像大小相等，而且卷积进行了 padding 操作，因此输出图像的大小也相同，可以直接按照通道进行拼接。从理论上看，Inception 模块的目标是用尺寸更小的矩阵来替代大尺寸的稀疏矩阵，即用一系列小的卷积核来替代大的卷积核，而保证二者有近似的性能。

图 7-12 的卷积操作中，如果输入图像的通道数太多，则运算量太大，而且卷积核的参

数太多，因此有必要进行数据降维。所有的卷积和池化操作都使用了 1 ×1 卷积进行降维，即降低图像的通道数。因为 1 ×1 卷积不会改变图像的高度和宽度，只会改变通道数。

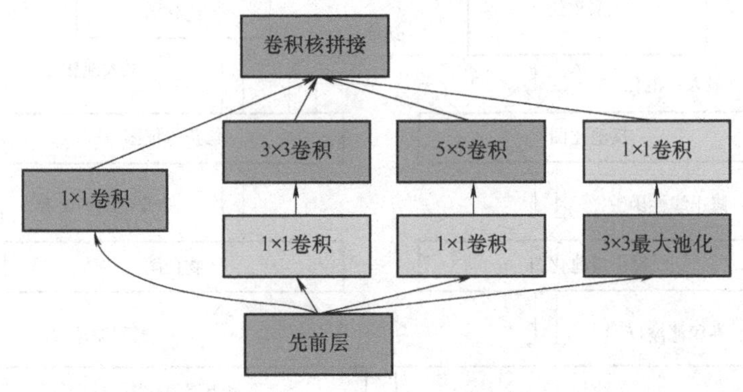

图 7-12　Inception 模块结构

为了降低网络参数 GoogLeNet 网络去除了最后的全连接层，用全局平均池化替代。全连接层几乎占据了 AlexNet 中 90% 的参数量，而且会引起过拟合。去除全连接层后模型训练更快并且减轻了过拟合。图 7-13 是 GoogLeNet 网络结构。

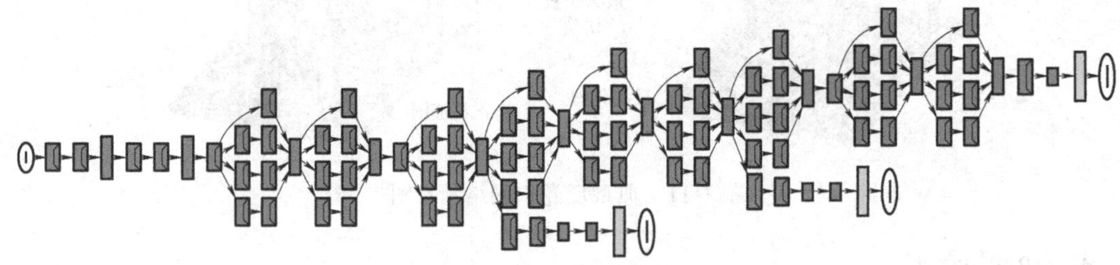

图 7-13　GoogLeNet 网络结构

7.3　循环神经网络

在日常生活中有许多这样的情况，当顺序被打乱时，它们会被完全打乱。对于语言，单词的顺序会影响它们的意义。对于时间序列，时间定义了事件的发生。对于这样的情况，序列的信息决定了事件本身，因此需要一个能够访问关于数据先前知识的神经网络，以便完全表示整个事件，由此引入循环神经网络（Recurrent Neural Network，RNN）。循环神经网络又叫作时间递归神经网络，网络的神经元间连接构成矩阵。还有一种结构递归神经网络，利用相似的神经网络结构递归构造更为复杂的深度网络。这两种递归神经网络（Recursive Neural Network）和以卷积神经网络为代表的前馈神经网络（Feedforward Neural Network）不同，网络结构中包括循环结构，而前馈神经网络的结构中没有循环结构。

7.3.1　循环神经网络的结构

序列数据不适合使用原先的前向神经网络处理。为了对序列问题进行建模，RNN 引入了隐状态（Hidden State）的概念，利用隐状态可以对序列数据提取特征，然后再转换为输出。如图 7-14 所示，隐状态结点（如 h_1）的计算需要利用前一个隐状态结点（h_0）和输入结点（x_1）。以此类推，图 7-14 中只画出了序列长度为 4 的情况，实际上这个计算过程可以无限地持续下去，输出结点（如 y_1）的计算需要利用当前的隐状态结点（h_1）。

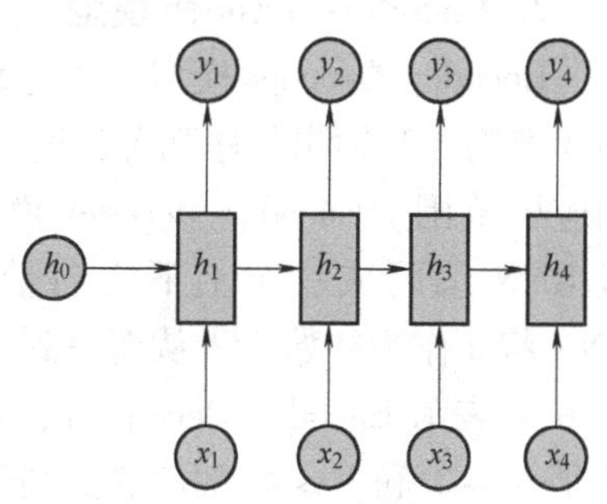

图 7-14　RNN 经典结构

在标准的 RNN 结构中，随着序列的推进，前面的隐状态将会影响到后面的隐状态，但是每一个输入值都仅与自己本身的隐状态神经元相关，而与其他的输入无关。例如：x_1，x_2，x_3…为各个隐状态的输入，h_1，h_2，h_3，…为各个隐状态，w、v 为权重，b 为偏置，则

$$h_1 = f(Ux_1 + Wh_0 + b) \tag{7-3}$$

$$h_2 = f(Ux_2 + Wh_1 + b) \tag{7-4}$$

……

$$y_1 = \text{softmax}(Vh_1 + c) \tag{7-5}$$

$$y_2 = \text{softmax}(Vh_2 + c) \tag{7-6}$$

……

在经典结构的 RNN 中，输入序列和输出序列是等长的，因此有一定的局限性，但也有一定的应用，比如计算视频中每一帧的分类标签。

1. *N* vs 1 和 1 vs *N*

有的时候，要处理的问题中输入是一个序列，输出是一个单独的值，可以使用 *N* vs 1 结构的 RNN（见图 7-15）。这种 RNN 结构通常用来处理序列分类的问题，比如输入一段文字判别它所属的类别，或者输入一个句子判断其情感倾向，或者输入一段视频判断它的类别等。

如果要处理的问题中输入是一个值，输出是一个序列，可以使用 1 vs *N* 结构的 RNN。图 7-16 所示的神经网络将输入信息作为每个阶段的输入。图 7-17 所示的神经网络只在序列开始进行输入计算。1 vs *N* 的网络结构可以处理图像生成文字或者类别生成语音或音乐等问题。

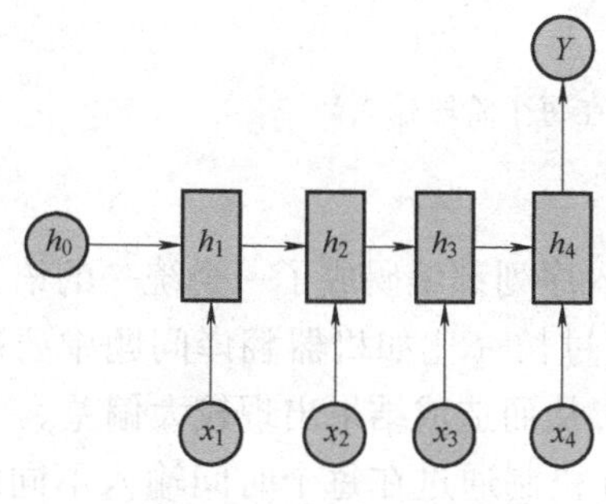

图 7-15　*N* vs 1 RNN

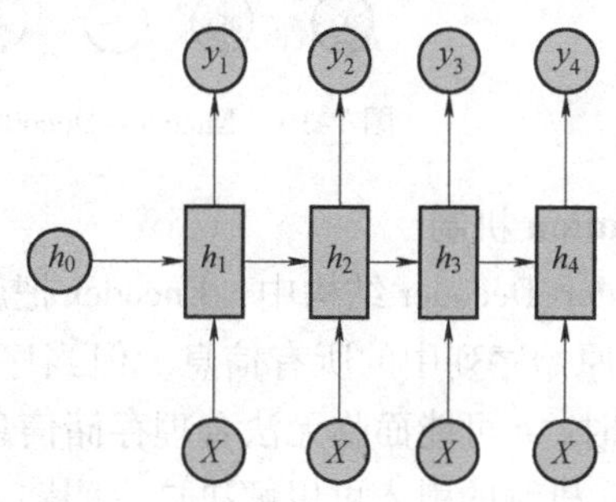

图 7-16　1 vs *N* RNN（每个阶段输入）

2. Encoder-Decoder 模型

Encoder-Decoder 模型又称为 Seq2Seq 模型。它并不要求输入和输出的序列等长度，因此有着非常广泛的应用范围。Encoder-Decoder 模型先将输入数据通过 RNN 编码成一个上下文向量 $\boldsymbol{c}$，随后用另一个 RNN 将 $\boldsymbol{c}$ 作为初始输入从而得到结果序列。如果用 N vs M 来表示 Encoder-Decoder 模型，则该模型可以看作是 N vs 1 和 1 vs M 的串联。图 7-18 和图 7-19 分别表示两种不同的 Encoder-Decoder 模型。Encoder-Decoder 模型可以用于机器翻译、文本摘要、语音识别和阅读理解等问题。

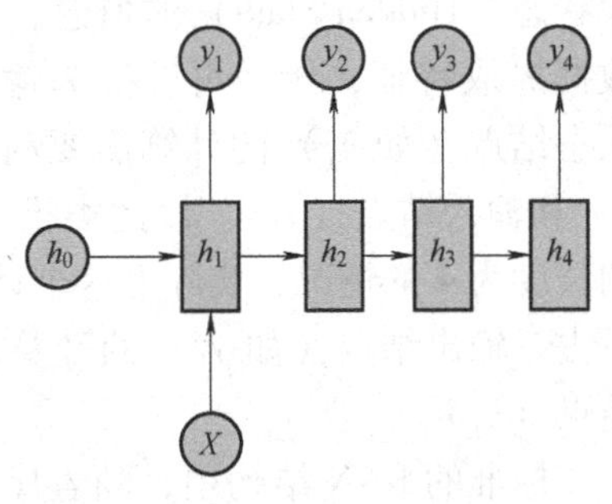

图 7-17　1 vs N RNN（仅第一阶段输入）

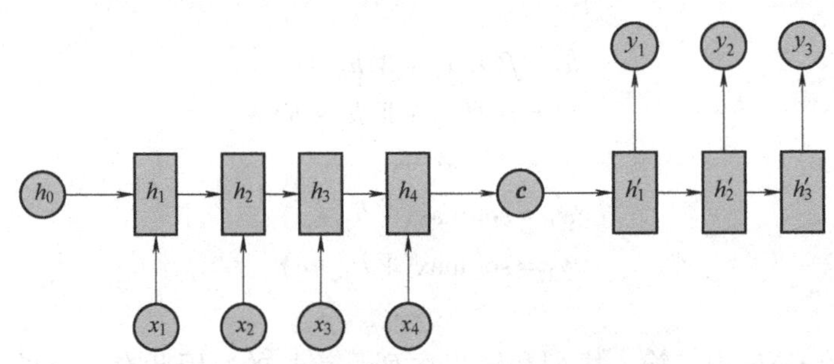

图 7-18　Encoder-Decoder 模型（$\boldsymbol{c}$ 仅在第一阶段输入）

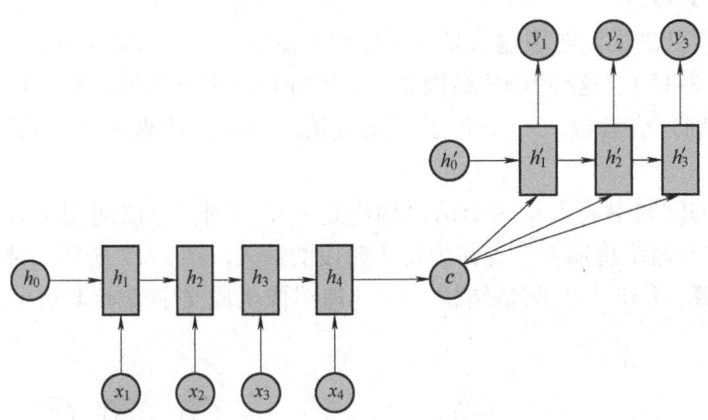

图 7-19　Encoder-Decoder 模型（$\boldsymbol{c}$ 在每个阶段输入）

3. Attention 机制

在 Encoder-Decoder 结构中，Encoder 把所有的输入序列都编码成了一个统一的语义特征 $\boldsymbol{c}$，$\boldsymbol{c}$ 包含了原始序列中的所有信息。但当序列的长度过长（比如机器翻译问题中要翻译的句子较长）时，$\boldsymbol{c}$ 可能面临无法合理存储信息的问题，从而造成结果出现较大偏差。

Attention 机制的引入可以解决这一问题。Attention 机制通过在每个时间输入不同的 $\boldsymbol{c}$ 来解决这个问题。引入 Attention 机制后，每一个 $\boldsymbol{c}$ 都会自动去选取与当前所要输出的 y 最合适的上下文信息，相当于对所有信息进行了重要性的加权。图 7-20 是引入 Attention 机制的 RNN Decoder 的一个例子。

可以用a_{ij}衡量 Encoder 第j阶段的h_j和 Decoder 第i阶段的相关性，最终 Decoder 中第i阶段输入的上下文信息c_i就来自于所有h_j对a_{ij}的加权和。a_{ij}的计算可以通过对模型的学习得到，它和 Decoder 第i-1 阶段的隐状态、Encoder 第j阶段的隐状态有关。图 7-21 给出了a_{1j}的计算方法。

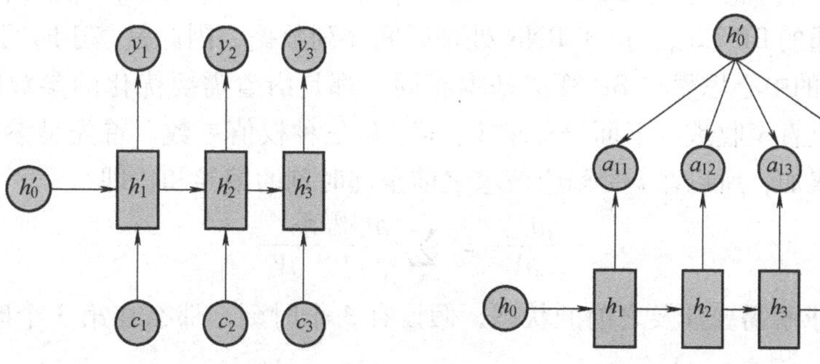

图 7-20 引入 Attention 机制的 RNN Decoder　　图 7-21 a_{1j}的计算

7.3.2 RNN 的前向传播与反向传播

1. RNN 的前向传播

下面介绍标准 RNN 的前向传播过程。在图 7-22 中，x 为输入神经元，h 为隐层单元，o 为输出单元，L 为损失函数，y 为训练集的标签，t 为序列的时间顺序，V、W、U 为权值。由于 RNN 是权值共享的网络，因此同一类型的连接权值相同。

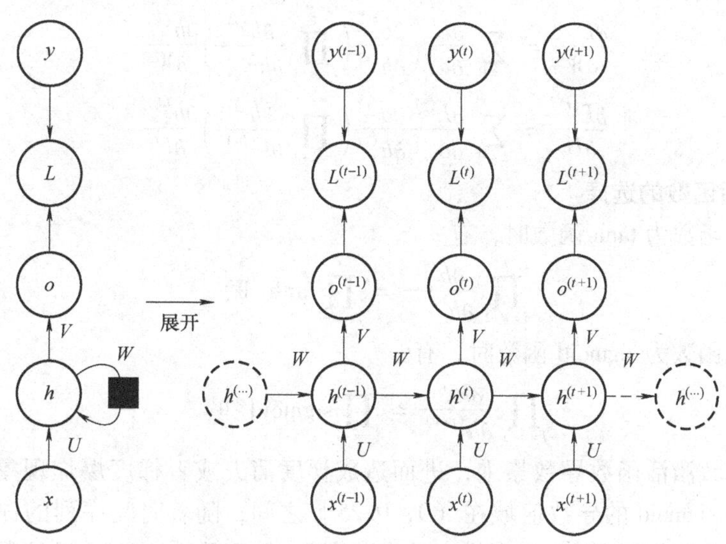

图 7-22 RNN 结构示意图

前向传播的算法十分简单，在t时刻的隐层神经元有

$$h^{(t)} = \phi(Ux^{(t)} + Wh^{(t-1)} + b) \tag{7-7}$$

式中，$\phi(\cdot)$ 为激活函数，可以选择 tanh 函数等；b 为偏置。在 t 时刻的输出为

$$o^{(t)} = Vh^{(t)} + c \tag{7-8}$$

式中，c 为偏置。最终模型的预测输出为

$$\hat{y}^{(t)} = \sigma(o^{(t)}) \tag{7-9}$$

式中，$\sigma(\cdot)$ 为激活函数。在分类问题中，通常使用 softmax 函数作为最终的激活函数。

2. RNN 的反向传播

RNN 的反向传播算法是 BPTT（Back-Propagation Through Time，随时间反向传播）算法，相比于普通的 BP 算法，由于 RNN 处理时间序列数据，因此是基于时间的反向传播。除此之外，BPTT 的中心思想与 BP 算法基本相同，都是沿着需要优化的参数的负梯度方向不断寻找更优的点直至收敛。下面分别求 V、W、U 三种权值参数。首先是参数 V，由于 RNN 的损失随时间累加，所以在 t 时刻应该求之前全部时刻的偏导和，即

$$\frac{\partial L^{(t)}}{\partial V} = \sum_{t=1}^{n} \frac{\partial L^{(t)}}{\partial o^{(t)}} \frac{\partial o^{(t)}}{\partial V} \tag{7-10}$$

W 和 U 的求解需要涉及之前的状态，假设有 3 个时刻，那么在第 3 个时刻 L 对 W 的偏导数为

$$\frac{\partial L^{(3)}}{\partial W} = \frac{\partial L^{(3)}}{\partial o^{(3)}}\frac{\partial o^{(3)}}{\partial h^{(3)}}\frac{\partial h^{(3)}}{\partial W} + \frac{\partial L^{(3)}}{\partial o^{(3)}}\frac{\partial o^{(3)}}{\partial h^{(3)}}\frac{\partial h^{(3)}}{\partial h^{(2)}}\frac{\partial h^{(2)}}{\partial W} + \frac{\partial L^{(3)}}{\partial o^{(3)}}\frac{\partial o^{(3)}}{\partial h^{(3)}}\frac{\partial h^{(3)}}{\partial h^{(2)}}\frac{\partial h^{(2)}}{\partial h^{(1)}}\frac{\partial h^{(1)}}{\partial W} \tag{7-11}$$

相应地，第 3 个时刻 L 对 U 的偏导数为

$$\frac{\partial L^{(3)}}{\partial U} = \frac{\partial L^{(3)}}{\partial o^{(3)}}\frac{\partial o^{(3)}}{\partial h^{(3)}}\frac{\partial h^{(3)}}{\partial U} + \frac{\partial L^{(3)}}{\partial o^{(3)}}\frac{\partial o^{(3)}}{\partial h^{(3)}}\frac{\partial h^{(3)}}{\partial h^{(2)}}\frac{\partial h^{(2)}}{\partial U} + \frac{\partial L^{(3)}}{\partial o^{(3)}}\frac{\partial o^{(3)}}{\partial h^{(3)}}\frac{\partial h^{(3)}}{\partial h^{(2)}}\frac{\partial h^{(2)}}{\partial h^{(1)}}\frac{\partial h^{(1)}}{\partial U} \tag{7-12}$$

可以观察到，在某个时刻 L 对 W 或 U 的偏导数需要追溯到这个时刻之前所有时刻的信息，那么整个损失函数对 W 和 U 的偏导数将非常繁琐，整理规律可以得出 L 在 t 时刻对 W 和 U 偏导数的通式：

$$\frac{\partial L^{(t)}}{\partial W} = \sum_{k=0}^{t} \frac{\partial L^{(t)}}{\partial o^{(t)}}\frac{\partial o^{(t)}}{\partial h^{(t)}}\left(\prod_{j=k+1}^{t}\frac{\partial h^{(j)}}{\partial h^{(j-1)}}\right)\frac{\partial h^{(k)}}{\partial W} \tag{7-13}$$

$$\frac{\partial L^{(t)}}{\partial U} = \sum_{k=0}^{t} \frac{\partial L^{(t)}}{\partial o^{(t)}}\frac{\partial o^{(t)}}{\partial h^{(t)}}\left(\prod_{j=k+1}^{t}\frac{\partial h^{(j)}}{\partial h^{(j-1)}}\right)\frac{\partial h^{(k)}}{\partial U} \tag{7-14}$$

3. 隐层激活函数的选择

当隐层激活函数为 tanh 函数时，有

$$\prod_{j=k+1}^{t}\frac{\partial h^{(j)}}{\partial h^{(j-1)}} = \prod_{j=k+1}^{t} \tanh' W_s \tag{7-15}$$

当隐层激活函数为 sigmoid 函数时，有

$$\prod_{j=k+1}^{t}\frac{\partial h^{(j)}}{\partial h^{(j-1)}} = \prod_{j=k+1}^{t} \text{sigmoid}' W_s \tag{7-16}$$

累乘项会导致激活函数导数累乘，进而造成梯度消失或者梯度爆炸现象。例如，选取 sigmoid 函数时，sigmoid 的导数值域在（0，0.25］之间，随着时间序列的深入，累乘会导致梯度逐渐减小甚至接近于0，出现梯度消失。图 7-23 显示的是 sigmoid 函数与其导数。若以 tanh 作为激活函数，由于 tanh 的导数值域在（0，1］之间，因此也会导致梯度消失，但是相对于 sigmoid 函数而言，tanh 引起梯度消失更慢，因此比 sigmoid 更为常用。

解决梯度消失问题的方法之一是选取更好的激活函数，比如当选用 ReLU 函数作为激活

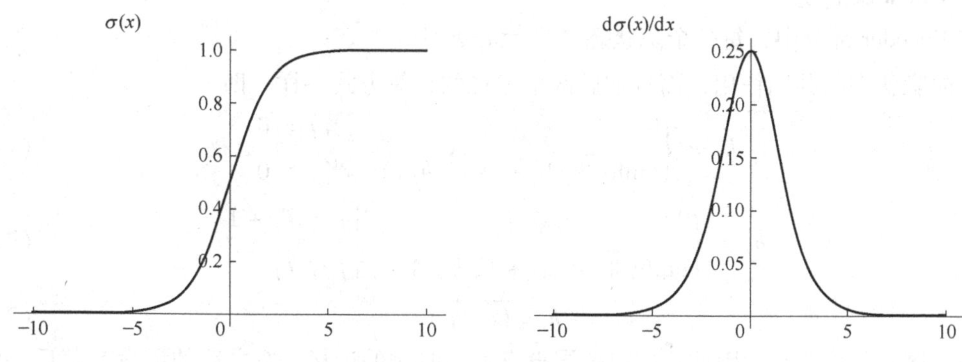

图 7-23 sigmoid 函数与其导数

函数时，由于 ReLU 函数左侧导数恒为 0，右侧导数恒为 1，在累乘的过程中将有效避免梯度消失的问题。图 7-24 显示的是 ReLU 函数与其导数。但是需要指出的是，恒为 1 的导数容易导致梯度爆炸，因此要求设置合适的阈值；而恒为 0 的导数有可能导致神经元“死亡”，因此要求设置合适的步长。

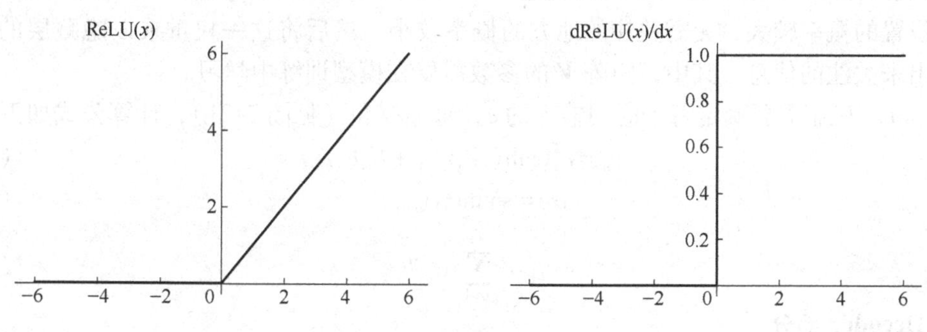

图 7-24 ReLU 函数与其导数

7.3.3 RNN 的应用

在一些问题中，当前的输出不止依赖于之前的序列元素，还可能依赖之后的序列元素，因此引入双向 RNN 来刻画当前输出与前后输出之间的关系。双向 RNN 的结构示意图如图 7-25 所示。

双向 RNN 中神经元的计算如下：

$$\overrightarrow{h}^t = f(\overrightarrow{W}x^t + \overrightarrow{V}\overrightarrow{h}^{t-1} + \overrightarrow{b}) \qquad (7\text{-}17)$$

$$\overleftarrow{h}^t = f(\overleftarrow{W}x^t + \overleftarrow{V}\overleftarrow{h}^{t+1} + \overleftarrow{b}) \qquad (7\text{-}18)$$

$$y^t = g(U[\overrightarrow{h}^t; \overleftarrow{h}^t] + c) \qquad (7\text{-}19)$$

双向 RNN 翻译系统利用双向 RNN 来捕获前后两侧的信息，并添加 Attention 机制，用以关注当前正在翻译的词语。下面将分别从 Encoder、Attention 和 Decoder 三个部分来展开说明。

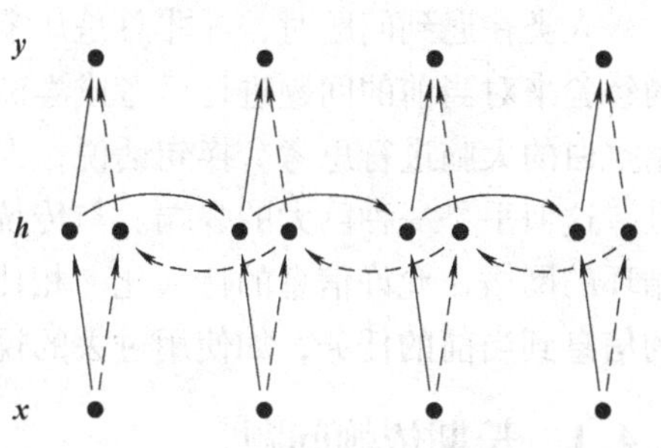

图 7-25 双向 RNN 的结构示意图

1. Encoder 部分

在 Encoder 部分中，每一个隐状态神经元h_j受到两个方向隐状态的共同作用，而且前后两个记忆的计算方式一样，即

$$\overrightarrow{h}_j = \begin{cases} 0 & \text{当} j = 0 \\ \tanh(\overrightarrow{W}_x E_x x_j + \overrightarrow{U}_x h_{j-1}) & \text{当} j > 0 \end{cases} \tag{7-20}$$

$$\overleftarrow{h}_j = \begin{cases} 0 & \text{当} j = T_x + 1 \\ \tanh(\overleftarrow{W}_x E_x x_j + \overleftarrow{U}_x h_{j+1}) & \text{当} j \leqslant T_x \end{cases} \tag{7-21}$$

$$h_j = (\overrightarrow{h}_j, \overleftarrow{h}_j) \tag{7-22}$$

由于序列长度为T_x，因此T_0之前的词没有前一时刻的记忆，T_x之后的词没有其后一时刻的记忆，所以用分段函数刻画。前向隐状态神经元的计算方法是当前时刻的输入x_j乘以权重W与上一时刻的记忆h_{j-1}乘以权重U的和；后向隐状态神经元的计算方法是当前时刻的输入x_j乘以权重W与下一时刻的记忆h_{j+1}乘以权重U的和。注意两个不同方向的权重W、U是不同的。

2. Attention 部分

将注意力矩阵 $\boldsymbol{V}$ 乘以 tanh 函数再放进一个 softmax 函数中，转化为一个概率向量。需要关注的位置的概率较大，无需关注的地方的概率较小。然后将这一权重乘以隐藏层的记忆，就体现出来关注的信息。其中，矩阵 $\boldsymbol{V}$ 的参数需要在模型训练中学习。

Attention 机制需要确定每个时间输入的 c，每加权和（见图 7-21），计算公式如下：

$$e_{ij} = v_a^T \tanh(W_a s_{i-1} + U_a h_j) \tag{7-23}$$

$$\alpha_{ij} = \text{softmax}(e_{ij}) \tag{7-24}$$

$$c_i = \sum_{j=1}^{T_x} \alpha_{ij} h_j \tag{7-25}$$

3. Decoder 部分

Decoder 过程是一个单向的 RNN。它有 3 个输入，首先是前一时刻的输出词作为这一时刻的输入，其次是前一时刻的记忆，最后是注意力矩阵。最终输出为选择后经由 softmax 函数输出的概率向量。

7.4 长短期记忆网络

人类在遇到问题时，并非总是从零开始。相反，大多数时候人们都是基于自己已经拥有的经验来对当前的问题进行思考或尝试做出解答。人们不会将所有的东西都全部丢弃，然后用空白的大脑进行思考。换句话说，人类的思想拥有持久性。传统的神经网络并不能做到这点，这似乎是一种巨大的弊端。与传统神经网络不同的是，循环神经网络（RNN）是包含循环的网络，允许信息的持久化。相比前馈网络，RNN 的优点之一就是可以用来连接先前的信息到当前的任务，如使用过去的视频段来推测对当前段的理解。

7.4.1 长期依赖问题

RNN 在处理长期依赖（Long-term Dependencies）时会遇到巨大的困难。RNN 的长期依

赖问题是指时间序列上距离较远的结点，尤其是相关信息与待预测位置的间隔相当大时。有时，仅仅需要知道先前的信息来执行当前的任务。例如，有一个语言模型用来基于先前的词预测下一个词。如果试着预测“the fish are in the water”最后的词，并不需要任何其他的上下文，因为下一个词很显然就应该是 water。在这样的场景中，相关的信息和预测的词位置之间的间隔是非常小的，RNN 可以学会使用先前的信息。例如，在图 7-26 中，待预测的位置h_3与相关信息x_0和x_1的间隔只有 2 和 1。

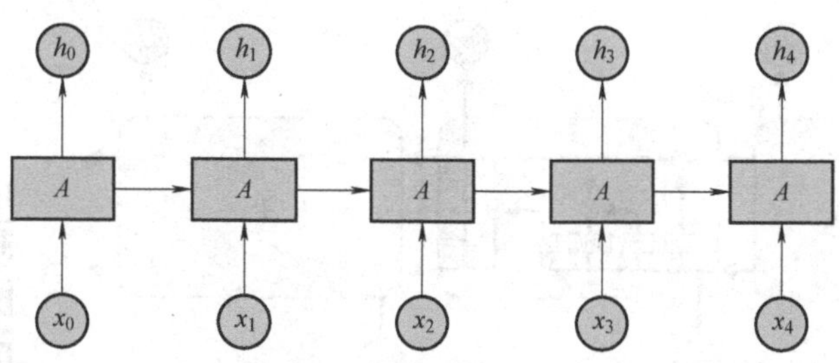

图 7-26　较短的相关信息和待预测位置间隔

但是在一些比较复杂的场景，如预测“I grew up in China... I speak fluent Chinese”这一句子中最后的词。当前的信息建议下一个词可能是一种语言的名字，但是需要从离当前位置很远的 China 的上下文获取语言名称的信息。这说明相关信息和当前预测位置之间的间隔在某些复杂的场景中有可能相当大。例如，在图 7-27 中，待预测的位置h_{t+1}与相关信息x_0和x_1的间隔是 $t+1$ 和 t，就会与 t 的大小有关，若 t 很大，间隔就会很大。

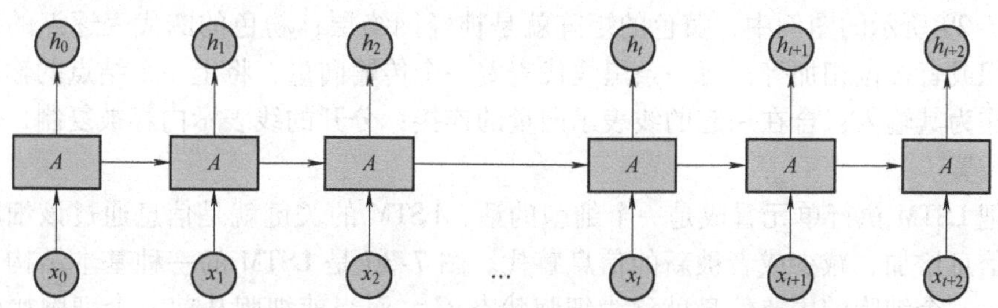

图 7-27　较长的相关信息和待预测位置间隔

当发生这种相关信息和当前预测位置之间间隔较大的复杂情形时，RNN 的表现并不如人意。由于在计算距离较远的结点之间的联系时会涉及雅可比矩阵的多次相乘，会带来梯度消失（经常发生）或者梯度膨胀（较少发生）的问题，从而造成性能的下降。随着这个间隔不断增大，RNN 关于连接如此远的信息的学习能力也会减弱。

长短期记忆（Long Short-Term Memory，LSTM）网络是一种特殊的 RNN，由 Hochreiter 和 Schmidhuber 于 1997 年提出[11]。近期 Alex Graves 对 LSTM 进行了改良和推广。LSTM 用来解决长期依赖问题，记住长时间段的信息是其优点。由于独特的设计结构，LSTM 适合于处理和预测时间序列中间隔和延迟非常长的重要事件。在很多问题上，LSTM 都取得了相当巨大的成功，并得到了广泛的应用。

7.4.2 LSTM 结构

LSTM 的结构如图 7-28 所示。LSTM 的执行单元可以看成是一个类似细胞的结构。LSTM 的巧妙之处在于在细胞中增加输入门、遗忘门和输出门等，使得 LSTM 自循环的权重是变化的，来去除或者增加信息到细胞状态的能力。这样一来在模型参数固定的情况下，不同时刻的积分尺度可以动态改变，从而避免了梯度消失或者梯度膨胀的问题。

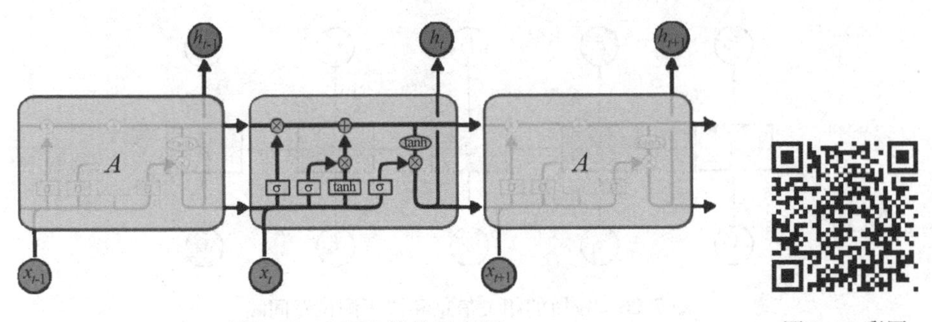

图 7-28 LSTM 结构示意图

图 7-28 彩图

图 7-28 中各种元素图标的意义如图 7-29 所示。

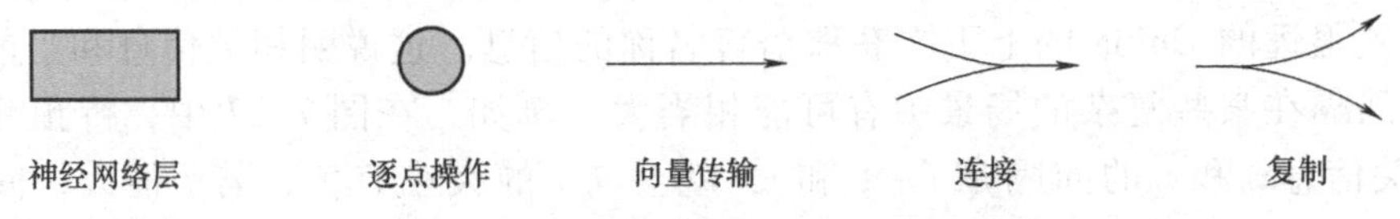

图 7-29 LSTM 结构图（图 7-28）中的图标

在图 7-29 所示的图例中，黄色的矩阵就是神经网络层；粉色的圈代表逐点的操作，诸如按位乘积或者按位相加等；每一条黑线代表着一个传输向量，将上一个结点的输出传输到其他结点作为其输入；合在一起的线表示向量的连接；分开的线表示内容被复制，然后分配到不同的位置。

如果把 LSTM 执行单元看成是一个细胞的话，LSTM 的关键就是信息通过该细胞后发生的变化：信息增加、减少或者被新的信息替代。图 7-30 是 LSTM 的一种基本结构，当前细胞输出给后一个细胞的主要信息就称为细胞状态 C_t，而当前细胞从前一个细胞接受的主要信息就是前一个细胞的细胞状态 C_{t-1}。在图 7-30 中，信息直接在上方主要水平通道贯穿运行，因此信息在上面流传保持不变，也就是C_{t-1}经过该细胞没有发生变化，和C_t相同。但是这种简单的结构并不能在信息通过该细胞单元时添加或者删除信息。

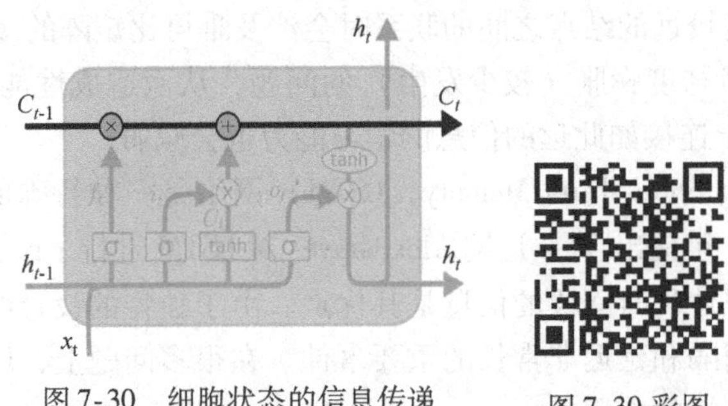

图 7-30 细胞状态的信息传递

图 7-30 彩图

在LSTM中，一种精心设计的称为“门”（Gates）的结构用来去除或者增加信息到细胞状态（见图7-31）。门是一种让信息有选择通过的方法，包含一个sigmoid神经网络层和一个逐点乘法操作。sigmoid层输出0到1之间的数值，表示让对应信息通过的权重（或者比例）。0代表“不许任何信息通过”，1就指“允许所有信息通过”，0.5表示“信息可以通过，但只有原来权重的一半”。LSTM通过三种门结构来保护和控制细胞状态。这三种门结构分别是遗忘门、输入门和输出门。

1. 遗忘门

遗忘门的作用是将细胞状态中的信息选择性地遗忘。如果需要在细胞状态中丢弃什么信息，可以通过遗忘门来实现。该门会读取h_{t-1}和x_t(h_{t-1}和x_t构成一个向量$[h_{t-1}, x_t]$)，输出一个在0到1之间的遗忘权重系数f_t，如图7-32所示。f_t的作用是提供前一个细胞状态C_{t-1}在本细胞中继续传输的权重。遗忘权重f_t为1表示旧细胞状态C_{t-1}完全保留（记忆），0表示C_{t-1}完全放弃（遗忘）。f_t的表达式为

$$f_t = \sigma(\boldsymbol{W}_f \cdot [h_{t-1}, x_t] + b_f) \tag{7-26}$$

式中，h_{t-1}为上一个细胞的输出；x_t为当前细胞的输入；$\boldsymbol{W}$为权重矩阵；b为偏置；σ为sigmoid函数。

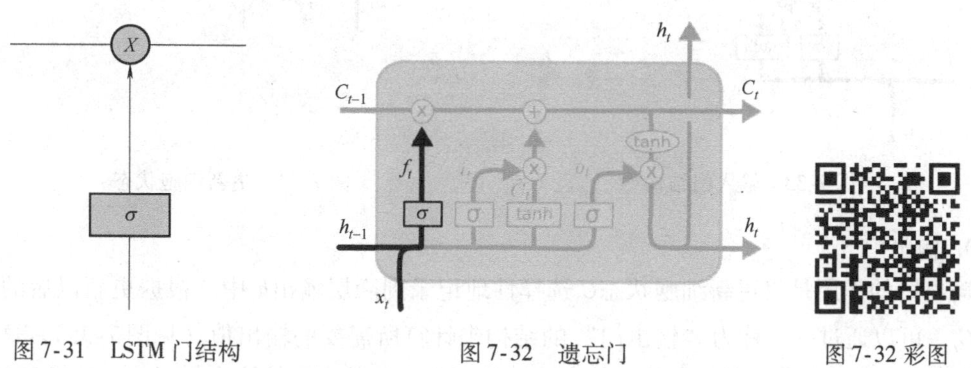

图7-31 LSTM门结构 图7-32 遗忘门 图7-32彩图

例如，在语言模型的例子中，需要基于已经看到的词来预测下一个词。在这个问题里，细胞状态可能包含当前主语的属性，因此正确的代词可以被选择出来。当看到新的主语时，就希望忘记旧的主语。

2. 输入门

输入门的作用是将新的信息选择性地记录到细胞状态中。如果需要把一些新的信息加入到现有细胞状态中，就要首先决定哪些新的信息需要被输入，其次这些新信息的输入权重系数是多少。图7-33是输入门的结构。一个叫作“input gate layer”的sigmoid函数的输出i_t决定信息的输入权重系数：

$$i_t = \sigma(\boldsymbol{W}_i \cdot [h_{t-1}, x_t] + b_i) \tag{7-27}$$

一个tanh函数输出的一个新向量$\tilde{\boldsymbol{C}}_t$（见式（7-28））是需要加入的新信息来源。它们会根据输入权重系数i_t，加入到现有细胞状态中。

$$\tilde{\boldsymbol{C}}_t = \tanh(\boldsymbol{W}_C \cdot [h_{t-1}, x_t] + b_C) \tag{7-28}$$

下面利用这两个信息（i_t和$\tilde{\boldsymbol{C}}_t$）来对旧的细胞状态C_{t-1}更新为新的细胞状态C_t。首先计

算需要遗忘的旧信息，把旧细胞状态C_{t-1}与遗忘权重f_t相乘（$f_t \times C_{t-1}$），就确定了需要丢弃或者记忆的信息；其次加入新信息，把新信息$\tilde{C}_t$和输入权重i_t相乘（$i_t \times \tilde{C}_t$），就是需要输入的信息。新的细胞状态C_t就是由记忆信息和输入信息组成的（见图7-34），即

$$C_t = f_t \times C_{t-1} + i_t \times \tilde{C}_t \tag{7-29}$$

图7-33 彩图

图7-34 彩图

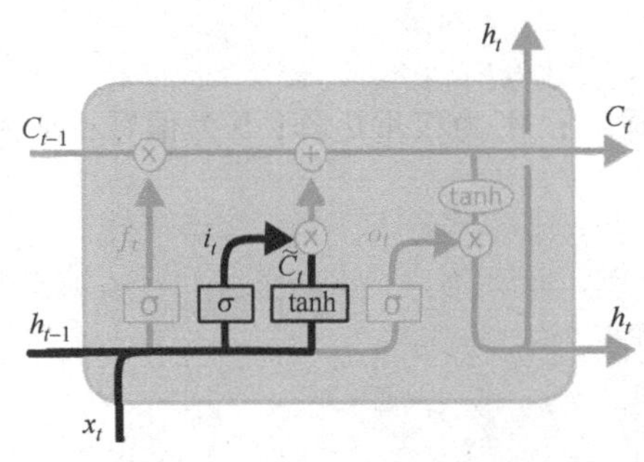

图7-33 输入门结构

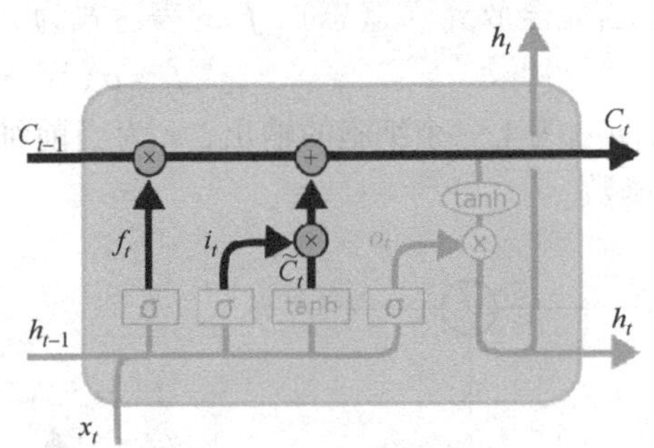

图7-34 更新细胞状态

3. 输出门

输出门的作用是将更新细胞状态C_t选择性地记录到隐层输出h_t中。根据更新以后的细胞状态C_t，可以通过一个称为“输出门”的结构来计算所需要的输出值（见图7-35）。这个输出将会是更新细胞状态C_t的加权值。首先，计算更新细胞状态C_t的输出权重o_t（见式7-30)）。它是由上一个细胞的输出h_{t-1}和当前细胞的输入 x_t决定的，然后运行一个 sigmoid 函数来确定将输出细胞状态的哪个部分。

$$o_t = \sigma(\boldsymbol{W}_o \cdot [h_{t-1}, x_t] + b_o) \tag{7-30}$$

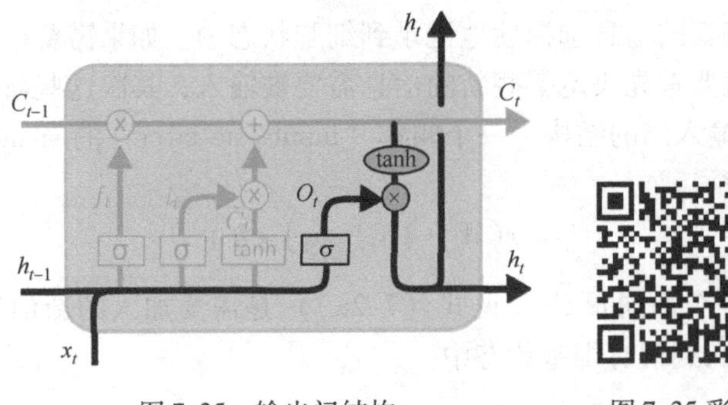

图7-35 输出门结构

图7-35 彩图

接着，把更新细胞状态C_t通过 tanh 函数进行处理，得到一个在 -1 到 1 之间的值，并将

它和输出权重x_t相乘，最终确定要输出的那部分，即

$$h_t = o_t \times \tanh(C_t) \tag{7-31}$$

7.4.3 LSTM 算法的一些变形

上一节介绍了标准的 LSTM 结构，但不是所有的 LSTM 都用同样的结构。实际上，几乎所有被提出的 LSTM 多多少少都和标准 LSTM 结构有所不同。LSTM 的变体有很多，最主要的有两种：Gated Recurrent Unit 和 Peephole LSTM。

1. Gated Recurrent Unit

LSTM 变体中，Gated Recurrent Unit（GRU）是使用最为广泛的一种，最早由 Cho 等[12]于 2014 年提出。GRU 与 LSTM 的区别在于使用一个更新门来代替输入门和遗忘门，即通过一个更新门来控制细胞状态。图 7-36 是 GRU 的结构。该做法的好处是 GRU 模型比标准的 LSTM 模型要简单，计算得以简化，同时模型的表达能力也很强，所以 GRU 也越来越流行。其中，r_t 表示重置门（reset gate），z_t 表示更新门（update gate）。更新门决定了上一个隐藏状态有多少信息被保留下来，且新的内容有多少需要被添加进 memory 里（被记忆）。重置门通过重置 h_{t-1}，决定过去有多少信息需要被遗忘。计算公式如下：

$$z_t = \sigma(\boldsymbol{W}_z \cdot [h_{t-1}, x_t]) \tag{7-32}$$

$$r_t = \sigma(\boldsymbol{W}_r \cdot [h_{t-1}, x_t]) \tag{7-33}$$

$$\tilde{h}_t = \tanh(\boldsymbol{W} \cdot [r_t * h_{t-1}, x_t]) \tag{7-34}$$

$$h_t = (1 - z_t) * h_{t-1} + z_t * \tilde{h}_t \tag{7-35}$$

式中，· 表示矩阵乘法；* 表示矩阵点乘。

2. Peephole LSTM

Peephole LSTM 由 Gers 和 Schmidhuber[13]在 2000 年提出，Peephole 的含义是指允许当前时刻的门（Gate）也接受前一时刻细胞状态C_{t-1}，这样在计算输入门、遗忘门和输出门时需要加入表示前一时刻细胞状态C_{t-1}的变量。图 7-37 是 Peephole LSTM 的结构。

$$f_t = \sigma(\boldsymbol{W}_f \cdot [C_{t-1}, h_{t-1}, x_t] + b_f) \tag{7-36}$$

$$i_t = \sigma(\boldsymbol{W}_i \cdot [C_{t-1}, h_{t-1}, x_t] + b_i) \tag{7-37}$$

$$o_t = \sigma(\boldsymbol{W}_o \cdot [C_t, h_{t-1}, x_t] + b_o) \tag{7-38}$$

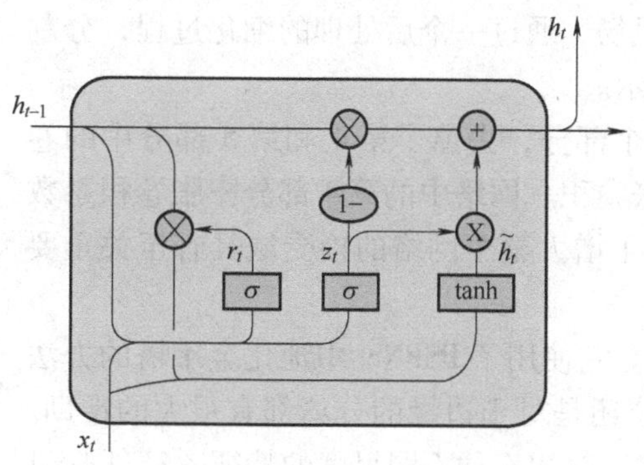

图 7-36 GRU 结构

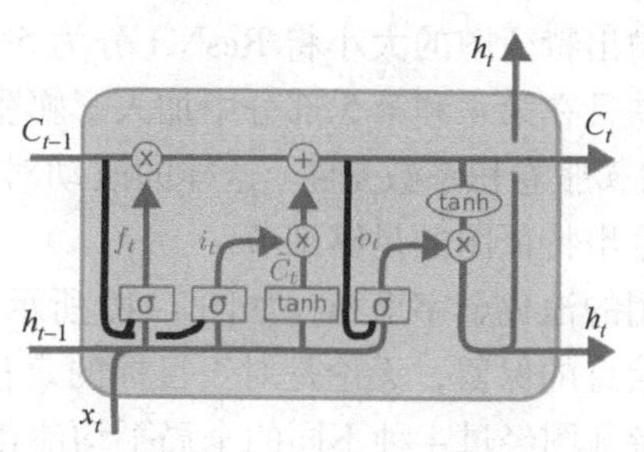

图 7-37 Peephole LSTM 结构

图 7-37 彩图

这里只是部分流行的 LSTM 变体，当然还有很多其他的。要问哪个变体是最好的？其中的差异性真的重要吗？它们基本上是一样的。

7.5 深度学习在图像语义分割的应用

图像语义分割是用于图像理解的最核心的计算机视觉任务。利用语义分割对街景进行识别和理解是现代自动驾驶技术的核心。语义分割就是将图像中的像素点按照语义层面的不同而对其进行分组的技术。图 7-38 就是一张自然图像语义分割的示意图[14]，给出一张骑在摩托车上的人的图像，其标注是将人和摩托标为不同的颜色，语义分割算法应该可以将对应的像素点给出正常的类别。

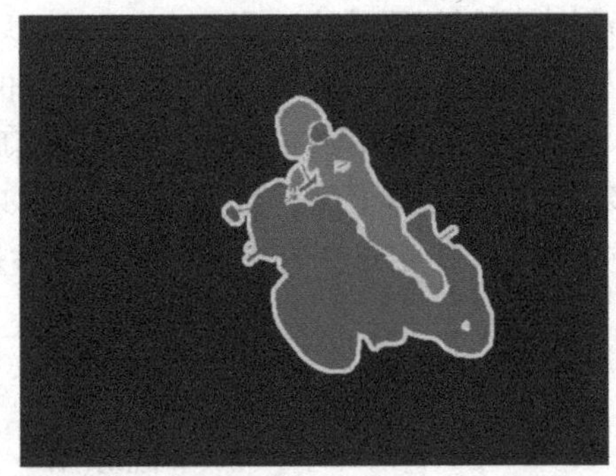

图 7-38 自然图像语义分割示意图[14]

传统的图像分割方法和其他计算机视觉任务类似，在没有深度网络作为提取特征的手段前，主要还是使用传统的手选特征方法。除了使用特征进行分割的方式外，也会对像素点之间的关系进行一定的挖掘，比如使用概率图模型的方式对图像进行分割。

为了充分利用深度学习自动提取特征的优点，一种新型的基于 ResNet-101 的语义分割网络被用于自然图像分割[15]。该网络中使用了池化金字塔、多特征融合、基于膨胀卷积的预激活残差模块以及全连接条件随机场等技术。该网络集合了几种语义分割网络的特点，中间层信息融合用于提取尽可能多的用于语义分割的特征；而池化金字塔则使该网络提取更多的全局上下文信息，从而使其具有更强的目标定位能力；基于膨胀卷积的预激活残差单元则使该模型具有易于训练、避免过拟合、有效地提升原始残差单元接受域的特点；经过上述端到端的训练，最后的结果经过一个全连接的条件随机场，通过一个后处理的细化过程，分割结果有所提升。新型语义分割网络结构如图 7-39 所示。

该模型根据输出特征图的大小将 ResNet 分为 5 个部分，去掉了第 4 和第 5 部分中的卷积降采样步长，并且在第 4 和第 5 部分中加入了膨胀卷积。网络中的第 4 部分膨胀卷积系数是 2，第 5 部分的膨胀卷积系数是 4。这样的改动对于增大整个网络的接受域具有至关重要的作用，保证了输出特征图的足够细节。

本网络中使用的池化金字塔结构如图 7-40 所示。它使用了 PSPNet 中池化金字塔的方法进行全局上下文信息的保留，无论是对于目标的定位还是对于边缘的分离都有很大的帮助。第 5 部分得到的特征图经过 4 种不同的全局平均池化，输出 4 种不同尺度的特征图经过 1 × 1 卷积调整维数，经过不同尺度的插值上采样后得到的特征图进行连接后输出是原图大小 1/8

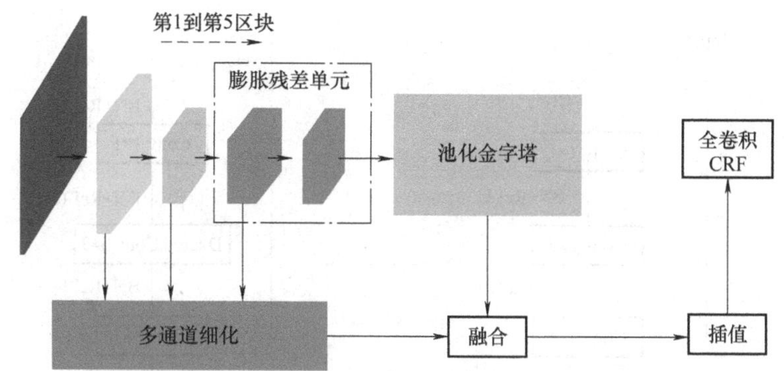

图 7-39 基于池化金字塔和多通道特征细化的膨胀卷积残差网络结构[15]

的特征图，用于和多特征融合后的特征图进行连接，最后经过卷积调整维度得到输出结果。

本网络中使用预激活残差单元替代原始的残差单元，同时在网络的第 4 和第 5 部分使用了膨胀卷积来增大接受域。图 7-41 对比了新的残差单元和原始的残差单元。改进后的残差单元将激活函数以及 BN 层提前了，为了实现 f 函数的恒等映射，同时将 3×3 的卷积替换成了膨胀系数为 2 和 4 的膨胀卷积。

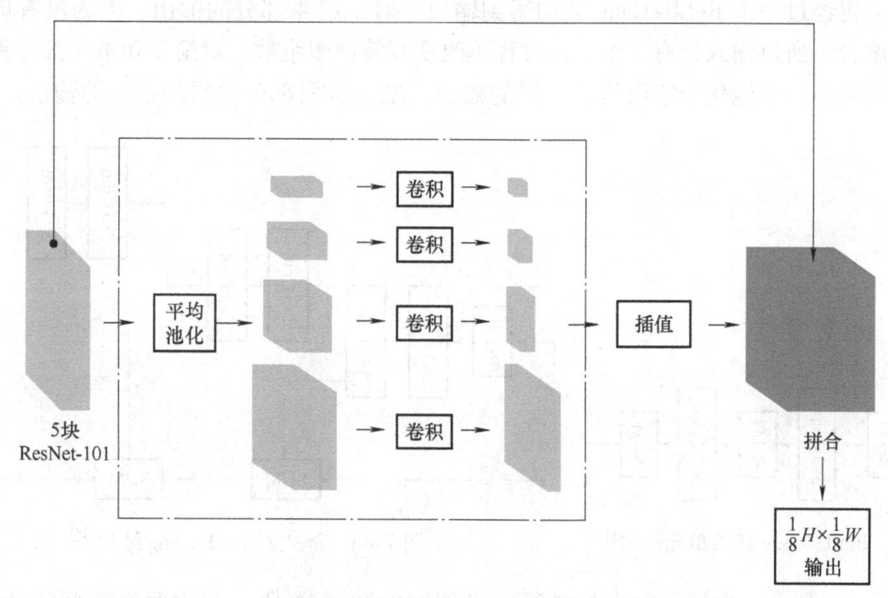

图 7-40 池化金字塔结构[15]

第 5 部分的输出维度只是原图的 1/8，所以在下采样过程中损失了很多的低层信息。本网络使用 RefineNet 模块的多层信息融合方式进行信息融合，包括 ReLU-Conv 残差结构和链式的 Conv-Pooling 残差结构。ReLU-Conv 残差结构是两个重复的 ReLU-Conv 和一个跳跃连接相加的结构，如图 7-42 所示。而链式的 Conv-Pooling 残差结构中，每一部分的输出会经过一个相加层，也会传入到一个 Conv-Pooling 模块，如图 7-43 所示。

网络中间层每层的输出首先会经过两个 ReLU-Conv 残差结构组成的单元，同时会接收一个高层经过同样结构处理的特征图，但该特征图大小和维数可能会与当前层特征图大小和维

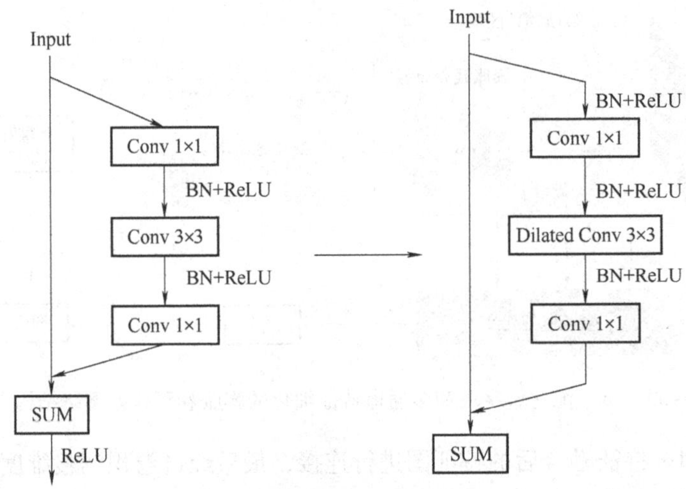

图 7-41　原始残差单元和基于膨胀卷积的预激活残差单元[15]

数不同，所以需要经过一个上采样的过程使两层网络中生成的特征图大小和维数相同，同时将维数调整成相同，进行矩阵对应元素相加，再将相加得到的特征图经过一个链式 Conv-Pooling 结构，最后再经过一个 ReLU-Conv 结构得到输出。对于第 4 部分的输出，因为没有更高层的特征进行融合，所以输入仅有一个，该过程不改变其特征图维数。对第 2 和第 3 部分重复融合的过程，最后得到和池化金字塔维数一样的输出，融合该两部分并得到最后的输出。

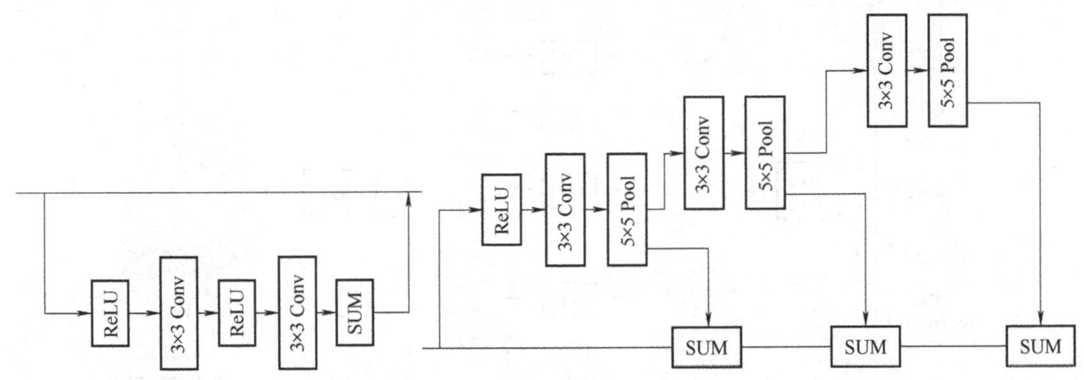

图 7-42　ReLU-Conv 残差单元结构[15]

图 7-43　链式 Conv-Pooling 结构[15]

Cityscapes 是一个专注于对街景进行语义理解的数据集[16]，包含两种类型的分割数据：语义层面和实例层面的。该数据集中的图片包含 30 个类并且分为 8 个大类，包含 5000 张精细标注的图片和 20000 张粗糙标注的图片。精细数据集中包含 2975 张训练图片、500 张验证图片和 1525 张测试图片。该数据集是在 50 个城市采集的，原始数据是视频，人工抽取了多运动目标、变化场景并且背景产生变化的图片。

图 7-44 是本网络在 Cityscapes 数据上的一个分割结果实例。本网络在很多类别的分割效果上有如下优点：①使用膨胀卷积的预激活残差模块具有比较强的特征提取能力；②池化金字塔可以很好地用于提取全局上下文信息；③多特征融合也很有利于网络利用低层特征，从而更好地分割边缘和细化。

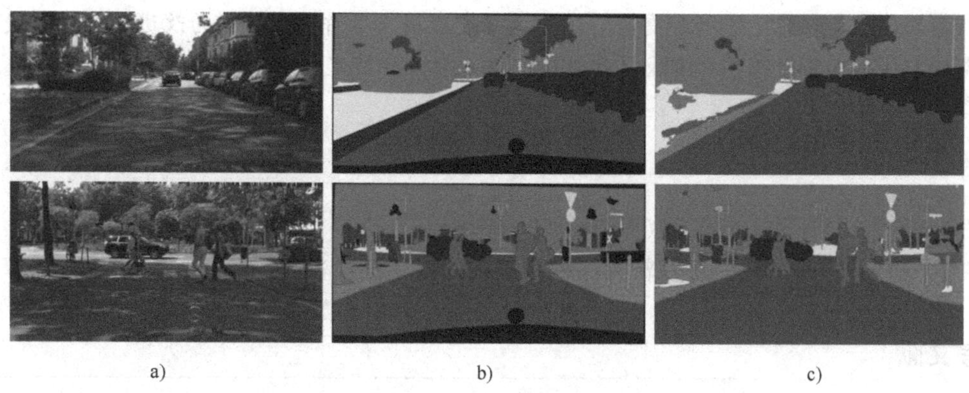

a) b) c)

图7-44 Cityscapes 数据分割结果
a）原图 b）地面实况 c）实验结果

本章小结

机器学习一直是人工智能领域的一大热点，科学家一直致力于将计算机的高效计算处理能力赋予智能演化和学习能力。深度学习这一概念在2006年由多伦多大学的教授Hinton等在*Science*杂志中提出，其逐渐在自然语言处理、视频信息处理、计算机视觉等诸多领域取得巨大的成功，受到了广泛的关注。自此深度神经网络也逐渐广泛地迈向人们的视野，以其性能优异的特征提取能力、多结构层次的神经网络从本质表征图像的能力而著称。

卷积神经网络在本质上是一种输入到输出的映射，它能够学习大量的输入与输出之间的映射关系，而不需要任何输入和输出之间的精确的数学表达式，只要用已知的模式对卷积网络加以训练，网络就具有输入-输出对之间的映射能力。由于卷积神经网络的特征检测层通过训练数据进行学习，所以在使用卷积神经网络时，避免了显式的特征抽取，而隐式地从训练数据中进行学习。由于同一特征映射面上的神经元权值相同，所以网络可以并行学习，这也是卷积网络相对于神经元彼此相连网络的一大优势。卷积神经网络以其局部权值共享的特殊结构在语音识别和图像处理方面有着独特的优越性，其布局更接近于实际的生物神经网络。权值共享降低了网络的复杂性，特别是多维输入向量的图像可以直接输入网络这一特点避免了特征提取和分类过程中数据重建的复杂度。广泛使用的卷积神经网络有LeNet、AlexNet、ZFNet和GoogLeNet等。

循环神经网络（RNN）是一种结点定向连接成环的人工神经网络。它的内部状态可以展示动态时序行为。不同于前馈神经网络的是，RNN可以利用它内部的记忆来处理任意时序的输入序列，这让它可以更容易处理如不分段的手写识别、语音识别等。RNN的本质特征是在处理单元之间既有内部的反馈连接又有前馈连接。从系统观点看，它是一个反馈动力系统，能够体现过程动态特性，比前馈神经网络具有更强的动态行为和计算能力。RNN有不同的变体，如经典RNN结构、Encoder-Decoder模型和Attention机制等。RNN有两个方向的传播，前向传播与反向传播。RNN在语音识别和自然语言理解等应用上取得了比较不错的效果。

长短期记忆（LSTM）网络是一种特殊的RNN，用来解决长期依赖问题，记住长时间段的信息是其优点。通过RNN得到的重要结果本质上都可以使用LSTM实现。而且对于大多数任务而言，它确实展示了更好的性能。LSTM利用门结构，尤其是遗忘门、输入门和输出门，完成对信息的遗忘、记忆、添加和更新。不同的研究者提出了许多 LSTM 的改进，然而并没有特定类型的 LSTM 在任何任务上都能提升性能，仅能在部分特定任务上取得最佳的效果。

习　题

7.1　简述 CNN 与 RNN、LSTM 的结构差异性。

7.2　运用 CNN 结构，开发新的深度网络，对医学图像进行分割。

参考文献

[1] HINTON G, SALAKHUTDINOV R. Reducing the dimensionality of data with neural networks [J]. Science, 2006, 313 (5786): 504-507.

[2] LECUN Y, BOSER B, DENKER J, et al. Backpropagation applied to handwritten zip code recognition [J]. Neural Computation, 2014, 1 (4): 541-551.

[3] LECUN Y, BOTTOU L, BENGIO Y, et al. Gradient-based learning applied to document recognition [J]. Proceedings of the IEEE, 1998, 86 (11): 2278-2324.

[4] ROWLEY H A, BALUJA S, KANADE T. Rotation invariant neural network-based face detection [C] //IEEE Conference on Computer Vision and Pattern Recognition. Santa Barbara: [s. n.] 1998: 963-963.

[5] LAWRENCE S, GILES C L, TSOI A C, et al. Face recognition: a convolutional neural-network approach [J]. IEEE Transactions on Neural Networks, 1997, 8 (1): 98-113.

[6] SIMARD P Y, STEINKRAUS D, PLATT J C. Best practices for convolutional neural networks applied to visual document analysis [C] // International Conference on Document Analysis and Recognition. [S. l.]: IEEE Computer Society, 2003: 958-962.

[7] GLOROT X, BENGIO Y. Understanding the difficulty of training deep feedforward neural networks [J]. Journal of Machine Learning Research, 2010, 9: 249-256.

[8] HINTON G E, SRIVASTAVA N, KRIZHEVSKY A, et al. Improving neuralnetworks by preventing co-adaptation of feature detectors [J]. arXiv preprint arXiv: 1207. 0580, 2012.

[9] ZEILER M D, FERGUS R. Visualizing and understanding convolutional networks [C] //European Conference on Computer Vision. Zurich: Springer, 2014: 18-833.

[10] SZEGEDY C, LIU W, JIA Y, et al. Going deeper with convolutions [C] //IEEE Conference on Computer Vision and Pattern Recognition. Boston: IEEE, 2015: 1-9.

[11] HOCHREITER S, SCHMIDHUBER J. Long short-term memory [J]. Neural Computation, 1997, 9 (8): 1735-1780.

[12] CHO K, VAN MERRIENBOER B, GULCEHRE C, et al. Learning phrase representations using RNN encoder-decoder for statistical machine translation [J]. arXiv preprint arXiv: 1406. 1078. 2014.

[13] GERS F A, SCHMIDHUBER J. Recurrent nets that time and count [C] // IEEE International Joint Conference on Neural Networks (IJCNN). Como: IEEE, 2000: 189-194.

[14] EVERINGHAM M, GOOL L V, WILLIAMS C K I, et al. The pascal, visual object classes (VOC) challenge [J]. International Journal of Computer Vision, 2010, 88 (2): 303-338.

[15] ZHANG Q, CUI Z, NIU X, et al. Image segmentation with pyramid dilated convolution based on ResNet and U-Net [C] //International Conference on Neural Information Processing. Beijing: Springer, 2017: 364-372.

[16] CORDTS M, OMRAN M, RAMOS S, et al. The cityscapes dataset for semantic urban scene understanding [C] //IEEE Conference on Computer Vision and Pattern Recognition. Las Vegas: IEEE, 2016: 3213-3223.

第8章

强化学习

导 读

基本内容：本章是本书的重要章节之一，主要针对强化学习这一机器学习的重要分支进行介绍。强化学习（Reinforcement Learning，RL）又称为增强学习或再励学习，是一种重要的机器学习方法，在人工智能、机器学习和自动控制等领域得到了广泛的研究和应用，是近年来机器学习和智能控制领域的研究热点之一，并被认为是“设计智能系统的核心技术之一”。强化学习的思想来源于动物学习心理学。观察生物（特别是人）为适应环境而进行的学习过程，可以发现有两个特点：一是人从来不是静止地被动等待，而是主动对环境做试探；二是环境对试探动作产生的反馈是评价性的，人们会根据环境的评价来调整以后的行为。强化学习正是通过这样的试探—评价的迭代，在与环境的交互中学习，通过环境对不同行为的评价性反馈信号来改变强化学习系统或者智能体（Agent）的行为选择策略以实现学习目标。来自环境的评价性反馈信号通常称为回报（Reward）或强化信号（Reinforcement Signal），强化学习系统的目标就是最大化（或极小化）该回报。

本章首先介绍强化学习的概念及其发展历史；然后介绍强化学习涉及的基本知识；接下来介绍强化学习的一些常用算法；最后结合如今火热的深度学习，对强化学习的发展前沿做一简单介绍。

学习要点：了解强化学习的基本概念和马尔科夫决策过程；掌握基于蒙特卡洛的、基于时间差分的基于价值函数的强化学习算法，Q-learning 算法，以及基于策略梯度的强化学习算法；了解强化学习的前沿算法。

8.1 什么是强化学习

强化学习是近年来机器学习和智能控制领域的研究热点之一，并被认为是“设计智能系统的核心技术之一”。它是一种试错学习（Trail-and-error），由于没有直接的指导信息，智能体（Agent）要以不断与环境进行交互，通过试错的方式来获得最佳策略。那么到底什么是强化学习算法？要理解这个问题，需要首先弄清楚强化学习能够解决什么问题，以及强化学习如何解决这些问题。

8.1.1　强化学习可以解决什么问题

图 8-1 是一个典型的非线性二级倒立摆系统。该系统由一个可以横向移动的小车和两个铰接的摆构成，可控制的输入是小车的左右移动，在实际中，一般是用一个横向的力 F 作用到小车上，故还可以将输入转化为力 F 的大小（力为正，则向右给力；反之，则向左给力）。二级摆问题是非线性系统的经典问题，传统控制理论解决该问题的基本思路是，先对二级摆建立起精确的动力学模型，然后基于模型和各种非线性的理论设计控制方法。这个过程一般来说是比较复杂的，需要深厚的非线性控制理论知识背景。另外，在建模的时候，需要精确知道小车和摆的质量、摆的长度等。但是，如果倒立摆的阶次变高呢？显然，当阶次越来越高时，建模的难度将会大大增加。

图 8-1　非线性二级倒立摆系统

基于强化学习的方法则不需要建模也不需要设计控制器，只需要利用强化学习算法，让系统自己去训练和学习就好了。当学习结束的时候，二级倒立摆就可以实现自平衡了。

图 8-2 是 AlphaGo 与围棋世界冠军柯洁对战的图。AlphaGo 是由谷歌旗下的 DeepMind 公司开发的围棋人工智能程序，其中包含结合了深度学习的强化学习，通过自对弈的方式不断提升棋力，并且在 2016 年和 2017 年分别战胜了李世石和柯洁，引起了全世界范围内的巨大反响，也因此，人工智能被推到了风口浪尖。

图 8-3 中，在 OpenAI Gym 的仿真环境下，双足机器人在一次次地跌倒后，学会了跑步。其中也用到了强化学习思想。

图 8-2　柯洁大战 AlphaGo

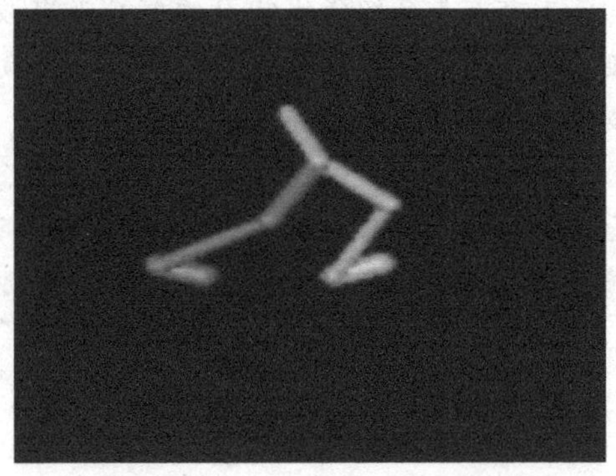

图 8-3　类人的机器人学会跑步

这几个例子可以很好地说明强化学习算法在应用领域有着非常出色的表现。它不仅可以应用于非线性控制、围棋和机器人，还可以应用到视频游戏、人机对话、文本序列、无人驾驶、机器翻译等。

我们可以从这些例子中，总结出强化学习所能解决的问题的共性，一般将其称为序贯决策问题（Sequential Decision Problem）。什么是序贯决策问题呢？简单来说，就是需要连续不断地做出决策，才能实现最终目标的问题。在上面的二级倒立摆控制问题中，需要在每个问题下都做出一个智能决策（这里，这个决策可以是施加给小车什么方向的、多大的力），以便使整个系统收敛到目标点（两个摆均竖直的状态）。在AlphaGo进行围棋博弈的过程中，它需要根据当前的棋局状态，以赢下比赛为目的，做出下哪一个棋子的决策。同样地，在机器人学习跑步时，它需要根据当前的关节状态，做出下一时刻每个关节该如何变化的决策，使得机器人实现跑步这个动作。那么强化学习是如何解决这个问题的呢？

8.1.2 强化学习如何解决这个问题

在回答强化学习是如何解决序贯决策问题之前，先来看看监督学习是如何解决问题的。如果把序贯决策问题叫作智能决策问题，那么监督学习解决的就是智能感知问题。

图8-4所示的是监督学习最典型的例子——手写体数字识别，当给出一个手写的数字时，监督学习需要判别出该数字是多少。监督学习在本质上是一个分类问题，它的解决方法是输入大量带有标签的数据，让智能体从中学到输入的抽象特征并分类。这样，当智能体感知到当前的输入时，便可以对它进行分类了。图8-4中，手写体长得像5，所以智能体就判别出它是5。智能感知其实就是在学习输入长得像什么（特征），以及与该长相一一对应的是什么（标签）。所以，智能感知不可缺少的前提是拥有大量长相不同的输入以及与输入相对应的标签。

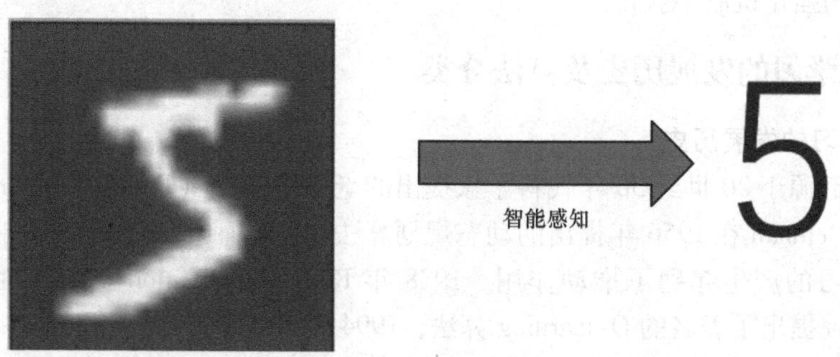

图8-4 监督学习

强化学习则不一样。强化学习要解决的是序贯决策问题，它不关心当前的输入长什么样，它只关心当前输入下应该采取什么样的动作，才能实现目标使回报最大化。这里的重点是，当前采用的动作和最终目标有关。也就是说，当前采用什么动作，可以使整个任务序列达到最优。这需要智能体不断地与环境交互，不断进行尝试，进行试错学习，因为一开始智能体也不知道当前状态下采用什么动作是最优的。

强化学习的基本框架如图8-5所示。当智能体（Agent）与环境进行交互时，环境会返回给智能体一个回报（Reward）和此刻的状态（State），智能体根据这些信息做出当前状态下的动作（Action）。动作有好有坏，在反复学习的过程中，好的动作执行的概率会逐渐增大，不好的动作执行的概率会逐渐减小。强化学习的过程可以总结为如下循环：

1）Agent 感知当前环境的状态。

2）针对当前状态和回报值，Agent 选择一个动作。

3）当 Agent 所选择的动作作用于环境时，环境发生变化，即环境状态转移至新的状态并给出新的回报。

4）回报反馈给 Agent。

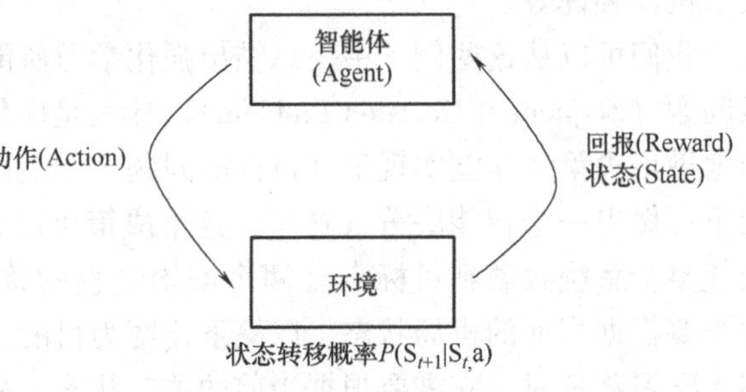

图 8-5　强化学习的基本框架

用一句话来概括监督学习和强化学习的异同点：监督学习和强化学习都需要大量的数据进行训练，但两者所需的数据类型是不同的。监督学习需要的是多样化的标签数据，而强化学习需要的是带有回报的交互数据。通过两个小节的引导，我们现在应该已经可以回答什么是强化学习这个问题了。

强化学习围绕如何与环境交互学习的问题，在行动—评价的环境中获得知识改进行动方案以适应环境达到预想的目的。学习者并不会被告知采取哪个动作，而只能通过尝试每一个动作自己做出判断。它主要是依靠环境对所采取行为的反馈信息产生评价，并根据评价去指导以后的行动，使优良行动得到加强，通过试探得到较优的行动策略来适应环境。试错搜索和延迟回报是强化学习的两个最显著的特征。但强化学习系统还具有以下更一般的特点：

1）适应性，即 Agent 不断利用环境中的反馈信息来改善其性能。

2）反应性，即 Agent 可以从经验中直接获取状态动作规则。

3）对外部教师信号依赖较少。因为 Agent 只根据强化信号进行学习，而强化信号可以从 Agent 内置的强化机制中获得。

8.1.3　强化学习的发展历史及算法分类

1. 强化学习的发展历史

强化学习起源于 20 世纪 30 年代科学家提出的老虎机问题（Bandit Problem），这是一个统计学问题。Bellman 在 1956 年提出的动态规划算法和 Werbos 在 1977 年提出的自适应动态规划对强化学习的产生起到了推动作用。1988 年 Richard S. Sutton 提出了时间差分算法；1992 年 Watkins 提出了著名的 Q-learning 算法；1994 年 Rummery 提出了 Saras 算法；1996 年 Bersekas 提出了解决随机过程中优化控制的神经动态规划方法。

1998 年是强化学习发展历史中的第一个关键点，Richard S. Sutton 系统地总结了在这之前强化学习所有的进展，出版了《强化学习导论》（*Reinforement Learning*：*An Introduction*）第 1 版。这一时期学者们关注和发展得最多的是表格型强化学习算法。当然，直接对策略梯度进行估计的算法也有被提出，如 R. J. Williams 提出的 Reinforce 算法。

2006 年 Kocsis 提出了置信上限树算法；2009 年 Kewis 提出了反馈控制自适应动态规划算法；2014 年 Silver 提出了确定性策略梯度（Deterministic Policy Gradient，DPG）算法。

强化学习发展历史中的第二个关键点，是 DeepMind 在 2013 年发表的 *Playing Atari with Deep Reinforcement Learning* 一文，提出了 DQN（Deep Q Network）算法。2015 年 DeepMind 又在 *Nature* 上发表了改进版的 DQN 文章。在 2013 年发表的文章中，DeepMind 将强化学习与深度学习相结合提出了深度强化学习（Deep Reinforcement Learning，DRL），这也是深度强

化学习的开端。他们采用深度强化学习的方法，基于同一个模型去玩49种不同的游戏，半数游戏取得了超越人类的水平。

2016年和2017年，谷歌DeepMind的AlphaGo连续两年击败了世界围棋冠军，将深度强化学习进一步推到了风口浪尖上。AlphaGo的第一作者David Silver认为深度强化学习等价于通用人工智能（DRL = DL + RL = Universal AI），足以见得深度强化学习在人工智能领域中的重要地位。

2. 强化学习的算法分类

1）根据强化学习算法是否依赖模型可以分为基于模型的强化学习算法和无模型的强化学习算法。两类算法的共同点是通过与环境交互获得数据，不同点是利用数据的方式不同。基于模型的强化学习算法利用与环境交互得到的数据学习系统或者环境模型，再基于模型进行序贯决策。无模型的强化学习算法则是直接利用与环境交互获得的数据改善自身的行为。两类算法各有优缺点，从效率上讲，基于模型的强化学习算法比无模型的强化学习算法效率更高，因为在探索环境的时候，智能体可以利用模型信息。但是，当遇到某些无法建模的问题时，无模型的强化学习算法便体现出其独一无二的优势了。所以，无模型的强化学习算法比基于模型的强化学习算法更具有通用性，因为其不需要建模。

2）根据策略的更新和学习方法，强化学习算法可以分为基于价值函数的强化学习算法、基于直接策略搜索的强化学习算法以及基于自适应控制的方法。所谓基于价值函数的强化学习算法，是指学习价值函数，最终的策略根据价值函数贪婪（贪婪算法是指，在对问题求解时，总是做出在当前看来是最好的选择。也就是说，不从整体最优上加以考虑，而是搜索局部最优解）得到。也就是说，任意状态下，价值函数最大的动作为当前的最优策略。基于直接搜索策略的强化学习算法，一般是将策略参数化，学习实现目标的最优参数。基于自适应控制的方法则是联合使用价值函数和直接策略搜索的算法。

3）根据环境返回的回报函数是否已知，强化学习算法可以分为正向强化学习算法和逆向强化学习算法。在强化学习中，回报函数是人为指定的，回报函数指定的强化学习算法称为正向强化学习算法。但是在某些情况下，回报函数无法人为指定，如无人机特技表演，这时候可以通过机器学习的方法来自己学到回报函数。

3. 强化学习的发展趋势

强化学习尤其是深度强化学习正在快速发展，强化学习发展趋势可以总结如下：

1）强化学习算法与深度学习的结合会更加紧密。机器学习算法一般分为监督学习、非监督学习和强化学习，三类方法在以前划分得很清楚，但是三类方法结合起来使用，效果会更好。所以，强化学习算法发展的趋势之一是，三类机器学习算法会逐渐走向统一。

2）强化学习算法与专业知识的结合会更加紧密。若将一般的强化学习算法，如Q-learning算法，直接套用到专业领域，那么很可能得不到想要的结果，甚至无法工作。这时候需要将专业知识与强化学习算法结合，而具体的结合方法并没有一个统一的方式，因为它会因专业内容的不同而变化。通常来讲，可以重新构造回报函数，或者修改网络结构。该方向的代表作是NIPS 2016的最佳论文值迭代网络（Value Iteration Networks）等。

3）强化学习算法理论分析会更强，算法会更稳定和高效。强化学习算法的火热，必将吸引一大批具有深厚理论功底和数学基础的人，来把强化学习算法的理论进一步完善。该方向的代表作如基于深度能量的策略方法、价值函数与策略方法的等价性等。

4）强化学习算法与脑科学、认知神经科学、记忆的联系会更紧密。脑科学和认知神经科学一直是机器学习灵感的源泉，这个源泉往往会给机器学习算法带来革命性的成功。人们对大脑的认识还太少，随着脑科学和认知神经科学的发展，机器学习领域必将再次收益。该方向的代表流派有 DeepMind 和伦敦大学等，这些团体里面不仅有很多人工智能学家还有很多认知神经科学家。该方向的代表作如 DeepMind 发表的关于记忆的一系列论文。

8.2 强化学习基础

8.2.1 序贯决策过程

前面已经说到，强化学习要解决的是序贯决策问题。那么具体什么是序贯决策呢？序贯决策（Sequential Decision）是用于随机性或不确定性动态系统最优化的决策方法。有些决策问题，在进行决策之后又会产生新的状态，需要进行新的决策，然后又会出现新的状态，如此反复，就构成了序贯决策。序贯决策的阶段数是不确定的，它依赖于执行决策过程中所出现的状况。

序贯决策的特点是：①所研究的系统是动态的，即系统所处的状态与时间有关，可周期或连续地对它进行观察；②决策是序贯地进行的，即每个时刻根据所观察到的状态和以前状态的记录，从一组可行方案中选用一个最优方案（即做最优决策），使取决于状态的某个目标函数取最优值（极大或极小值）；③系统下一步或未来可能出现的状态是随机的或不确定的。

序贯决策的过程是：从初始状态开始，每个时刻做出最优决策后，接着观察下一步实际出现的状态，即收集新的信息，然后再做出新的最优决策，反复进行直至最后。系统在每次做出决策后下一步可能出现的状态是不能确切预知的，存在两种情况：

1）系统下一步可能出现的状态的概率分布是已知的，可用客观概率的条件分布来描述。对于这类系统的序贯决策研究得较完满的是状态转移律具有无后效性的系统，相应的序贯决策称为马尔科夫决策过程，它是将马尔科夫过程理论与决定性动态规划相结合的产物。

2）系统下一步可能出现的状态的概率分布是不知道的，只能用主观概率的条件分布来描述。用于这类系统的序贯决策属于决策分析的内容。

这里看一个序贯决策问题的例子。假设一个 Agent 处在图 8-6a 所示的 4×3 环境中，从初始状态开始，它在每个时间步必须选择一个动作。Agent 在到达一个标有 +1 或者 -1 的目标状态时终止与环境的交互。就像搜索问题一样，Agent 在每个状态可用的动作为 Actions(s)，可缩写为 $A(s)$。在 4×3 的环境中，每个状态下可用的动作包括上、下、左和右。目前，假设环境是完全可观察的，因此 Agent 总是知道自己所在的位置。Agent 一共可以走 5 步。

如果环境是确定性的，得到一个解很容易：[上，上，右，右，右]。但不幸的是，行动是随机的，所以环境不一定会朝着这个方向发展。图 8-6b 展示了采用的随机动作的特定模型。每次行动会有 0.8 的概率移向预期方向，这个预期方向是可以人为确定的。图 8-7所示的是在设定的该环境下的最优策略，其中每个状态对应的预期方向都标在了图中。这里有

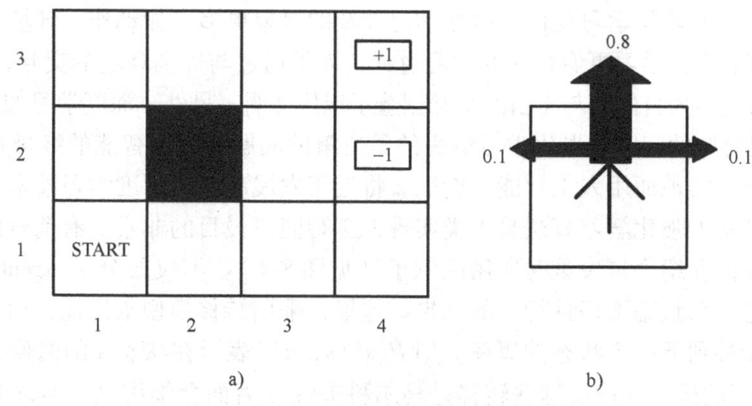

图8-6 序贯决策问题案例

a）一个简单的4×3环境，包含了一个面临序贯决策问题的Agent

b）这个环境模型的示意图

注：规定每个状态有一个“预期的”方向，且“预期的”方向发生的概率是0.8，而Agent有0.1的概率会分别向垂直于预期方向的两个方向运动。如果撞墙，则结果为无法移动。两个终止状态分别有+1和-1的回报，而其他所有状态都有-0.04的回报。

几个状态的预期方向可能不太好理解，先来看状态（2，1）和（3，1），虽然从距离上来看，在这两个状态下，经由状态（3，2）到达目标状态（+1）似乎才是最快的，但是，如果经由这条路到达+1状态的话，很容易陷入最不想要的-1状态，所以，这两个状态的预期方向是往左，宁愿绕远路也要避免一下子陷入-1状态。那么起始状态（1，1）的预期方向为什么是往上而不是往右呢？除了和上面相同的原因之外，还有一个因素，如果往上走，整个路线拐的弯最少（向上走只需拐一个弯，向右则需两个），这可以减小Agent达到目标状态的难度。

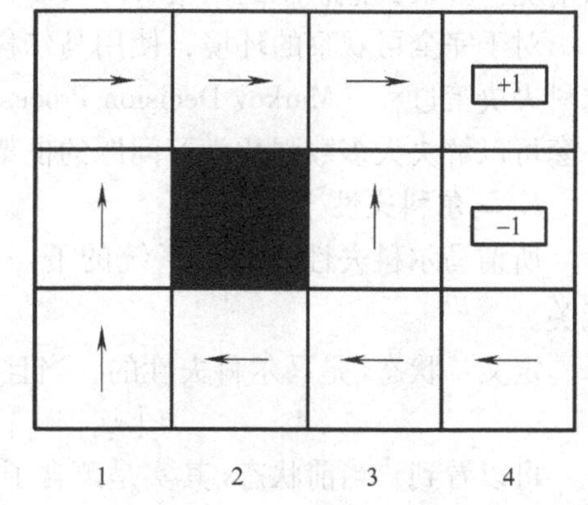

图8-7 该环境下的最优策略

下面来看一个例子，从起始方格开始，动作Up以0.8的概率将Agent向上移动到（1，2），不过也有0.1的概率会将Agent向右移动到位置（2，1），以及0.1的概率向左移动撞墙而停在位置（1，1）。在这样的环境下，序列［上，上，右，右，右］以$0.8^5=0.32768$的概率使Agent向上绕过障碍物到达目标位置（4，3），同样Agent也有很小的$0.1^4\times0.8=0.00008$的概率沿着另一条路到达目标，所以成功的概率为0.32776。

8.2.2 马尔科夫决策过程及其相关概念

从强化学习的基本原理可以看出它与其他机器学习算法如监督学习和非监督学习的一些基本差别。在监督学习和非监督学习中，数据是静态的、不需要与环境进行交互的，比如图像识别，只要给出足够的差异样本，将数据输入深度网络中进行训练即可。然而，强化学习的学习过程是动态的、不断交互的过程，所需的数据也是通过与环境不断交互所产生的。所以，与监督学习和非监督学习相比，强化学习涉及的对象更多，如动作、环境、状态转移概率和回报函数等。强化学习更像是人的学习过程：人类通过与周围环境的交互，学会了走路、奔跑、劳动；人类与大自然、与宇宙的交互创造了现代文明。另外，深度学习如图像识别和语音识别解决的是感知的问题，强化学习解决的是决策的问题。人工智能的终极目的是通过感知进行智能决策，实现通用人工智能。所以，将近年发展起来的深度学习技术与强化学习算法结合而产生的深度强化学习算法是人类实现人工智能终极目的非常具有前景的方法。

继续分析前面介绍序贯决策时所用的例子（见图 8-6）。不仅要分析 Agent 的每个状态，还要精确地描述每个状态下每种行动的结果。这里，采用转移模型来描述，通俗地讲，就是研究每个状态转移到下一个状态的概率。用 $P(s' \mid s, a)$ 表示在状态 s 的时候，如果采取行动 a，到达状态s'的概率。假设这些转移是马尔科夫性（后面会细讲这个概念）的，即从状态 s 到达状态s'的概率只取决于 s，而不取决于以前的历史状态。

为了给出环境的完整定义，必须指定 Agent 的状态价值函数（后面会做定义）。由于决策问题是序列式的，所以状态价值函数取决于一个状态序列——环境历史，而不是单一状态。这里定义在每个状态 s（除了终止状态）下，Agent 可以得到一个有限的回报 $R(s)$。具体到上述特定例子中来，除了终止状态的回报 $R(s)$ 是 +1 或者 -1，其他状态的回报都是 -0.04。一个环境历史的状态价值函数就是（暂时是）对所得的回报求和。例如，如果 Agent走了 10 步达到 +1 状态，那么它的效用值就是 0.6。-0.04 的负回报使得 Agent 希望尽快到达（4，3）状态，也可以形象地说成是，Agent 不喜欢生活在这个环境中，所以希望尽快离开。试想一下，如果除了终止状态以外，其他状态的回报 $R(s) < -1$ 时，会发生什么情况？如果其他状态的回报 $R(s) > 0$ 时呢？（见习题 8.1）

对于完全可观察的环境，使用马尔科夫转移模型和累加回报的这种序贯决策问题称为马尔科夫决策过程（Markov Decision Process，MDP）。在学者们几十年的探索下，MDP 成为了一套可以解决大多数强化学习问题的框架。下面一步步来看什么是马尔科夫决策过程。

1. 马尔科夫性

所谓马尔科夫性，是指系统的下一状态s_{t+1}仅与当前的状态s_t有关，而与以前的状态无关。

定义：状态s_t是马尔科夫性的，当且仅当

$$P[s_{t+1} \mid s_t] = P[s_{t+1} \mid s_1, s_2, \cdots, s_t] \tag{8-1}$$

可以看到，当前状态s_t其实是蕴含了所有相关的历史信息s_1，s_2，…，s_t，一旦当前状态已知，历史信息就会被抛弃，即不再被需要。

马尔科夫性描述的是每个状态的性质，但真正有用的是如何描述一个序列。数学中，用随机过程来描述随机变量序列。所谓随机过程就是指随机变量序列。若随机变量序列中的每个状态都是马尔科夫性的，则称此随机过程为马尔科夫随机过程。

2. 马尔科夫过程

定义：马尔科夫过程是一个二元数组（S，$\boldsymbol{P}$），且满足：S 是有限状态集合，$\boldsymbol{P}$ 是状态转移矩阵。状态转移矩阵为

$$\boldsymbol{P} = \begin{bmatrix} P_{11} & \cdots & P_{1n} \\ \vdots & \ddots & \vdots \\ P_{n1} & \cdots & P_{nn} \end{bmatrix}$$

这里举一个例子。一个学生的5个状态为{娱乐，上课，考试，睡觉，看论文}，每个状态之间的转移概率都是给定的。那么，该生从上课开始，一天的状态序列可能是：

上课→看论文→考试→娱乐→睡觉

上课→娱乐→上课→娱乐→睡觉

以上状态序列就称为马尔科夫链。给定状态转移概率时，从某个状态出发存在多条马尔科夫链。但是对于游戏或者机器人，马尔科夫过程不足以描述其特点，因为不管是游戏还是机器人，它们都是通过动作与环境进行交互，并从环境中获得奖励的，而马尔科夫过程中不存在动作和奖励。将动作（策略）和回报考虑在内的马尔科夫过程叫作马尔科夫决策过程。

3. 马尔科夫决策过程

马尔科夫决策过程是一个离散时间随机控制的过程。马尔科夫决策过程基于马尔科夫性，且这里的状态是完全可观察的全部的环境状态。马尔科夫决策过程是一个智能体（Agent）与环境（Environment）之间通过动作（Action）、状态（State）和回报（Reward）相互作用的循环过程，其空间结构和时间结构可以用图8-8和图8-9来表示。

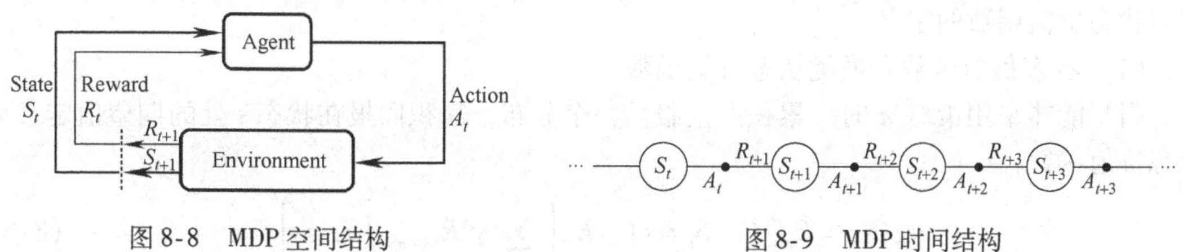

图8-8 MDP空间结构　　图8-9 MDP时间结构

马尔科夫决策过程可以用一个五元组 $<S, A, P, R, \gamma>$ 来描述：

S 是状态的有限集合，也叫状态空间；

A 是动作的有限集合，也叫动作空间；

$\boldsymbol{P}$ 是状态转移概率矩阵；

R 是奖励函数，$R_s^a = E[R_{t+1} \mid S_t = s, A_t = a]$；

γ 是折扣系数，且 $\gamma \in [0, 1]$，用来计算累积折扣回报。

跟马尔科夫过程不同的是，马尔科夫决策过程的状态转移概率是包含动作的，即

$$P_{ss'}^a = P[S_{t+1} = s' \mid S_t = s, A_t = a] \tag{8-2}$$

强化学习的目标是给定一个马尔科夫决策过程，寻找最优策略。所谓策略是指状态到动作的映射，策略常用符号 π 表示，它是指给定状态 s 时，动作集上的一个分布，即

$$\pi(a \mid s) = P[A_t = a \mid S_t = s] \tag{8-3}$$

这个公式的含义是：策略 π 在每个状态 s 指定一个动作概率。如果给出的策略 π 是确定性的，那么策略 π 在每个状态 s 指定一个确定的动作。

这里给出一个学生学习的例子。假设学生有5个状态，状态集为 $S = \{s_1, s_2, s_3, s_4, s_5\}$，动作集为 A = {娱乐，学习，睡觉，上课，发论文}。对于一个特定的策略 π_1，其中包含了整个状态序列以及每个状态对应的动作。若要表示其中某个状态 s_1 时执行动作“娱乐”的概率为0.8，则 π_1（娱乐 | s_1）= 0.8。强化学习的目标就是要找到最优的策略，让从状态 s 出发得到的未来的累积回报最大，所以如何定义累积回报的计算方式是非常关键的。

一般来说，累积回报的定义有两种，一种是累加回报，另一种是折扣回报。下面用 R_t 来

表示 t 时刻状态的立即回报。

累加回报（Addictive Reward）：

$$G_t = R_{t+1} + R_{t+1} + R_{t+3} + \cdots = \sum_{k=0}^{\infty} R_{t+k+1} \tag{8-4}$$

折扣回报（Discounted Reward）：

$$G_t = R_{t+1} + \gamma R_{t+2} + \gamma^2 R_{t+3} + \cdots = \sum_{k=0}^{\infty} \gamma^k R_{t+k+1} \tag{8-5}$$

在 8.2.1 节中，讨论 4×3 环境的状态价值函数时，用的是累加回报的方式。但是一般来说，越远的未来对现在的影响越小，所以在进行回报的计算时，利用的是带折扣因子 γ 的折扣回报的形式（其中 $\gamma \in [0, 1]$）。当 γ 越接近于 0 时，遥远的未来的回报被认为是无关紧要的；当 γ 为 1 时，折扣回报就是累加回报，所以累加回报是折扣回报的一种特例。

在策略 π 下，可以用式（8-5）来计算累积回报。但是由于策略 π 是随机的，所以状态序列也是随机的，此时得到的G_t可能有多个值。为了评价某一状态-动作对的优劣，采用了一个状态价值函数$v_\pi(s)$。由于G_t不是一个确定值，但是其期望是确定的，所以可将其期望作为状态价值函数的定义。

（1）状态价值函数和最优状态价值函数

当智能体采用策略 π 时，累积回报服从一个分布，累积回报在状态 s 处的期望值定义为状态价值函数：

$$v_\pi(s) = E_\pi[G_t \mid S_t = s] = E_\pi\left[\sum_{k=0}^{\infty} \gamma^k R_{t+k+1} \mid S_t = s\right] \tag{8-6}$$

需要注意的是，状态价值函数是与策略 π 对应的，这是因为策略 π 决定了累积回报G_t的状态分布。

计算状态价值函数的目的是为了构建学习算法从数据中得到最优策略。每个策略对应着一个状态价值函数，最优策略自然对应着最优状态价值函数。最优状态价值函数$v^*(s)$是在所有策略下状态价值函数的最大值，不依赖于策略。它定义为所有策略下的最优累积回报的期望，即所有策略下状态价值函数的最大值，其表达式为

$$v^*(s) = \max_\pi v_\pi(s) \tag{8-7}$$

Bellman 方程是 MDP 的基础，也是强化学习算法的基础。其对于状态价值函数的基本形态推导如下：

$$\begin{aligned}
v_\pi(s) &= E[G_t \mid S_t = s] \\
&= E[R_{t+1} + \gamma R_{t+2} + \gamma^2 R_{t+3} + \cdots \mid S_t = s] \\
&= E[R_{t+1} + \gamma(R_{t+2} + \gamma R_{t+3} + \cdots) \mid S_t = s] \\
&= E[R_{t+1} + \gamma G_{t+1} \mid S_t = s] \\
&= E[R_{t+1} + \gamma v_\pi(S_{t+1}) \mid S_t = s]
\end{aligned} \tag{8-8}$$

式（8-8）就叫作 Bellman 方程。由式（8-8）可知，当前状态的价值和下一步状态的价值以及当前的回报有关。同时也说明，状态价值函数的计算可以通过迭代的方式来实现。

（2）动作价值函数和最优动作价值函数

动作价值函数$q_\pi(s, a)$是从状态 s 出发，执行动作 a 后再使用策略 π 所带来的期望回报。由于每个状态之后都有多种动作可以选择，如果知道了每个动作的价值，那么就可以选

择价值最大的一个动作去执行，这就是动作价值函数。对于每一个动作而言，都需要由策略根据当前的状态生成，因此必须有策略的支撑，即依赖于某一策略。其表达式为

$$q_\pi(s,a)=E_\pi[G_t \mid S_t=s,A_t=a] \tag{8-9}$$

最优动作价值函数是所有策略下的动作价值函数的最大值，表达式为

$$q^*(s,a)=\max_\pi q_\pi(s,a) \tag{8-10}$$

Bellman 方程对于动作价值函数的基本形态推导与式（8-8）类似，最终得到

$$q_\pi(s,a)=E_\pi[R_{t+1}+\gamma q_\pi(S_{t+1},A_{t+1}) \mid S_t=s,A_t=a] \tag{8-11}$$

（3）策略迭代和价值迭代

1）策略迭代。策略迭代是通过迭代计算价值函数的方式来使策略收敛到最优，其本质就是直接使用 Bellman 方程（式（8-8））得到的：

$$\begin{aligned} v_{k+1}(s) &= E[R_{t+1}+\gamma v_k(S_{t+1}) \mid S_t=s] \\ &= \sum_a \pi(a \mid s) \sum_{s',r} P(s',r \mid s,a)[R+\gamma v_k(s')] \end{aligned} \tag{8-12}$$

策略迭代可分为两步，即策略评估和策略改进。策略评估的目的是更新价值函数，或者说更好地估计基于当前策略的价值；策略改进是采用贪婪策略产生新的样本用于策略评估。也就是说，使用当前策略产生新的样本，再使用新的样本更好地估计策略的价值，然后利用策略的价值更新策略，再不断反复。理论可以证明最终策略将收敛到最优。

2）价值迭代。价值迭代是通过迭代计算价值函数的方式来使当前状态下的价值收敛到最优，只要达到收敛，最优的策略也随之得到。其本质上是用 Bellman 最优方程得到的：

$$\begin{aligned} v_{k+1}(s) &= \max_a E[R_{t+1}+\gamma v_k(S_{t+1}) \mid S_t=s,A_t=a] \\ &= \max_a \sum_{s',a} P(s',r \mid s,a)[R+\gamma v_k(s')] \end{aligned} \tag{8-13}$$

价值迭代和策略迭代的区别在于：策略迭代用 Bellman 方程来更新价值函数，最后收敛的价值即v_π是当前策略下的价值，是为了得到新的策略；价值迭代是用 Bellman 最优方程来更新价值函数，最后收敛得到的价值即v^*是当前状态下的最优价值。

事实上，强化学习算法按照模型是否已知，可以分为基于模型的强化学习方法和无模型的强化学习方法，而无论是哪一种方法，都离不开价值迭代和策略迭代。另外，还有一种思路，叫作直接策略搜索。所以，强化学习的方法大致可按照图 8-10 进行分类。

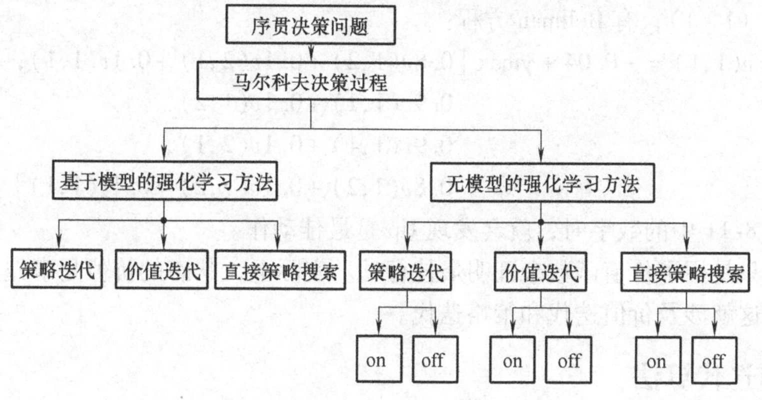

图 8-10 强化学习分类

8.3 基于模型的强化学习方法

基于模型的强化学习方法也叫动态规划（Dynamic Programming，DP）方法，需要已知完整的模型和回报函数。8.2 节中的 4 × 3 环境就是典型的已知模型和回报函数的例子，继续用其做例子来进行分析。

之前定义一个状态的价值为从它之后的所有状态的折扣期望和。因此，状态的价值和它的邻接状态的价值有直接关系。价值函数允许 Agent 选择使得后续状态的价值函数最大的行动：

$$\pi^*(s) = \arg\max_{a \in A(s)} \sum_{s'} P(s' \mid s,a) v(s') \tag{8-14}$$

假定 Agent 选择了最优行动，则此时一个状态的价值函数为该状态得到的立即回报加上在下一个状态的期望折扣价值：

$$v(s) = R(s) + \gamma \max_{a \in A(s)} \sum_{s'} P(s' \mid s,a) v(s') \tag{8-15}$$

这是另一种形式的 Bellman 方程。对于图 8-11 所示的 4×3 环境，给出每个状态的价值，且 $\gamma = 1$。可以注意到的是，在 +1 状态附近的价值比较高，这是因为到达终止状态需要更少的步数。

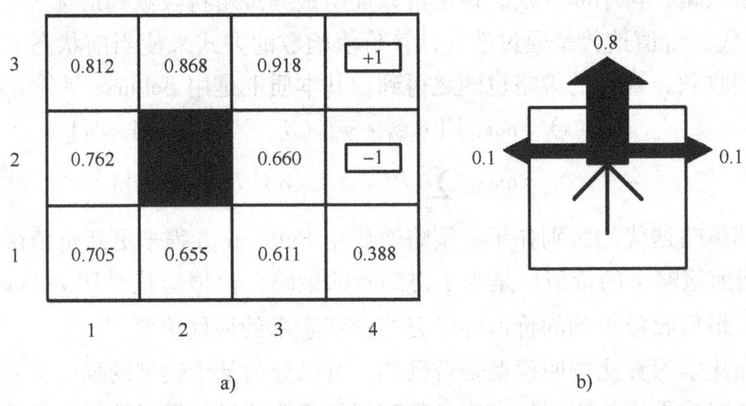

图 8-11　当 $\gamma = 1$ 且非终止状态的 $R(s) = -0.04$ 时计算出的 4 × 3 环境的状态价值

对于状态（1，1），有 Bellman 方程：

$$\begin{aligned} v(1,1) = -0.04 + \gamma \max\big[& 0.8v(1,2) + 0.1v(2,1) + 0.1v(1,1), && (上) \\ & 0.9v(1,1) + 0.1v(1,2), && (左) \\ & 0.9v(1,1) + 0.1v(2,1), && (下) \\ & 0.8v(1,2) + 0.1v(1,2) + 0.1v(1,1)\big] && (右) \end{aligned}$$

当带入图 8-11 中的数字时，就会发现 Up 是最佳动作。

但在这里只是用了价值函数来证明最佳行动。实际上，状态的价值是事先不知道的，是需要计算的，这就涉及价值迭代和策略迭代。

8.3.1 价值迭代算法

Bellman 方程是用来求解 MDP 的价值迭代算法的基础。如果有 n 个可能的状态，那么就

有 n 个 Bellman 方程。希望能够同时解这些方程得到每个状态的价值。但是有一个问题：这些方程是非线性的，因为其中的 max 不是线性算符。可以用迭代的方法，从任意初始值开始，将初始值带入方程的右边，然后算出左边，从而更新每个状态的价值。这个过程称为 Bellman 更新（令$v_i(s)$ 为状态 s 在第 i 次迭代中的价值）：

$$v_{i+1}(s) \leftarrow R(s) + \gamma \max_{a \in A(s)} \sum_{s'} P(s' \mid s,a)\, v_i(s') \tag{8-16}$$

其中，假设在每次迭代中更新同时应用到所有的状态上。如果无限次地应用 Bellman 更新，那么可以保证收敛（这里不做理论证明，感兴趣的读者可以自行查看），这时最后的价值一定是 Bellman 方程组的解。实际上，这也是唯一解，所对应的策略是最优的。这个算法称为价值迭代（Value Iteration）算法。选定初始值为 0 时，整个迭代的过程如图 8-12 所示。

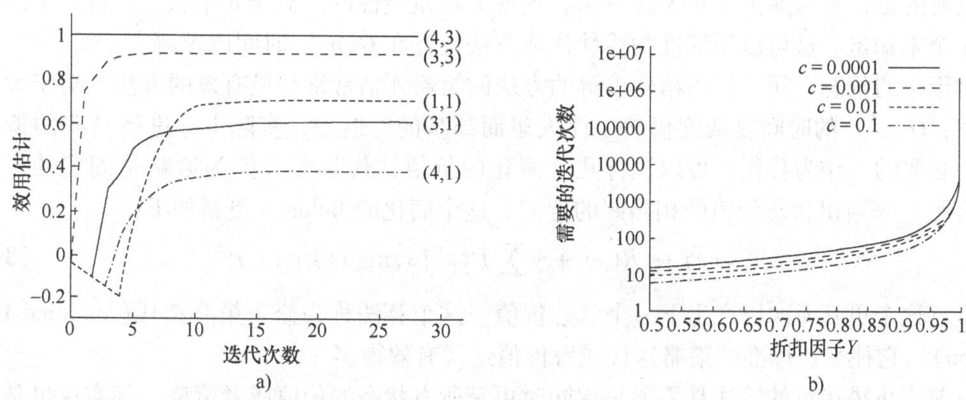

图 8-12 价值迭代过程算法

a）使用价值迭代，显示被选中状态的价值演变曲线图

b）对于不同的 c 值，为了保证误差最大为 $\varepsilon = cR_{\max}$ 所需要的价值迭代次数 k

从曲线图中注意到，距（4，3）不同距离的状态在发现一条到达（4，3）的路径之前是如何累积负回报的；发现了一条到达（4，3）的路径之后价值才开始增长。可以把价值迭代算法理解为在状态空间中通过局部更新的方式传播信息。

8.3.2 策略迭代算法

前一节中，即使在价值函数估计不准确的情况下，也有可能得到最优策略。如果一个行动比其他所有行动明显要好，那么所涉及状态的价值的准确量值不需要太精确。这暗示着另一种找到最优策略的方法。策略迭代算法从某个初始策略π_0开始，交替执行下面两个步骤：

策略评估：给定策略π_i，计算$v_i = v_{\pi_i}$，即如果执行π_i后每个状态的价值。

策略改进：通过基于v_i的向前看一步的方法（如同式（8-14）），计算新的策略π_{i+1}。

当策略改进步骤没有产生状态价值的改变时，算法终止。这时，可以知道价值v_i是 Bellman 更新的不动点，所以这也是 Bellman 方程的解，并且π_i一定是最优策略。因为对于有限的状态空间而言策略是有限的，并且可以证明每一次迭代都产生更好的策略，所以策略迭代一定会终止。

策略改进是明显而直接的，不过应该如何实现策略迭代的过程呢？其实这比求 Bellman

方程组（价值迭代要做的事）简单得多，因为策略把每个状态中的行动都固定了。在 i 次迭代中，策略π_i指定了状态 s 中的行动$\pi_i(s)$。这意味着得到了 Bellman 方程的一个简化版，把 s 的价值（在策略π_i下）和它邻接状态的价值联系起来：

$$v_i(s) = R(s) + \gamma \sum_{s'} P(s' \mid s, \pi_i(s))\, v_i(s') \tag{8-17}$$

例如，假设π_i是图 8-7 中所示的策略，那么有$\pi_i(1,\ 1) = \mathrm{Up}$，$\pi_i(1,\ 2) = \mathrm{Up}$，等，于是简化的 Bellman 方程组为

$$\begin{cases} v_i(1,1) = -0.04 + \gamma[0.8\, v_i(1,2) + 0.1\, v_i(2,1) + 0.1\, v_i(1,1)] \\ v_i(1,2) = -0.04 + \gamma[0.8\, v_i(1,3) + 0.2\, v_i(1,2)] \\ \quad\vdots \end{cases}$$

重要的是，因为除去了 max 运算符，这些方程是线性的。对于 n 个状态，有 n 个线性方程和 n 个未知量。这可以用标准的线性代数方法正好在 $O(n^3)$ 时间内求解。

对于小的状态空间，使用精确求解的方法的策略评估常常是最有效的方法。对于大的状态空间，$O(n^3)$ 的时间复杂度仍然是使人望而却步的。但是，实际上，进行精确的策略评估不是必要的。作为替代，可以执行几个简化的价值迭代步骤（因为策略是固定的，所以可以简化）来给出状态价值的相当好的近似。这个简化的 Bellman 更新如下：

$$v_{i+1}(s) \leftarrow R(s) + \gamma \sum_{s'} P(s' \mid s, \pi_i(s))\, v_i(s') \tag{8-18}$$

可以重复这个更新 k 次以产生下一个状态价值。这个算法称为修正策略迭代(Modified Policy Iteration)。它往往比标准的策略迭代或者价值迭代有效得多。

目前为止描述过的算法都需要每次同时更新所有状态的价值或者策略，其实这也是不严格必须的。实际上，在每次迭代中，可以挑选状态集的任意子集，并对这个子集执行任何一种更新（策略改进或者简化的价值迭代）。这种很一般的算法称为异步策略迭代(Asynchronous Policy Iteration)。给定一定的初始策略和初始价值函数上的条件，异步策略迭代保证收敛到最优策略。选择任何状态进行处理的自由意味着可以设计出有效得多的启发式算法，比如算法可以只关注于更新那些通过最优策略可能达到的状态的值。这也符合现实生活的情况：如果一个人没有跳下悬崖的意图，这个人就不应该花时间为跳崖的结果状态的精确值而担心。

8.4 无模型的强化学习方法

强化学习算法的精髓之一是解决无模型的马尔科夫决策问题。例如，考虑学习下棋的问题。事先你并不知道规则，在 100 回合后，你的对手告知你："你输了"。

在许多复杂的领域里，强化学习是对程序进行训练以表现出高层次的唯一可行途径。例如，在博弈中，对人类而言很难对大量的棋局提供精确一致的评价，而这些棋局又是直接通过实例训练评价函数所必须的。替代地，我们可以告知程序什么时候赢了或者输了，它能够运用此信息来学习评价函数，对从任何给定的棋局出发获胜的概率做出合理的精确估计。类似地，为一个 Agent 编写驾驶直升机的程序是非常困难的，不过通过给其提供适当的负回报，诸如坠毁、抖动或偏离规定航线等负回报，一个 Agent 能够自己学习驾驶直升机。可以认为，强化学习囊括了人工智能的全部：一个 Agent 被置于一个环境中，而且必须学会在其

间游刃有余。

对于无模型的强化学习方法，主要需要了解两个，一个是基于蒙特卡洛的强化学习方法，另一个是基于时间差分的强化学习方法。

8.4.1 基于蒙特卡洛的强化学习方法

在8.3节讲到了基于模型的策略迭代，其中的核心是先进行策略评估，再进行策略改进。无模型的强化学习基本思想也是如此。在无模型的情形下，策略迭代算法首先遇到的问题是无法进行策略评估，这是由于模型未知而导致无法做全概率展开。

基于模型的强化学习用到了模型 $P(s' \mid s, \pi_i(s))$，但是在无模型的强化学习中，模型 $P(s' \mid s, \pi_i(s))$ 是未知的。所以无模型的强化学习算法想要利用策略评估和策略改进的框架，必须采用其他方法评估当前的策略。一种直接的策略评估的替代方法是多次“采样”，然后求平均累积回报来作为期望累积回报的近似，这就称为蒙特卡洛强化学习。

如果回头看价值函数最初的定义公式：

$$v_\pi(s) = E_\pi[G_t \mid S_t = s] = E_\pi[\sum_{k=0}^{\infty} \gamma^k R_{t+k+1} \mid S_t = s]$$

$$q_\pi(s,a) = E_\pi[R_{t+1} + \gamma q_\pi(S_{t+1}, A_{t+1}) \mid S_t = s, A_t = a]$$

状态价值函数和动作价值函数计算的是返回值的期望，有模型的强化学习是利用模型计算该期望。在没有模型时，可以采用蒙特卡洛方法计算该期望，即利用随机样本估计期望。在计算价值函数时，蒙特卡洛方法是利用经验平均代替随机变量的期望。这里需要理解的两个概念是“经验”和“平均”。

什么是“经验”呢？

首先，必须做一个限定，由于我们没有能力处理无限的序列，所以假设蒙特卡洛方法所处理的状态序列总会在有限步之后回归到一个（或者几个）吸收状态（状态不再发生改变）。这样的一个循环称为一个episode（或称为一次试验）。“经验”就是利用该策略做很多次试验，产生很多数据。

比如，种庄稼的过程：

播种→施肥→浇水→施肥→浇水→收获

播种→浇水→施肥→施肥→杀虫→浇水→收获

播种→浇水→施肥→浇水→浇水→死亡

可以看到，无论是怎样的过程，在经历了有限个状态之后，庄稼要么收获，要么死亡，这就是吸收状态，表示完成了一个episode。我们现在想知道，如何种庄稼才能收获而不是让其死亡，而且也没有前辈可以咨询或者获取经验（得到全局转移概率），那么就只有通过试验的方法来探索了。多开垦几块地，用不同的方法来培育，看怎样培育地比较好。这就是蒙特卡洛“经验”的思想，如图8-13所示。

什么是“平均”呢？

平均的概念就是常见的求平均值的意思。也就是说，状态 s 处的价值函数是用平均的方式来求的。利用蒙特卡洛（Monte Carlo，MC）方法求状态 s 处的价值函数，可分为第一次访问蒙特卡

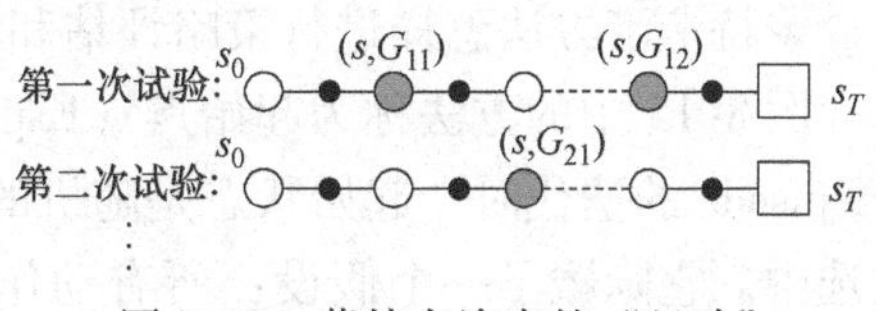

图8-13 蒙特卡洛中的“经验”

洛方法（First-visit MC Method）和每次访问蒙特卡洛方法（Every-visit MC Method）。

第一次访问蒙特卡洛方法是指在计算状态 s 处的价值函数时，只用到了每次试验中第一次访问到状态 s 时的返回值。如图 8-13 中的第一次试验所示，计算状态 s 处的均值利用 G_{11}，因此第一次访问蒙特卡洛方法的计算公式为

$$v(s)=\frac{G_{11}(s)+G_{21}(s)+\cdots}{N(s)} \tag{8-19}$$

式中，G_{11} 为第 1 次试验中，第 1 次访问到状态 s 时的返回值；G_{21} 为第 2 次试验中，第 1 次访问到状态 s 时的返回值；$N(s)$ 为试验的总次数。

每次访问蒙特卡洛方法是指在计算状态 s 处的价值函数时，利用所有访问到该状态时的返回值，即

$$v(s)=\frac{G_{11}(s)+G_{12}(s)+\cdots+G_{21}(s)+\cdots}{N(s)} \tag{8-20}$$

根据大数定律：当 $N(s)\rightarrow\infty$ 时，$v(s)\rightarrow v_{\pi}(s)$。

我们还可以这样理解蒙特卡洛方法。将蒙特卡洛方法分为三步：模拟→抽样→估值。图 8-14中的例子很直观地解释了这三部分。

问题：如何用蒙特卡洛方法来求 π 值？

解答：已知一个半径为 1 的圆的面积为 π，如果把这个圆放进一个边长为 2 的正方形中，圆的面积和正方形的面积比为 $c=\frac{\pi}{4}$，那么 $\pi=4c$。该如何得到 c 的值呢？

用飞镖去扎这个正方形，在保证每一镖都扎到正方形范围内的前提下，用圆内的小孔数除以整个正方形内的小孔数就可以近似得到 c。

说明：

模拟：用飞镖去扎这个正方形为依次模拟。

抽样：数圆内含的小孔数和正方形内含的小孔数。

估值：圆内小孔数除以正方形内小孔数，结果即为 c 的估计值。

图 8-14　蒙特卡洛法求 π 值

蒙特卡洛方法使用条件：

1）环境是可模拟的。在实际的应用中，模拟是很容易实现的，但了解环境的完整知识比较困难。由于环境可模拟，就可以抽样。

2）只适合情节性任务（Episodic Tasks）。因为需要抽样完整的结果，所以只适合有限步骤的情节性任务。

什么任务可以用到蒙特卡洛强化学习方法呢？只要满足强化学习的使用条件，都可以使用。比如，游戏类的任务，游戏类的任务又可以分为完全信息博弈游戏如围棋、国际象棋等，以及非完全信息博弈游戏如 21 点、麻将等。

蒙特卡洛方法怎样进行策略评估和策略改进呢？

图 8-15 中的方法称为起始点（Exploring Starts）蒙特卡洛法。起始点蒙特卡洛法在每一个 episode 的迭代时，起始状态是随机的，这样可以保证迭代过程中每一对状态-动作对都能被选中。它隐藏了一个假设：所有动作都被无限频繁选中。实际上，这个假设往往难以成立。那么如何在保证起始状态不变的同时，又能保证每一对状态-动作对能够被访问到呢？

策略评估迭代

探索：选择一个状态 (s,a)。

模拟：使用当前策略 π，进行一次模拟，从当前的状态到结束，随机产生一个 episode。

抽样：获得这个 episode 上的每个状态 s 的回报 $G(s,a)$，记录每一个 $G(s,a)$。

估值：$Q(s,a)$ =所有 $G(s,a)$ 的平均值。(这里依然分为第一次访问和每一次访问蒙特卡洛法)

策略改进

使用新的 $Q(s,a)$ 优化策略 π，即 $\pi(s) \leftarrow \arg\max_a Q(s,a)$

图 8-15 蒙特卡洛法进行策略评估和策略改进

答案是需要设计一个温和的探索策略。温和的策略是指对所有的状态 s 和动作 a，都满足 $\pi(a \mid s)>0$。也就是说，温和的探索策略是指在任意状态下，采用动作集中每个动作的概率都大于 0。典型的温和策略是 ε-soft 策略：

$$\pi(a \mid s)=\begin{cases}1-\varepsilon+\dfrac{\varepsilon}{|A(s)|} & a=\arg\max_a Q(s,a) \\ \dfrac{\varepsilon}{|A(s)|} & a \neq \arg\max_a Q(s,a)\end{cases} \tag{8-21}$$

根据探索策略（行动策略）和评估的策略是否为同一个策略，蒙特卡洛方法可以分为同策略（On-policy）和异策略（Off-policy）两种。若探索策略和评估、改进的策略是同一个策略，就称为 On-policy；否则，就称为 Off-policy。

On-policy 是指产生数据的策略与评估和要改善的策略是同一个策略。例如，要产生数据的策略和评估及改进的策略都是 ε-soft 策略。其伪代码如图 8-16 所示。

(1) 将所有 $s \in S$, $a \in A(s)$ 初始化：

$Q(s,a) \leftarrow$ 任意

$\pi(a \mid s) \leftarrow$ 一个任意的 ε-soft 策略

Returns$(s,a) \leftarrow$ 空列表

(2) 重复：

a. 以策略 π 生成一次试验（episode）；

b. 对于在这次试验中的每一对状态-动作对：

  $G \leftarrow s,a$ 第一次出现后的回报

  将 G 附加在回报列表 Returns(s,a) 上　　**策略评估**

c. 对于一个 episode 中的每一个状态 s：

  $A^* \leftarrow \arg\max_a Q(s,a)$，

$$\pi(a \mid s)\begin{cases}1-\varepsilon+\dfrac{\varepsilon}{|A(s)|} & a=\arg\max_a Q(s,a) \\ \dfrac{\varepsilon}{|A(s)|} & a \neq \arg\max_a Q(s,a)\end{cases}$$

图 8-16 On-policy 蒙特卡洛法

Off-policy 是指产生数据的策略与评估和改进的策略不是同一个策略。异策略可以保证充分的探索性。但是 Off-policy 方法需要额外的概念和标记，并且由于策略的不同，Off-policy 一般具有更大的方差且收敛速度更慢。

本书用 π 来表示用于评估和改进的策略，用 μ 来表示产生样本数据的策略。例如，用

来评估和改进的策略 π 是贪婪策略，用来产生样本数据的策略 μ 是探索性策略，如 ε- soft 策略。其伪代码如图 8-17 所示。

(1) 输入：一个任意的目标策略 π

(2) 所有 $s \in S$，$a \in A(s)$ 初始化：

$Q(s, a) \leftarrow$ 任意

$C(s, a) \leftarrow 0$

$\pi(s) \leftarrow$ 相对于 Q 的贪婪策略

(3) 重复：$\mu \leftarrow$ 任何包括 π 的策略利用软策略 μ 生成一次试验 s_0，a_0，R_1，…，s_{t-1}，a_{t-1}，R_t，s_t

$G \leftarrow 0$

$W \leftarrow 1$

(4) For $t = t-1, t-2, \cdots$ down to 0：

$G \leftarrow \gamma G + R_{t+1}$

$C(s_t, a_t) \leftarrow C(s_t; a_t) + W$

$Q(s_t, a_t) \leftarrow Q(s_t, a_t) + \frac{w}{c(s_t, a_t)}[G - Q(s_t, a_t)]$　　　策略评估

$\pi(s_t) \leftarrow \arg\max_a Q(s, a)$　　　策略改进

$W \leftarrow W \frac{\pi(a_t \mid s_t)}{\mu(a_t \mid s_t)}$

如果 $W = 0$，结束循环

图 8-17　Off- policy 蒙特卡洛法

无论是 On- policy 还是 Off- policy，都是在用蒙特卡洛方法来估计价值函数。与基于模型的方法相比，基于蒙特卡洛的方法不同之处只是在价值函数的估计上，而整个框架是相同的，即评估当前策略，然后利用学到的价值函数进行策略改进。

已经了解了蒙特卡洛法，但是它到底有什么优势呢?

1）蒙特卡洛方法可以从交互中直接学习优化的策略，而不需要一个环境的动态模型。环境的动态模型——近似表示环境的状态变化是可以完全推导的，表明了解环境的所有知识，也即是说可以计算 $v(s)$、$q(s, a)$，这意味着必须了解所有状态变化的可能性。而蒙特卡洛方法只需要一些（可能是大量的）取样就可以了。

2）蒙特卡洛方法可以用于模拟（样本）模型。

3）蒙特卡洛方法可以只考虑一个小的状态子集。

4）蒙特卡洛方法的每个状态价值计算是独立的，不会影响其他状态价值。

当然，蒙特卡洛方法也有其劣势，即需要大量的探索（模拟），所以学习速度慢，学习效率低。另外，蒙特卡洛方法是基于概率的，不是确定性的。

8.4.2　基于时间差分的强化学习方法

在上一节中，介绍了蒙特卡洛（MC）方法，这个方法需要运行大量的、完整的 episode 以获得较为准确的估计。但是很多场景下，要想运行大量和完整的 episode 非常浪费时间。这里主要的问题是蒙特卡洛方法没有充分利用强化学习任务的 MDP 结构。因此，如果还是

沿着 Bellman 方程的路子来估计价值函数，并且依然无模型呢？这时候就要用到时间差分（Temporal-Difference，TD）法了。

时间差分法是强化学习理论中最核心的内容，是强化学习领域最重要的成果，没有之一。与之前的方法相比，时间差分法主要的不同点在价值函数的估计上。

MC 使用准确的回报来更新价值，而 TD 则使用 Bellman 方程中对价值的估计方法来估计价值，然后将估计值作为价值的目标值进行更新。时间差分方法结合了蒙特卡洛的采样方法（即做试验）和动态规划（DP）方法的 Bootstrapping（利用后继状态的价值函数估计当前价值函数）。

蒙特卡洛方法使用的是价值函数最原始的定义，该方法利用所有回报的累积和估计价值函数。DP 方法和 TD 方法则利用一步预测方法计算当前状态价值函数，其共同点是利用了 Bootstrapping 方法，不同的是，DP 方法利用模型计算后继状态，而 TD 方法利用试验得到后继状态。

下面用示意图（见图 8-18）来对三种方法计算价值函数进行比较。

由图 8-18 可以看出，动态规划方法是理想化的情况，遍历了所有的情况；蒙特卡洛方法相比起来就要“现实”一些，只需要将一个 episode 记录完就可以更新价值；而时间差分方法最为“现实”，每一步都可以更新价值，也即是 Online-learning，学习速度非常快，但是时间差分方法也最不准确，不过在反复迭代之下，依然是可以收敛的。

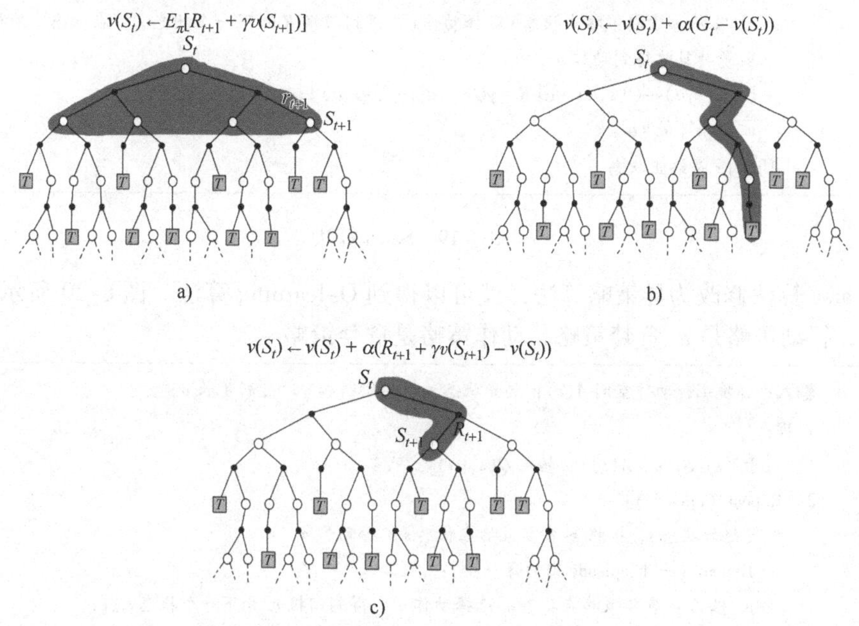

图 8-18 三种方法计算价值函数的示意图

a）动态规划方法 b）蒙特卡洛方法 c）时间差分方法

注：α 是更新步长，值越大，则越靠后的累积回报越重要。

从统计学的角度来看，蒙特卡洛方法和时间差分方法都是利用样本去估计价值函数的方法，哪种估计方法更好呢？既然是统计方法，就可以从期望和方差两个指标对两种方法进行对比。

首先来看蒙特卡洛方法。蒙特卡洛方法中的返回值为$G_t = R_{t+1} + \gamma R_{t+2} + \cdots + \gamma^{T-1} R_T$，其期望就是价值函数，因此蒙特卡洛方法是无偏估计。但是，由于蒙特卡洛方法需要完整的一次试验才能得到返回值G_t，在这个过程中，会出现很多的随机动作和状态，故G_t的随机性很大，虽然期望是真值，但是方差却无穷大。

接着来看时间差分方法。时间差分方法差分的目标是$v(S_t) = R_{t+1} + \gamma v(S_{t+1})$，若$v(S_{t+1})$采用真值，则时间差分方法也是无偏估计。但是在试验中，$v(S_{t+1})$ 用的是估计值，所以时间差分方法是有偏估计。但是，和蒙特卡洛方法相比，时间差分方法只用到了一步随机状态和动作，因此$v(S_t)$ 的随机性比蒙特卡洛方法中的G_t要小，所以其方差比蒙特卡洛方法小。

与蒙特卡洛方法一样，时间差分方法也分为同策略（On-policy）和异策略（Off-policy）。同策略中，有 Sarsa 算法；异策略中，有著名的 Q-learning 算法。

图 8-19 所示是同策略 Sarsa 强化学习算法，其中行动策略和评估的策略都是 ε-贪婪策略。

输入：环境 E；动作空间 $A(s)$；起始状态 s_0；奖励折扣 γ；更新步长 α；

过程：

1）对于 $\forall s \in S$，$a \in A(s)$ 初始化 $Q(s, a)$。

2）Repeat（episode）：

给定起始状态 s，根据 ε-贪婪策略在状态 s 选择动作 a

Repeat（一个 episode 内的每一步）：

a. 根据 ε-贪婪策略在状态 s 选择动作 a，得到回报 R 和下一个状态 s'，在状态 s' 处根据 ε-贪婪策略得到动作 a'；

b. $Q(s,a) \leftarrow Q(s,a) + \alpha[R + \gamma Q(s',a') - Q(s,a)]$；

c. $s = s'$，$a = a'$。

Unti | s 是终止状态

图 8-19　Sarsa 算法

将 Sarsa 算法修改为异策略算法，就可以得到 Q-learning 算法。图 8-20 所示是 Q-learning 算法，行动策略是 ε-贪婪策略，动作策略是贪婪策略。

输入：环境 E；动作空间 $A(s)$；起始状态 s_0；奖励折扣 γ；更新步长 α；

过程：

1）对于 $\forall s \in S$，$a \in A(s)$ 初始化 $Q(s, a)$。

2）Repeat（episode）：

给定起始状态 s，根据 ε-贪婪策略在状态 s 选择动作 a

Repeat（一个 episode 内的每一步）：

a. 根据 ε-贪婪策略在状态 s_t 选择动作 a_t，得到回报 r_t 和下一个状态 s_{t+1}；

b. $Q(s_t,a_t) \leftarrow Q(s_t,a_t) + \alpha[r_t + \gamma \max_a Q(s_{t+1},a) - Q(s_t,a_t)]$；

c. $s = s'$，$a = a'$。

Unti | s 是终止状态

Unti | 所有的 $Q(s,a)$ 收敛

3）输出最终策略：$\pi(s) = \mathrm{argmax}_a Q(s, a)$。

图 8-20　Q-learning 算法

8.5　基于直接策略搜索的强化学习方法

之前讲的强化学习方法无论是基于模型的还是无模型的，都是基于价值函数的方法。广义的价值函数方法包括两个步骤：策略评估和策略改进。当价值函数最优时，整个策略是最优的，此时得到的最优策略是贪婪策略（Greedy-policy）。贪婪策略是指 $\mathrm{argmax}_a Q_\theta(s,a)$，即在状态 s 时，对应最大动作价值函数的动作。它是一个状态空间到动作空间的映射，这个映射就是最优策略。这种方法得到的策略，一般来说都是状态空间向有限集动作空间的映射。

在强化学习中，还有另一类很重要的方法：直接策略搜索方法。策略搜索是将策略参数化为 $\pi_\theta(s)$，其含义是利用参数化的线性函数或诸如神经网络的非线性函数表示策略，寻找最优的参数 θ，使得强化学习的目标——累积回报的期望 $E[\sum_{t=0}^{H} R(s_t) \mid \pi_\theta]$ 最大。参数化后的策略 π 具有比状态空间的状态少得多的参数。

在基于价值函数的方法中，主要是迭代计算价值函数，再根据价值函数的结果改进策略。而在直接策略搜索方法中，直接对策略进行迭代，也就是迭代更新策略的参数值，直到累积回报的期望最大，此时的参数对应的策略就是所需要的最优策略。

为什么学者们不满足于基于价值函数的强化学习方法还要去研究和改进基于直接策略搜索的强化学习方法呢？它到底好在哪里？

1）直接策略搜索方法是将策略 π 进行参数化表示，与价值函数方法中对价值函数进行参数化表示相比，将策略进行参数化表示更为简单，有更好的收敛性，这是因为基于策略的学习虽然每次只改善一点点，但总是朝着好的方向在改善，而有些价值函数在后期会一直围绕最优价值函数持续小的振荡而不收敛。

2）利用价值函数方法求解最优策略时，策略改进需要求解 $\mathrm{argmax}_a Q_\theta(s,a)$，当要解决的问题动作空间维度很高时或者动作是连续的时候，这个方法求解 $\mathrm{argmax}_a Q_\theta(s,a)$ 就会十分困难。这时候，直接策略搜索的学习方法就要高效得多。

3）直接策略搜索方法中，经常采用随机策略来进行探索，因为随机策略可以将探索直接集成到所学习的策略当中去，而基于价值函数的方法是学不到随机策略的。

4）价值函数的计算有时候会非常复杂。比如，当小球从空中某个位置落下你需要左右移动接住时，计算小球在某一个位置时采取什么行为的价值是很难的。但是基于策略就简单许多，你只需要朝着小球落地的方向移动修改策略就行。

当然，与基于价值函数的方法相比，直接策略搜索方法也存在一些缺点，比如：

1）直接策略搜索方法容易收敛到局部最小值。

2）在评估单个策略的时候，原始的、未经改善的基于策略的学习有时效率不够高，且并不充分，方差会比较大。

但是，直接策略搜索方法的缺点比起优点来讲，是微不足道的，并且是可以进行修饰和改进的。这才使得近十几年来，学者们对直接策略搜索方法进行了各种改进，已经实现了很多的应用，这些应用多存在于游戏和机器人等领域。

直接策略搜索方法按照是否利用模型也可以分为无模型的策略搜索方法和基于模型的策

略搜索方法。其中，无模型的策略搜索方法根据策略是采用随机策略还是确定性策略分为随机策略搜索方法和确定性策略搜索方法。随机策略搜索方法最先发展起来的是策略梯度（Policy Gradient）方法，然而策略梯度方法存在着学习速率难以确定的问题。为了解决这个问题，学者们提出了基于统计学习的方法、基于路径积分的方法。确定性策略的主要方法是DeepMind在2015年的一篇论文《Continuous Control with Deep Reinforcement Learning》中采用的DDPG算法。

1. 基于策略梯度的强化学习算法

首先来理解什么是将策略参数化。

参数化的策略不是一个概率的集合，而是一个函数：$\pi_\theta(s)=P(a\mid s,\theta)$。

策略函数确定了在给定的状态和一定的参数设置下，采取任何可能行为的概率，因此事实上它是一个概率密度函数。在实际应用策略产生行为时，是按照这个概率分布进行行为采样的。策略函数里的参数决定了概率分布的形态。

参数化的目的是为了解决大规模问题。在大规模的问题里，把每一个状态严格地独立出来指出某个状态下应该执行某个行为是不太可能的。因此需要参数化，用少量的参数来合理近似实际的函数。

那么基于直接策略的强化学习是如何优化策略的呢？首先要知道，优化策略的最终目的是尽可能获得更多的奖励，所以设计一个目标函数来衡量策略的好坏。在有了目标函数之后，下一步的工作是要优化策略参数使得目标函数值最大化。因此可以说，基于策略的强化学习实际上是一个优化问题，找到参数θ来最大化目标函数。有些算法使用梯度，有些则不使用梯度，下面主要来看使用梯度的算法。一般来讲，如果有机会得到梯度，那么使用梯度上升的算法通常会更加优秀一些。

什么是策略梯度呢？

令$J(\theta)$可以是任何类型的策略目标函数，策略梯度算法可以使$J(\theta)$沿着其梯度上升至局部最大值，同时确定获得最大值时的参数θ：

$$\Delta\theta=\alpha\boldsymbol{\nabla}_\theta J(\theta) \tag{8-22}$$

式中，α是步长，也可称为学习速率；$\boldsymbol{\nabla}_\theta J(\theta)$就是策略梯度，且

$$\boldsymbol{\nabla}_\theta J(\theta)=\begin{pmatrix}\dfrac{\partial J(\theta)}{\partial\theta_1}\\ \vdots\\ \dfrac{\partial J(\theta)}{\partial\theta_n}\end{pmatrix} \tag{8-23}$$

有了梯度，就知道了参数的更新方程：

$$\theta_{\text{new}}=\theta_{\text{old}}+\alpha\boldsymbol{\nabla}_\theta J(\theta) \tag{8-24}$$

策略梯度应该怎么计算呢？

1）有限差分（Finite Difference）法计算策略梯度。这是很常用的一种计算策略梯度的方法，特别是当梯度本身很难得到的时候。具体的做法是，针对参数θ的每一个分量θ_k，使用式（8-23）来粗略计算梯度：

$$\frac{\partial J(\theta)}{\partial\theta_k}\approx\frac{J(\theta+\varepsilon\,\boldsymbol{u}_k)-J(\theta)}{\varepsilon} \tag{8-25}$$

式中，$\boldsymbol{u}_k$是一个单位向量，仅在第 k 个维度上值为1，其余维度上值为0。

有限差分法很简单，不要求策略函数可微分，适用于任意策略，但是有噪声，且大多数时候不高效。

另外，这个方法可以用来检验机器学习中一些梯度算法是否正确。

2）蒙特卡洛法计算策略梯度。这个方法要求策略在执行动作的时候是可以微分的，并且其梯度是能计算出来的。

定义：函数在某个变量 θ 处的梯度等于该函数值与该函数的对数函数在此处梯度的乘积，即

$$\nabla_\theta \pi_\theta(s,a) = \pi_\theta(s,a)\frac{\nabla_\theta \pi_\theta(s,a)}{\pi_\theta(s,a)} = \pi_\theta(s,a)\nabla_\theta \lg \pi_\theta(s,a) \tag{8-26}$$

这里用到了一个公式：$\mathrm{d}y/y = \mathrm{d}\lg(y)$。

定义得分函数（Score Function）：$\nabla_\theta \lg \pi_\theta(s,\ a)$。

了解了策略梯度计算的思路后，接下来对应于具体的策略进行一些展开介绍。

（1）softmax 策略

softmax 策略是针对一些具有离散的行为常用的一个策略。我们希望用平滑的参数化的策略来进行决策：针对每一个离散的行为，应该以什么样的概率来执行它。为此，把行为看成是多个特征在一定权重下的线性代数和：

$$\phi(s,a)^{\mathrm{T}}\theta$$

而采用某一具体行为的概率与 e 的该值次幂成正比：

$$\pi_\theta(s,a) \propto \mathrm{e}^{\phi(s,a)^{\mathrm{T}}\theta}$$

这是一种在离散领域确定最优策略的常用方式。概率大的动作会更多地被智能体选择并执行。

（2）Gaussian 策略

与 softmax 策略不同的是，Gaussian 策略常应用于连续行为空间。比如，如果控制机器人行走，要调整流经控制某个电动机的电流值，而这是一个连续的取值。用状态特征与权重的线性组合表示平均值，方差可以是固定的也可以是时变的。使用正态分布的 Gaussian 策略，同样，它也有它的得分函数。

使用 Gaussian 策略时，通常对于均值有一个参数化的表示，同样可以是一些特征的线性代数和：

$$\mu(s) = \phi(s)^{\mathrm{T}}\theta \tag{8-27}$$

方差可以是固定值，也可以用参数化表示。行为对应于一个具体的数值，该数值从以 $\mu(s)$ 为均值、σ 为标准差的正态分布中随机采样产生：

$$a \sim N(\mu(s),\sigma^2)$$

对应的得分函数是

$$\nabla_\theta \lg \pi_\theta(s,a) = \frac{(a-\mu(s))\phi(s)}{\sigma^2} \tag{8-28}$$

在利用上述两个策略进行实际编程时，要特别注意梯度消失或梯度爆炸的现象。得分函数通常应用于当前梯度很难得到的时候；当使用某些机器学习库的时候，可以通过代入损失值，直接计算得出目标函数的梯度，此时就不需要计算得分函数的值了。

2. 策略梯度定理

策略梯度就是得分函数和价值函数乘积的期望，是从 One-step MDPs 推导出来的。

定理：对于任何可微的策略$\pi_\theta(s,a)$，对于任何策略的目标函数 $J=J_1$，J_{avR}或者$\frac{J_{avV}}{1-\gamma}$，策略梯度都是

$$\nabla\pi_\theta J(\theta)=E_{\pi_\theta}[\nabla_\theta \lg \pi_\theta(s,a)Q_{\pi_\theta}(s,a)] \tag{8-29}$$

8.6 强化学习前沿

8.6.1 DQN 算法

DQN 算法是由谷歌 DeepMind 公司于 2013 年提出的，并因 2015 年在《Nature》上发表了著名论文《Human-level Control through Deep Reinforcement Learning》，而一战成名。DeepMind 首先将 DQN 用在了玩 Atari 游戏上，后来又用在了围棋上，也为后来的 AlphaGO 打下基础。

DQN 算法的大体框架是传统强化学习中的 Q-learning，DQN 对 Q-learning 的改进主要有三个方面：

1）DQN 利用深度卷积网络逼近价值函数。

2）DQN 利用经验回放训练强化学习的学习过程。

3）DQN 独立设置目标网络来单独处理时间差分方法中的 TD 偏差。

DQN 在利用深度神经网络逼近价值函数的时候，强化学习算法时常不稳定。其原因在于训练深度神经网络时往往假设输入的数据是独立同分布的，然而强化学习的数据是顺序采集的，数据之间存在马尔科夫性，显然这些数据并非是独立同分布的。

为了打破数据之间的相关性，DQN 使用了两个技巧：经验回放和独立的目标网络。

8.6.2 确定性策略搜索理论——DDPG 算法

2014 年，Silver 在论文《Deterministic Policy Gradient Algorithms》中提出了确定性搜索策略理论，直接策略搜索方法中才出现了确定性策略的方法。2015 年，DeepMind 将 DQN 与确定性策略梯度（Deterministic Policy Gradient，DPG）结合，在论文《Continuous Control with Deep Reinforcement Learning》中提出了 DDPG 算法。

确定性策略的公式：

$$a=\mu_\theta(s) \tag{8-30}$$

和随机策略不同，相同的策略（θ 相同）在状态为 s 时，动作是唯一确定的。也就是说，当初始状态已知时，用确定性策略所产生的轨迹是固定的，智能体无法探索其他轨迹或者访问其他状态，从这来看，智能体无法学习。那么确定性策略应该怎样学习呢？答案是利用异策略（Off-policy）的学习方法。异策略是指行动策略和评估策略不是同一个策略。这里，行动策略是随机策略，以保证充足的探索；评估策略是确定性策略，即式（8-30）。整个确定性策略的学习框架用的是 Actor-Critic 框架，Actor 即行动策略，Critic 即评估策略，这里采用的是价值函数逼近的方法估计价值函数。

与随机策略相比，确定性策略的优点在于需要采样的数据少，算法效率高。通常来讲，确定性策略算法的效率要比随机策略的效率高十倍，这是确定性策略的主要优点。

DDPG是深度确定性策略，所谓深度是指利用深度神经网络逼近行为价值函数$Q_{\omega}(s,a)$和确定性策略$\mu_{\theta}(s)$。

在介绍DQN算法的时候提到，DQN使用了两个技巧——经验回放和独立的目标网络来打破数据之间的相关性，DDPG算法则是将这两个技巧应用到了DPG算法中去。

8.6.3 基于置信域策略优化的强化学习算法

置信域策略优化（Trust Region Policy Optimization，TRPO）是由伯克利的副教授Pieter Abbeel的博士生John Schulman于2015年提出来的。

之前提到，策略梯度法存在着步长（学习速率）难以确定的问题。若步长太长，策略很容易发散；若步长太短，收敛速度又很慢。学者们提出了基于统计学习的方法、基于路径积分的方法回避学习速率问题。虽然这些方法能在一定程度上避免直接利用步长，但是这些方法也丢掉了梯度方法很容易处理大规模问题的优势。而TRPO则没有回避步长的问题，正面解决了这个问题。

在采用策略梯度算法时，当步长不合适时，更新的参数所对应的策略是一个更不好的策略。也就是说，如果继续学习，下一次更新的参数会更差，因此容易导致越学越差，最后崩溃。所以，合适的步长对于强化学习非常关键。而TRPO就解决了这个问题，TRPO给出了一个单调的策略改进方法，即找到的新的策略使得新的回报函数的值单调增长，从而保证单调收敛。

关于TRPO的整个推导过程，感兴趣的读者可以自行在《Computer Science》上查看John Schulman的文章《Trust Region Policy Optimization》。

本章小结

首先，本章从强化学习要解决的问题入手，引出强化学习，并对强化学习的发展历史和算法分类进行了介绍。

然后，本章从序贯决策问题到马尔科夫决策过程（MDP），将强化学习所涉及的背景知识进行了深入浅出地介绍。

接下来，本章结合强化学习的算法分类，从模型有无的角度，分别介绍了基于模型的动态规划方法和无模型的强化学习方法。无模型的强化学习方法又分为基于蒙特卡洛的强化学习方法和基于时间差分的强化学习方法。从是否基于价值函数的角度，又介绍了不基于价值函数的直接策略搜索方法。

最后，本章介绍了DQN、DDPG、TRPO等强化学习的前沿算法。

习题

8.1 如果在图8-21所示的环境中，除了终止状态之外，其他状态的回报$R(s)<-1$的

话，会发生什么情况？如果 $R(s)>0$ 的话，又会发生什么情况？请仿照图 8-21a，在图 8-21b、c 中画出每个状态的期望方向。

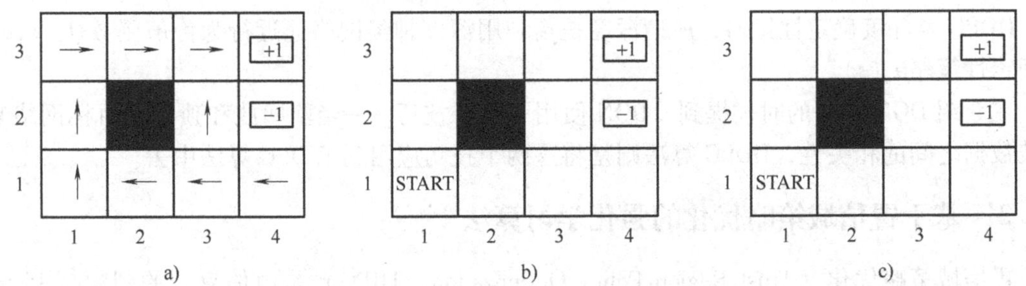

图 8-21　环境图

a) $R(s)=-0.04$　b) $R(s)<-1$　c) $R(s)>0$

参考答案如图 8-22 和图 8-23 所示。

分析：由于 $R(s)$ 已经小于了 -1，此时最不想到达的状态已经不是（4，2）了，而是除了终止状态以外的所有状态都不想到达。所以，此时 Agent 会直奔最近的出口，即使出口的回报是 -1。

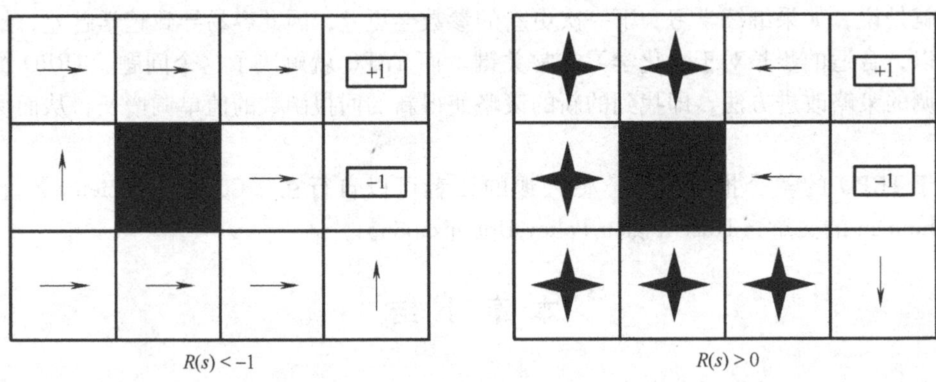

图 8-22　b 情况下结果　　图 8-23　c 情况下结果

分析：当 $R(s)>0$ 时，Agent 会躲避两个出口，此时只要状态（4，1）、（3，2）、（3，3）的期望方向如图 8-23 所示，其他状态的所有策略都是最优的，并且由于 Agent 永远不会进入终止状态，它可以获得无限的总回报。

8.2　简述马尔科夫决策过程。

8.3　什么是价值迭代和策略迭代？两者的区别和联系是什么？

8.4　哪些强化学习问题可以采用蒙特卡洛方法来解决？

8.5　哪些强化学习问题可以采用时间差分方法来解决？

8.6　解释同策略（On-policy）和异策略（Off-policy），并分析两者的优缺点。

8.7　简述采用直接策略搜索方法的好处。

8.8　近几年有哪些新的强化学习方法被提出？请对它们的内容进行简单描述。

参考文献

[1] 郭宪，方勇纯. 深入浅出强化学习 [M]. 北京：电子工业出版社，2018.
[2] RUSSELL S J, NORVIG P. Artificial intelligence: a modern approach [M]. New Jersey: Prentice Hall, 2002.
[3] SUTTON R, BARTO A. Reinforcement learning: an introduction [M]. Cambridge: MIT Press, 2018.
[4] 周志华. 机器学习 [M]. 北京：清华大学出版社，2016.
[5] MNIH V, KAVUKCUOGLU K, SILVER D, et al. Human-level control through deep reinforcement learning [J]. Nature, 2015, 518 (7540), 529-539.
[6] LILLICRAP T, HUNT J, PRITZEL A. HEESS N, et al. Continuous control with deep reinforcement learning [C] //In International Conference on Learning Representations (ICLR). arXiv preprint arXiv: 1509, 02971 (2015).

第9章

自然语言处理

导 读

基本内容：本章主要介绍自然语言处理基础，包括语言学简介、文本解析、文本特征向量生成方法、自然语言预测和机器翻译。通过本章的学习，可以了解自然语言处理中的一些基本概念和常用方法，并初步掌握自然语言处理的技术。

学习要点：了解不同句子成分的划分方式；掌握语言标记方法；理解文本解析基本方法；掌握 Word2vec 算法；掌握 n 元语法模型；理解循环神经网络与机器翻译原理。

9.1 自然语言处理概述

语言是人类交流的主要工具，在人们的日常生活中有着重要的意义。随着信息技术的发展以及智能设备在生产和生活中的广泛使用，有两个问题逐渐变得紧迫且重要：第一个是人与机器间如何能够实现类似人与人之间自然顺畅高效地交流，而不是通过计算机指令输入/输出的方式，从而可以拓展机器的功能以提高设备的易用性；第二个是如何让计算机辅助人类进行一些大规模或即时的语言和文字处理任务，从而提升人类的生活便利或生产效率。自然语言处理（Natural Language Processing，NLP）的目标就是要解决以上两个问题，它是研究计算机处理人类语言的一门技术，是计算机科学和语言学相结合的一个交叉研究领域。总体而言，自然语言处理面临的任务主要包括三个方面：语言感知、语言理解和语言生成。语言感知相当于计算机的“听”和“读”能力，是人机交互中主要的信息输入部分；语言理解则是自然语言处理研究的主要任务和核心挑战，其主要研究如何让计算机对于输入的语言进行深入的分析并能够结合上下文语境信息准确理解语言的含义，从而提取出有用的信息，相当于人类的语言“思考”和“理解”能力；语言生成则是研究如何让计算机把提取的信息以流畅通顺的语言形式表达出来，这种表达可以是文字或语音。

自然语言处理任务涵盖的范围比较大，同时应用广泛，这里按照语言理解过程中涉及的语言对象的复杂性从低到高把自然语言处理所研究的主要内容按照如下几方面进行简介。

1）语音和文字识别。文本是自然语言处理最主要的对象。文本在计算机中是以字符编码的方式保存的，这也是计算机最擅长处理的方式。因此为了方便处理，通常需要使用语音识别或文字识别把语音或者图片文字转化为文本，然后再做进一步的分析和理解。语音识别的目的是把传声器获取的语音信号转换成说话内容对应的文本数据，这相当于让计算机“听”一个人说话，并把所听的内容在计算机里用文本记录下来。文字识别是指从包含文字的图片中识别出文字内容并转换成对应的文本，这相当于让计算机“阅读”并在其中用文本记录下所看到的内容。这个过程通常是在字符和词语层次上的处理。

2）文本解析。一句话中通常包括不同词性的词语、不同功能和属性的短语和分句。文本解析包括词法和句法解析，其主要任务就是对于给定的文本，进行正确地断句、词语划分和词性标注、固定短语识别以及分句关系判断等，即从词语、短语、句子到段落再到全文不同尺度上对文本进行正确拆解和属性判断，以便于后续的分析和理解。这个过程是在词语和句子的层次上对文本进行处理。

3）文本分析与挖掘。这个过程是从全文内容层次上对文本进行分类聚类、话题识别、情感分析、摘要压缩以及可视化表示等。文本分析与挖掘往往不再局限于单个词语或句子，而是在文本整体内容上更深层次的处理。目前主流的技术是先把文本转化成特征向量，然后利用机器学习算法进行处理和分析。

4）知识提取与检索。对文本的理解最终体现在知识的提取上，这要求能够从文本中对所表述的内容进行归纳总结和抽象提取并最终形成知识的形式，从而供后续的查阅和检索。知识提取就是把文本内容从更加抽象的知识层面去描述；信息检索则是对应给定的任务，能够从已有的知识库中搜索到与之对应的部分。这个过程是从文本所传达的知识的层次上进行处理。

5）机器翻译。类似于人工翻译，机器翻译是把文本或者语音从一种语言（通常称为源语言，如中文）转化为另一种语言（通常称为目标语言，如英文）表述出来，同时尽量准确、完整地传递源语言所包含的信息。这个过程牵涉到对源语言所包含信息地准确提取、语言间恰当的转化方式以及目标语言正确流畅地生成出来。

6）问答/对话系统。自然语言处理的最终目标是设计出能够完成类似于人与人之间的自然交流或对话系统，从而实现人机间的高效流畅交互。这个过程是一个综合的语言处理过程，包含了语言感知、语言理解和语言生成整个过程，同时还要求能够根据对话情景正确理解语言的意思。

9.2　自然语言处理基础

为了使本章知识体系完整，同时为了读者学习后续章节内容的方便，本节首先简要介绍现代语言学的一些基本知识，这些知识在自然语言处理（尤其是基于统计的算法）中具有重要的作用；然后介绍语言标记的基本知识和一些常用的语料库，以便读者自己进行算法实验和动手实践。

1. 现代语言学基础

如前所述，自然语言处理是一个计算机科学和语言学结合的领域，因此现代语言学的知识对于理解和开发自然语言处理算法具有非常重要的意义。在语言学中，词语是语言中最基本的意义载体，是组成句子的基本元素。词语从性质上主要分为名词、动词、形容词、副词、代词、介词、连词、助词、数词和量词几大类（其他如叹词、拟声词等相比之下使用较少），如表9-1所示。

表9-1　常见词性及其例子

词　性	说　明	例　子
名词	表示人或事物的名称	张三，桌子，力量，中国
动词	表示人或者事物动作行为、发展变化	阅读，飞翔，转变
形容词	表征事物的性质、状态、程度等	柔软，白色，浓厚，深邃
副词	用来修饰、限制动词或形容词	非常，十分，飞快，立刻
代词	指代特定的名词或者情况	谁，那里，前者，什么
介词	与名词或动作组合表示趋向、目标、方式等	通过，随着，向，为了，在
连词	把词与词或句子与句子相连接起来	和，并且，所以，要么
助词	在句子中起辅助表达作用	的，了，过，吗，吧
数词	表示事物数目多少或排序	一，百，第一，半，几
量词	表示事物或者动作的量	件，个，条，倍，斤，次

词语按照基本的语法规则组合在一起就形成了句子。句子是语言的基本表述单位，其结构也较为复杂多变，分为简单句和复合句。从句子的组成上看，一个语句中主干部分通常包括主语、谓语和宾语三部分。除了主干外，句子中另外三个辅助成分是定语、状语和补语，它们主要起到修饰、限制、补充说明主干成分的作用。这六种句子成分在语句中的作用如表9-2所示。

表9-2　句子成分及其作用和构成

句子成分	句子中的作用	构成词性
主语	句子中动作或行为的发出者；表述对象主体	名词、代词、数词等，或具有名词、代词属性的短语、句子
谓语	对主语发出或承受的具体动作或状态进行的说明	通常由动词或具有动词属性的短语、句子担任
宾语	宾语是谓语动作的对象	通常也是名词、代词、数词，或具有名词、代词属性的短语、句子
定语	在主语或宾语前用来修饰、限定或说明其特征和属性	通常由形容词、数词、代词或具有这些词属性的短语和从句构成
状语	在动词或者形容词前面修饰、限制其状态、程度、方式、条件等	通常由形容词、副词、代词、介词短语或具有这些词属性的短语和从句构成
补语	在动词或形容词后补充说明其结果、程度、状态、趋势等	形容词、动词、数量词或介词短语

为了更清楚地说明主语、谓语和宾语句子成分的作用，这里举个简单的例子：

“猴子　　　　吃　　　　香蕉。”
主语　　　　谓语　　　　宾语

其中，“猴子”是主语，是动作行为的发起者；“吃”是谓语，是主语执行的具体动作；“香蕉”是宾语，是“吃”这个动作的对象。需要说明的是，不是每个句子都必须完整地包括主语、谓语和宾语三个主干部分，有时可以只包括其中两个甚至是一个部分，例如：

“我走了。”这个句子主干只包括主语“我”和谓语“走”，没有宾语。

“吃饭了。”这个句子主干则只包括谓语“吃”和宾语“饭”，主语被省略了。

“快起来！”这个句子主干只有谓语“起来”，而没有主语和宾语。

由此可以看出，一个完整句子中谓语占有非常重要的位置，通常是一个完整句子中不可缺少的主干成分，而一般情况下不会出现只有主语或宾语的句子。除了单个词语担任，主语和宾语也可以是一个短语或者句子，例如：

“我看见猴子吃香蕉。”

“猴子吃香蕉是件很有趣的事情。”

其中，第一个例子中谓语动词“看见”的宾语是一个完整的句子“猴子吃香蕉”，而第二个例子中的主语就是“猴子吃香蕉”这个句子。

定语、状语和补语虽然不是句子的主干，但是对句子意思的完整和精确表达起到了重要作用。这里举例说明。为了表达方便，这里采用以下符号作为标记：定语用“( )”标记，状语用“[ ]”标记，补语用“< >”标记。

“（那只可爱）的猴子［快速地］吃<完>了（一个熟透）的香蕉。”

其中，定语“那只可爱”是用来描述和修饰主语“猴子”的，定语“一个熟透”是用来修饰宾语“香蕉”的；状语“快速地”在谓语动词“吃”前面用来表示这个动作的的程度；补语“完”在谓语动词后用来补充说明“吃”这个动作的结果。定语、状语和补语也可以是短语或句子，例如：

“（小明模仿猴子吃香蕉）的事情［经过大家相互传播后］变成了一个笑话。”

其中，定语“小明模仿猴子吃香蕉”是一个完整的句子，用来修饰主语“事情”；状语“经过大家相互传播后”是一个介词短语，用来修饰谓语动词“变成”。

两个以上句子还可以由连词连接在一起构成复合句。复合句的形式有并列型（又称联合型）和偏正型。并列型是指复合句中的各个分句处于平等地位，相互间没有依附或者从属关系。偏正型是指复合句中的不同分句地位不平等，具有主从或者依附关系。例如：

“观众们喜欢看猴子吃香蕉和大熊猫打滚儿。”

“只要猴子完成表演，饲养员就丢给它一个香蕉。”

前一个例子中“猴子吃香蕉和大熊猫打滚儿”是一个并列型复合句做谓语动词“看”的宾语，由连词“和”连接两个平等关系的分句子构成。后一个例子中连词“只要……就……”把两个句子“猴子完成表演”和“饲养员丢给它一个香蕉”连在一起，组成一个条件复合句。前面一句是预设的条件，是偏句（或从属句）；后面一句是满足条件时的结果，是正句（或主句）。

2. 语言标记和语料库

语言标记（或称为词类标记）是自然语言分析和理解（尤其是基于统计方法）中的重要步骤，其作用就是对语句中每个词的词性进行标记。例如：

语句：	“我	看见	一	只	猴子	正在	吃	香蕉”
标记：	代词	动词	数词	量词	名词	副词	动词	名词

在实际任务中，为了使用和存储的方便，通常采用词类编码的方式进行标记。首先给定一个词类标记代码表，然后在句子中的每个词语后面用一个斜杠“/”加上该词语的词类代码进行标注。例如，如果用表 9-3 所示的词类代码表，那么前面的例句就可以标记如下：

我/r 看见/v 一/m 只/q 猴子/n 正在/d 吃/v 香蕉/n。

表 9-3　词类标记代码表例子

词　类	名词	动词	形容词	副词	代词	数词	量词
代　码	n	v	a	d	r	m	q

对于同一个句子，采用不同的词类代码表，其标记的结果也可能会不同。中文常用的词类标记代码表是由教育部语言文字应用研究所计算语言学研究室所编写的标记代码表㊀，如表 9-4 所示。

表 9-4　中文词类标记代码表

代码	词　类	代码	词　类	代码	词　类
n	普通名词	v	动词	u	助词
nt	时间名词	vd	趋向动词	e	叹词
nd	方位名词	vl	联系动词	o	拟声词
nl	处所名词	vu	能愿动词	i	习用语
nh	人名	a	形容词	j	缩略语
nhf	姓	f	区别词	h	前接成分
nhs	名	m	数词	k	后接成分
ns	地名	q	量词	g	语素字
nn	族名	d	副词	x	非语素字
ni	机构名	r	代词	w	标点符号
nz	其他专名	p	介词	ws	非汉字字符串
		c	连词	wu	其他未知的符号

因为不同的语言对应的词类也不完全一样，所以每个语种通常都有自己特有的词类编码表。以英文为例，英文中就包含许多特有的（中文没有的）词语类型，常用的英文词类标记代码表有 Penn Treebank 词类标记编码表㊁，如表 9-5 所示。

有了词类编码表之后，就可以对给定的语句进行词类标记了。在实际应用中，往往根据需要对某一方面的文本进行大量收集构建一个语料库，其中包含了按照某种标准收集的特殊文本材料，如新闻语料库、文学语料库、科技语料库等，然后采用人工或者自动标记算法构建有标记的语料库，为后续的自然语言处理算法开发提供数据支撑。因为标记语料库的构建需要消耗大量的资源和时间，同时现在已经存在较多的各类标记语料库可以进行各种自然语言处理任务，所以实际应用中自己构建标记语料库的情况不多。加之现有的主流自然语言处理算法多是基于深度学习的端到端模型，另外 Charniak 等[1]也证明，即使不考虑任何因素，把每个词只标记成它最常用的词类，这样标记的结果准确性依然可以达到90%。因此对于词语标记和语料库构建的具体内容这里不再详述，仅介绍几个常用语料库供有需要的读者参考。

㊀ http://corpus. zhonghuayuwen. org/CnCindex. aspx。

㊁ https://www. ling. upenn. edu/courses/Fall_2003/ling001/penn_treebank_pos. html。

表 9-5 英语词类标记代码表

序号	代码	含 义	序号	代码	含 义
1	CC	并列连词	19	PRP $	物主代词
2	CD	基数词	20	RB	副词
3	DT	冠词	21	RBR	副词比较级
4	EX	表示存在意义的 there	22	RBS	副词最高级
5	FW	外来词	23	RP	助词
6	IN	介词或从属连词	24	SYM	符号
7	JJ	形容词	25	TO	单词 to
8	JJR	形容词比较级	26	UH	叹词
9	JJS	形容词最高级	27	VB	动词基本形式
10	LS	项目符号标记	28	VBD	动词过去式
11	MD	情态助词	29	VBG	动词现在分词
12	NN	名词单数或不可数	30	VBN	动词过去分词
13	NNS	名词复数	31	VBP	动词非第三人称一般式
14	NNP	专有名词单数	32	VBZ	动词第三人称一般现在时
15	NNPS	专有名词复数	33	WDT	Wh 开头的限定词
16	PDT	限定词	34	WP	Wh 开头冠词
17	POS	所有格结束词	35	WP $	Wh 开头名词所有格
18	PRP	人称代词	36	WRB	Wh 开头副词

中文语料库：

1）教育部语言文字应用研究所计算语言学研究室：http://corpus. zhonghuayuwen. org/index. aspx。

2）北京大学语料库：http://ccl. pku. edu. cn：8080/ccl_corpus/。

3）北京语言大学语料库：http://bcc. blcu. edu. cn/。

英文语料库：

1）Brown 语料库：http://clu. uni. no/icame/manuals/BROWN/INDEX. HTM。

2）Penn Treebank 语料库：https://catalog. ldc. upenn. edu/LDC95T7。

3）Oxford Text Archive 语料库：http://ota. ahds. ac. uk。

9.3 文本解析

自然语言处理的最终目标是让计算机“理解”人类的语言，这就要求计算机首先要能够无歧义地对句子各个组成成分和语法功能进行正确地理解。文本解析（或称为句法解析）就是对于输入的一个完整或部分句子，在之前介绍的词类标记的基础上，利用解析算法对句子的结构和成分从语法的层面上进行分析，给出句子中词语间的语法或依赖关系。文本解析的算法或模型通常称为解析器（Parser）。解析器的输入是一个语句，输出结果通常以解析树（或称为句法树）的形式表示。解析树的结点分两类：一类称为终结符号，与语言中的不可拆分的词语单位相对应（中文如表9-4所示，英文如表9-5所示）；另一类是非终结符号，不同类型结点如表9-6所示（其中S表示一个句子，也是树的起始根结点）。

表9-6　非终结符号

符　号	含　义	例　子
S	解析树根结点或从句	输入的完整句子，如"小猴子飞快地爬上树了。""天空渐渐变暗了。"
NP	名词性成分	美丽的乡村、在笼子里的小花猫、电脑键盘套装
VP	动词性成分	拿着一本书、一起吃早餐、慢慢地滚到水里去了
PP	介词短语	在教室里、从南边过来、在左边、通过这组图片

有了这些结点，就可以根据语法规则定义一些解析规则了。例如，一个主语+谓语类型的陈述语句，主语通常是名词，谓语是动词，这种类型的语句就可以使用S→NP+VP的解析规则表示，其中箭头左边表示解析的对象（这里是一个句子S），箭头右边表示解析的结果（这里是名词短语+动词短语）。解析的过程通常是递归进行的，如之前的动词短语可能又是由副词和动词或者动词和后面的名词组成的，这时候可以再对它们进一步解析。需要说明的是，虽然解析规则都是根据语法规则而制定的，但不同任务中或者不同研究者制定的解析规则可能不完全相同，而不同的解析规则对同一个语句的解析结果可能也会不同。表9-7中给出了一些常见句子结构所对应的解析规则，对于更多的解析规则可参看本章参考文献［2］中的介绍。

表9-7　常用解析规则例子

规则	解析规则	例　子
1	S→NP+VP	那只小花猫抓住了一个老鼠（S）=那只小花猫（NP）+抓住了一个老鼠（VP）
2	S→VP	请把车停好！（S）=请把车停好（VP）
3	NP→n或n+n	电脑屏幕（NP）=电脑（n）+屏幕（n）
4	NP→a+n	蓝蓝的天空（NP）= 蓝蓝（a）+天空（n）
5	NP→m+q+NP	一群白马（NP）= 一（m）+群（q）+白马（NP）
6	VP→v+NP	读了一本厚厚的小说书（VP）=读（v）+一本厚厚的小说书（NP）
7	VP→v+PP	坐在凳子上（VP）=坐（v）+在凳子上（PP）
8	VP→PP+VP	在家里看电视（VP）=在家里（PP）+看电视（VP）
9	VP→d+VP	缓慢地走进人群中（VP）=缓慢地（d）+走进人群中（VP）
10	PP→p+NP	在操场上（PP）=在（p）+操场上（NP）

例如，给出如下的语句：

"小猴子快速地吃完香蕉。"

首先利用上面的解析规则1可以把S分解为NP（小猴子）+VP（快速地吃完香蕉）形式，然后NP又可以根据规则4分解为a（小）+n（猴子），同时VP可以根据规则9分解为d（快速地）+下一级的VP（吃完香蕉），下一级的VP又继续根据规则6分解为v（吃完）+n（香蕉）。以图形化形式表示解析过程，很容易地就可以找到这个语句对应的解析树，如图9-1

所示。

需要说明的是，即使同一套解析规则对一个语句也可能产生不同的解析树，而且每个解析树都符合这套规则，这时就称为解析歧义。例如：

“我需要机器翻译文件。”

可能产生如图 9-2a、b 所示的两种解析结果。

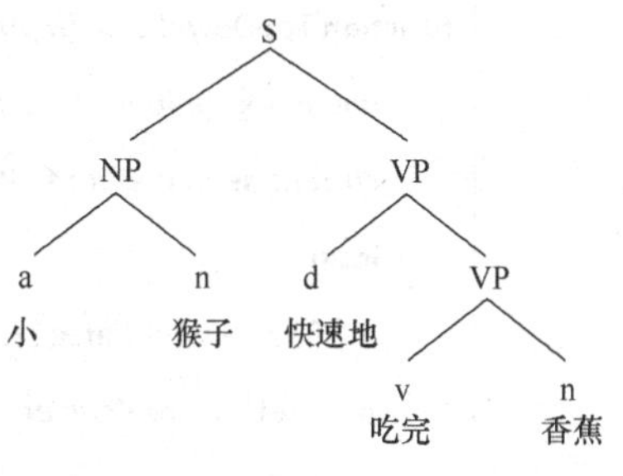

图 9-1　解析树

第一种解析对应的意思是“我需要机器翻译（后的）文件。”，第二种解析对应的意思则是“我需要机器（用来）翻译文件。”。解析歧义的产生是由于词语的多种词性兼具特性以及解析过程中只要符合解析规则都接受，而没有具体考虑语义是否符合常规逻辑或者表达习惯等因素。因此有些解析的结果虽然符合规则，但并不一定是正确的理解方式。解析的最终目标就是要针对不同的解析结果，找到其中最有可能正确（符合人的理解结果或人们语言表达习惯）的一个解析树，但这往往难度较大。也因此，此种解析通常只考虑语句的局部结构而不考虑上下文意思，所以这种解析又称为上下文无关语法（Context-Free Grammar，CFG）解析。

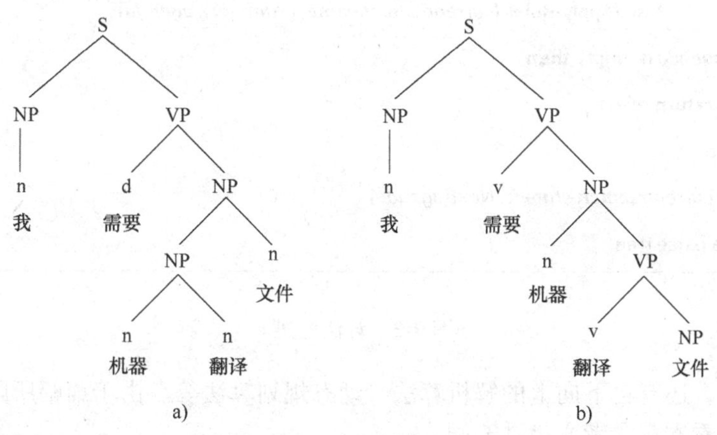

图 9-2　同一个语句的不同解析结果

在实际应用中给定符号集和解析规则后，由解析算法对输入的语句进行解析并生成解析树。最基本的解析算法是自顶向下的深度优先搜索算法。该算法首先生成根结点 S，然后从整个句子开始尝试每一种可能的句子解析规则，对每一个搜索规则系统地进行递归式的展开，如果最后到达的树与输入符号串不一致，则返回到最新生成的、还没有被搜索过的树继续进行解析。算法框架如图 9-3 所示[3]。

其中，agenda 变量是一个搜索状态表，包括了局部树和指向下一个词语的指针；current-search-state 变量始终记录当前的搜索状态；循环 loop 从项目表的前面读取状态，从树的最左边开始测试所有可能的解析规则，并产生新的状态，直到产生有效的解析树或者状态表变空为止。

文本解析在自然语言处理中有着很重要的应用，其结果往往是后续更深层次的处理（如语义分析）的基础，在机器翻译、问答系统、信息提取等领域都有重要应用。除了自顶

```
function TopDownParse (Input, Grammar)
    agenda ← (Initial S tree, Beginning of input)
    current-search-state ← POP(agenda)
    loop
      if Successful-Parse? (current-search-state) then
        return Tree(current-search-state)
      else
        if CAT(Node-To-Expand(current-search-state)) is a POS then
          if CAT(node-to-expand) ⊂ POS (Current-Input(current-search-state) then
            Push(Apply-Lexical-Rule(current-search-state), agenda)
          else
            return reject
        else
          Push (Apply-Rules (current-search-state, grammar), agenda)
    if agenda is empty then
      return reject
    else
      current-search-state ← Next(agenda)
return a parse tree
```

图 9-3　算法框架

向下的解析算法，还有自下向上的解析算法、动态规划算法等。由于篇幅所限这里不再一一介绍，具体可参看本章参考文献［3，4］。

9.4　文本向量化表示

文本的分析和挖掘通常指对不同文本进行分类、聚类或者降维可视化等操作，主要利用机器学习算法（例如，分类算法：支持向量机（SVM）、神经网络、*K*-近邻等；聚类算法：*K*-均值、混合高斯、谱聚类等；降维算法：主成分分析（PCA）、流形学习、自编码器（Auto-encoder）等）实现，进而从文本中提取出有用的信息。因为机器学习算法基本上都是针对数值型数据进行处理的，而自然语言属于符号型数据，所以如何把自然语言转换成数值型的数据是进行文本分析和挖掘的前提，也是自然语言处理中的一个重要步骤。一旦获得了数值型的文本数据，则后续机器学习过程与其他机器学习任务并无本质区别，处理方法和流程都通用。本节介绍两种主要的文本数值特征向量的生成方法：指示向量和 Word2vec。

1. 指示向量法

语言可以看作是一串按一定顺序排列的符号。不同于图像或者语音等其他类型数据，自然语言数据是典型的符号型数据。为了把语言符号转换为数值型的数据，这里就需要找到一个映射函数 f：$w \to \boldsymbol{v}$，即函数 f 能够很好地把一个词语 w 唯一地映射为一个数值向量 $\boldsymbol{v}$，称为特征向量（Feature Vector）[㊀]。例如，考虑如下语句：

“今天天气很晴朗。”

是由 4 个词语依次排列组成一个有意义的语句。所要找的 f 就是要把句子中的词语，如“今天”，映射成数值向量 $\boldsymbol{v}_{今天}$。早期最常用的方式是指示向量（Indicator Vector，也称为单热向量（One-hot Vector））法，其思想如下：假设一个词典中包括了 V 个有序排列的词语，其中每个词语在词典中的位置是固定不变且唯一的（多义词可按词的不同意义依次排列在一起），那么就可以为每一个词语分配一个单位向量。这个单位向量中在该词语对应的位置上为 1，而其他位置均为 0。例如，假设以 2005 年发布的《现代汉语常用词表》[㊁]作为词典，共包括 56008 个词语，则每个词语所对应的向量长度就是 $V = 56008$。例句中 w = “今天”在词典中的位置是 113，所以它所对应的特征向量 $\boldsymbol{v}$ 是在第 113 这个位置为 1、其他全部为 0 的单位向量，如图 9-4 所示。

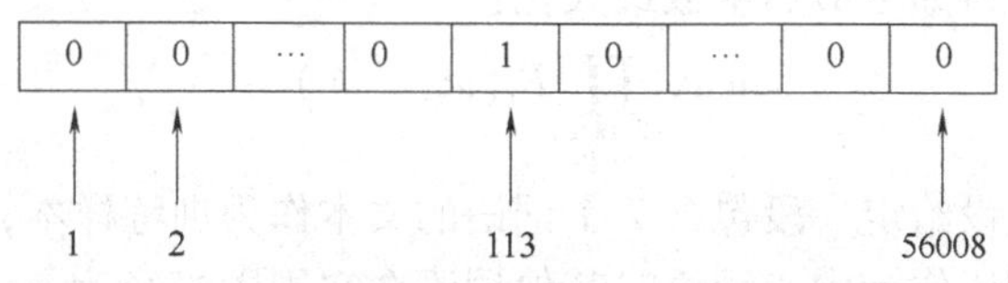

图 9-4　词语“今天”的指示向量编码

同理，“很”在词典中的位置是 40，所以它对应的特征向量是第 40 位置为 1、其他全部为 0 的单位向量。依次类推，可以为每个词语生成一个特征向量，然后使用常规机器学习算法进行处理。

通过观察可以发现这种变换方式有以下问题：①编码后的特征向量极端稀疏（每个向量只包含一个 1，而有 $V-1$ 个 0，通常 V 是个比较大的数字），因此每个特征向量携带的可用信息量非常少，但同时向量本身的维度非常高，这种数据结构对于一般学习算法而言很不利；②任意两个不同词语特征向量的距离（或相似度）为常数，如欧氏距离恒等于 $\sqrt{2}$ 或者内积恒等于 0，因此不具有区分性，无法正确衡量不同词语间相互结合的紧密程度（如“课本”和“学生”一起出现的可能性比“柜员”要大）。为了解决这些问题，下面介绍在指示向量基础上构建的一种更加有效的词语编码方式：Word2vec 法。

2. Word2vec 法

Word2vec 的基本思想是每个词语的意思都可以由它所处的语言环境决定。例如，阅读时偶尔遇到一个不熟悉的词语，可以根据上下文语境来大概推断它的意思；又如，当遇到多义词时需要根据它的上下文语境来判断具体含义。反之，给定一个词语，它最有可能出现在什么语境之下往往也具有一定的规律性。例如，“银行”比较有可能出现在与金融相关的语境中，而“作品”则更有可能出现在与文艺相关的语境中，这两个词语彼此换位出现的可

㊀ 请注意这里不要和矩阵的特征分解所获得的特征向量（Eigenvector）相混淆。

㊁ http://www.moe.gov.cn/ewebeditor/uploadfile/2015/01/13/20150113085920115.pdf。

能性则相对要小很多。如果使用数学的语言表示，Word2vec 就是要找到能够满足这个特性词语的编码函数：当输入词语 w 时，编码函数能够使那些经常在文本中出现在 w 附近的词语获得较大的输出概率，而使那些很少与 w 一起出现的词语获得较小的出现概率。分析在一篇报道房地产相关的文献中有如图 9-5 所示的一段文字。

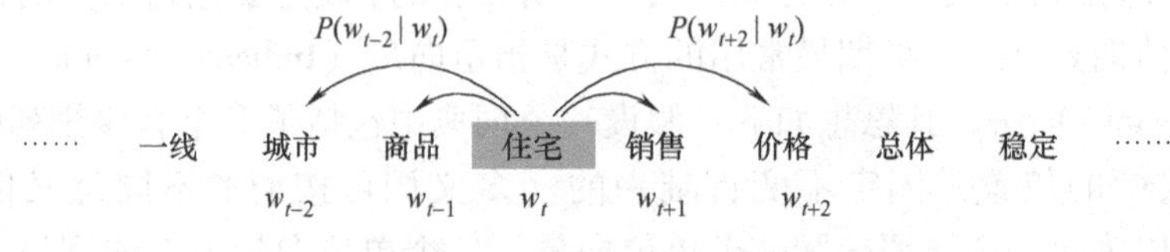

图 9-5　Word2vec 示意图

当以词语 w_t =“住宅”作为中心时，发现在它周围两个词范围内经常出现 w_{t-2} =“城市”、w_{t-1} =“商品”、w_{t+1} =“销售”、w_{t+2} =“价格”等词语。因此编码函数应在每次输入 w_t =“住宅”时，输出对应这几个词语的概率比其他不大可能与“住宅”一起出现的词语的概率要更大，也即使得如下似然函数最大化：

$$\max_f \prod_{\substack{-2\leqslant k\leqslant 2\\ k\neq 0}} P_f(w_{t+k} \mid w_t) \tag{9-1}$$

更一般的情况，假设给定一段包含 T 个词语的文本作为训练样本，从文本的第一个词语开始，逐个考查每个词语作为中心词语时其他词语在它周围半径为 m 的范围内出现的概率。对每个词语，都要求经常出现在它周围的词语对应在式（9-1）中的条件概率最大化，因此整个文本的似然函数构造如下：

$$L(f) = \prod_{t=1}^{T} \prod_{\substack{-m\leqslant k\leqslant m\\ k\neq 0}} P_f(w_{t+k} \mid w_t) \tag{9-2}$$

通常对似然函数取对数从而把连乘变为求和，这样利于后续公式推导以及数值计算的稳定性。另外从优化的角度，最大化似然函数等价于在似然函数前加个负号然后求解新优化目标函数的最小化解，因此式（9-2）转化为如下最小化优化问题：

$$J(f) = -\sum_{t=1}^{T} \sum_{\substack{-m\leqslant k\leqslant m\\ k\neq 0}} P_f(w_{t+k} \mid w_t) \tag{9-3}$$

接下来的问题就是怎么计算条件概率 $P_f(w_{t+k} \mid w_t)$ 。Word2vec 首先为每个词语 w 定义两个不同的表示向量：

1）$\boldsymbol{v}_w$表示 w 作为中心词语时的表示向量。

2）$\boldsymbol{u}_w$表示 w 作为周围词语时的表示向量。

这样条件概率就可以使用 softmax 函数定义如下：

$$P(w_{t+k} \mid w_t) = \frac{\exp(\boldsymbol{u}_o^{\mathrm{T}} \boldsymbol{v}_c)}{\sum_{w\in V} \exp(\boldsymbol{u}_w^{\mathrm{T}} \boldsymbol{v}_c)} \tag{9-4}$$

为了使公式简洁，式（9-4）中心词语 w_t简记为 c，周围词语 w_{t+k}简记为 o，V 是词典。Word2vec 的目标就是通过最小化式（9-3）来求取每个词语对应的（$\boldsymbol{u}$，$\boldsymbol{v}$）表示向量。具体求解算法可以使用梯度下降算法，由于篇幅限制不再详述，读者可以参考本章参考文献[5]。在求解得到 $\boldsymbol{u}$、$\boldsymbol{v}$ 后，最终的词语编码可以使用其对应的 $\boldsymbol{u}$、$\boldsymbol{v}$ 均值表示。

9.5 语言模型与预测

语言预测（或者称为语言建模）就是根据已有的部分语句预测下一个最可能出现的词汇是什么。例如，给出如下句子片段：

“学生们打开了他们的（）”

后面括号中最可能出现的是什么词语呢？是“书本”“试卷”或者是其他什么词语？语言预测在实际生活中使用很多。例如，在手机上打字输入的时候，当输入一个词语时，系统会给出后面可能要输入的几个词语，这样可以很大程度地提高输入效率；在语音识别时，当识别出一些词语后，通过语言预测可以知道后续可能出现哪些词语和不大可能出现哪些词语，从而提高识别效率同时降低识别错误率。本节介绍常用的 n 元语法模型（n-gram）和基于循环神经网络（Recurrent Neural Network，RNN）的预测算法。

1. n 元语法模型（n-gram）

如果使用数学表述，语言预测就是按顺序给出一串 t 个词语 x_1，x_2，…，x_t，计算第 $t+1$ 个词语为 w 的概率是多少：

$$P(x_{t+1}=w \mid x_t, x_{t-1}, \cdots, x_1) \tag{9-5}$$

如何计算式（9-5）中的条件概率呢？n 元语法模型假设计算第 $t+1$ 个词语概率只与它前面的 n 个词语有关，而与更早前的词语无关。此时，有

$$P(x_{t+1}=w \mid x_t, x_{t-1}, \cdots, x_1) = P(x_{t+1}=w \mid x_t, x_{t-1}, \cdots, x_{t-n+2}) \tag{9-6}$$

例如，假设对前面的例句进行词语划分为“学生们｜打开｜了｜他们｜的｜”，那么要预测“的”后面的词语，不同的 n 元语法模型使用的词语如下：

1 元语法模型：“的”

2 元语法模型：“他们的”

3 元语法模型：“了他们的”

……

以 2 元语法模型为例，对于给定的训练文本，只需要计算“他们的”后面跟不同词语时分别出现的次数，然后除以“他们的”出现总次数就得到了对应的后面预测不同词语的概率。例如，假设一段文字中“他们的”一共出现了 80 次，而其中“他们的试卷”“他们的书本”“他们的电脑”各自出现了 5 次、60 次和 15 次，则可以计算出不同词语的预测概率如下：

$$p(x_{t+1}=\text{“试卷”} \mid x_t=\text{“的”}, x_{t-1}=\text{“他们”}) = \frac{5}{80} = 0.0625$$

$$p(x_{t+1}=\text{“书本”} \mid x_t=\text{“的”}, x_{t-1}=\text{“他们”}) = \frac{60}{80} = 0.75$$

$$p(x_{t+1}=\text{“电脑”} \mid x_t=\text{“的”}, x_{t-1}=\text{“他们”}) = \frac{15}{80} = 0.1875$$

得到以上的条件概率之后，下次遇到“他们的”时，就可以预测后面即将出现的词有 75% 的可能性是“书本”，而“试卷”和“电脑”出现的可能性很小，分别是 6.25% 和 18.75%，因此可以选择出现概率较大的词语“书本”作为预测结果。

在 n 元语法模型中，当 n 取值变大时，需要计算和存储的概率也会呈现组合式的指数暴增（假设词典大小是 V，则理论上 n 元语法模型中需要记录 V^n 个组合出现的概率），因此通常 n 取 2 ~4 比较合适。另外，n 元语法模型存在的一个问题是当训练数据集中没有出现某个组合时，如上例中没有出现“他们的手机”，这使得“手机”这个词语对应的预测概率就为0，导致“手机”始终无法被选中，而实际中可能存在这样的组合。因此，实际应用中需要对 n 元语法模型做一些改动。例如，最简单的“加 1 法”（又称为 Laplace 法则），在每个可能的组合出现的次数上加 1，这样即使在训练文本中没有出现的词语也可以获得一次“虚拟”的出现机会，从而增加算法稳定性。

2. 循环神经网络

循环网络是处理时序或者序列数据最有力的工具之一，因此在自然语言处理中也有着非常重要的应用（语言可以看作是一种词语组成的序列数据）。为了后面表述的方便，这里首先简要回顾一下循环网络的基本结构。

如图 9-6 所示，循环网络有 3 个关键变量：输入变量序列 $\boldsymbol{x}_t$（词语向量）、隐含层变量序列 $\boldsymbol{h}_t$ 和输出变量序列 $\boldsymbol{y}_t$；另外有 3 个连接权重：从输入到隐含层的连接权重 W_{xh}、从隐含层到隐含层的循环连接权重 W_{hh}、从隐含层到输出层的连接权重 W_{hy}。其输入-输出关系由两个公式表示：

$$\begin{cases}\boldsymbol{h}_t = f(W_{xh}\boldsymbol{x}_{t-1} + W_{hh}\boldsymbol{h}_{t-1} + b)\\ \boldsymbol{y}_t = \mathrm{softmax}(W_{hy}\boldsymbol{h}_t)\end{cases} \tag{9-7}$$

式中，softmax 函数定义如式（9-4）所示；输出的 $\boldsymbol{y}_t$ 是一个长度为 V 的向量，每个值是词典中相应的词语出现的概率。每输入一个 $\boldsymbol{x}_t$ 可以由式（9-7）求出一个 $\boldsymbol{y}_t$。训练过程就是要根据每一时刻的输出 $\boldsymbol{y}_t$ 和真实词语对应的指示向量相比求出误差，然后采用反向传播算法训练 3 个网络权重使得网络输出和期望的序列尽可能的相同。如果把网络按照时间展开就得到如图 9-6b 所示的结构，从中可以看到每一时刻的输入对应的是不同的隐含层变量 $\boldsymbol{h}_t$，其中连接权重值一旦学习完成就固定不变了。

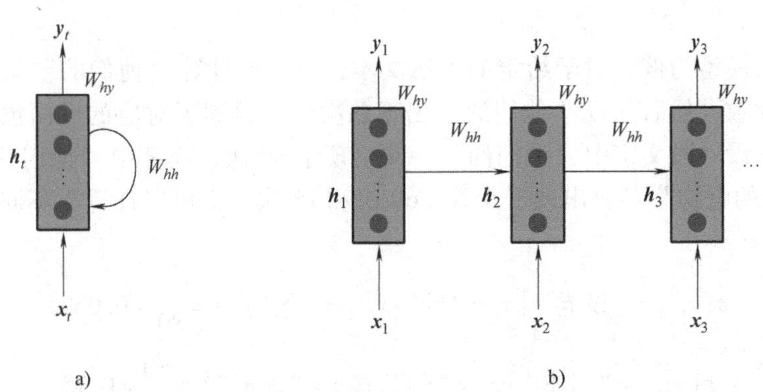

图 9-6　循环网络

a）循环网络基本结构　b）循环网络展开后的等价结构

循环网络的结构使得其很适合语言预测。实际操作时从文本的第一个词语开始把每个词语所对应的数值向量（如 Word2vec）依次逐个输入，每次输入后网络给出词典中每个词语对应的概率，然后选出最大概率对应的词语作为预测结果，接着再输入下一个词语，依次类推。例如，输入“学生们”对应的词语向量 $\boldsymbol{x}_1$，得到输出 $\boldsymbol{y}_1$；输入“打开”对应的词语向量 $\boldsymbol{x}_2$，得到 $\boldsymbol{y}_2$；等等。循环网络的优点是能够保持模型大小不变的情况下处理任意长度的序列，并且充分利用历史上的所有数据进行预测。

9.6　机器翻译

自然语言处理的另一个重要应用是机器翻译，即输入一种语言（称为源语言，如中文），然后由机器学习算法自动翻译成另一种语言（称为目标语言，如英文）。早期的机器翻译算法多是基于统计模型：首先从大量人工翻译好的文本中学习出源语言与目标语言直接的对应关系，然后利用语言建模进行词汇级的匹配，也称为词语对齐，是传统基于统计翻译的一个基本出发点。最简单的例子是，给定源语言（中文）句子如 $x=$“猴子喜欢吃香蕉。”，希望找到最匹配的目标语言（英文）句子 y，即

$$\max P(y \mid x) \tag{9-8}$$

从已有的翻译文本中通过计算源语言的不同词语与目标语言的不同词语关联出现的频次，可以发现如下对应关系：

$$\text{“猴子”} \longleftrightarrow \text{“monkey”}$$
$$\text{“喜欢”} \longleftrightarrow \text{“like”}$$
$$\text{“吃”} \longleftrightarrow \text{“eat”}$$
$$\text{“香蕉”} \longleftrightarrow \text{“banana”}$$

于是可以把该源语言句子翻译为“(a)monkey like(s)eat(ing)banana(s) .”，其中括号中的部分表示词语对齐翻译后，根据目标语言英语的语法要求和表述习惯而增加的部分，使得译文正确流畅。这个过程看似简单，但实际操作是非常繁杂且具有挑战性的，涉及句子词语的划分规则、不同词语的多重对应关系、语法分析、语境理解、译词的选择、译文语法重建等 14 个步骤[6]。例如，中文里“加油”可以表达鼓励和本意“添加油”两个意思，而每个意思在不同情况下对应的英文表述也不一样；“缘分”则找不到一个英文单词与之意思完全吻合。也正因为如此，传统的统计机器翻译一直未取得大的进步。

在深度学习取得成功以后，基于循环网络的机器翻译方法备受关注并且取得了很大成功。循环网络翻译算法又称为端到端（End-to-End）或者串到串（Seq2Seq）的学习，其网络框架如图 9-7 所示，包括两个循环网络部分：编码网络和解码网络。编码网络接收源语言的语句，经过网络运算后得到隐含变量并传输到解码网络，然后解码网络作为一个语言预测模型，结合编码网络的隐含层变量输出翻译后的目标语言句子。在训练时两个网络作为一个总体，每次输入一个源语言的句子，把目标语言对应的翻译句子作为网络输出的目标，利用反向传播算法进行训练。

与传统的基于统计的机器翻译相比，循环网络机器翻译的质量较高，如译文更加流畅、能够更好地体现上下文环境和更准确地对多义词的翻译等，同时也不需要进行词语对齐，从而节省了很多人力。值得一提的是，不论源语言和目标语言是什么，循环网络的机器翻译都可以使用如上同一个网络结构解决，从而省去了很多模型尝试和网络调试工作，实际应用中使用起来也更方便。

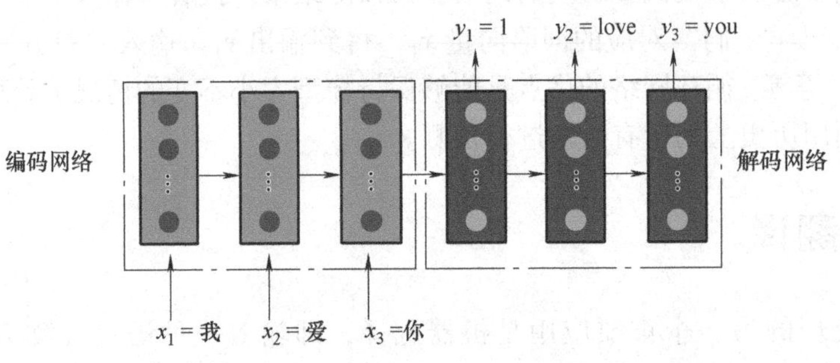

图 9-7 循环网络机器翻译

本章小结

本章主要介绍了自然语言处理的基础知识，包括语言表示、语言标注、语言解析、词语预测和机器翻译等。其中，根据语法知识对语句进行解析在自然语言理解中具有重要作用，也是计算机自然语言处理最具挑战性的难点之一，但因为篇幅所限，这里只做了初步的介绍而没有深入展开；机器翻译是目前自然语言处理中较为成熟和广泛的应用，如谷歌翻译能够对上百种语言进行任意的两两之间翻译，而且译文通常具有较高质量，能够满足日常的交流使用。

习 题

9.1 试对如下句子进行结构分析并写出分析语法树。

（1）围绕租赁住房的建设特点，上海还在具体建设规范和管理方面进行了有针对性的要求和支持。

（2）家长在给孩子买鞋的时候应多注意观察孩子的鞋码是否符合要求。

（3）小李给大家带来的快乐是从身边的一点点小事开始的。

9.2 试利用表 9-3 对如下语段进行词类标记：

溧水区位于南京市中南部，资料显示，该区域为长三角地区制造业基地和现代化产业集聚区、国家新能源汽车制造产业新城。当地人告诉记者，这片区域除了银隆，还汇集了好几家大大小小的新能源汽车制造商。当然，占地面积接近 3000 亩的银隆新能源（南京）产业园项目，可谓是其中的佼佼者。

9.3 （1）分别写出下面的 softmax 函数对于变量 $\boldsymbol{u}_i$ 和 $\boldsymbol{v}$ 的导数表达式。

$$P(\boldsymbol{u}_i, \boldsymbol{v}) = \frac{\exp(\boldsymbol{u}_i \boldsymbol{v})}{\sum\limits_{l=1,\cdots,N} \exp(\boldsymbol{u}_l^{\mathrm{T}} \boldsymbol{v})}, \quad 1 \leqslant i \leqslant N$$

（2）编程计算当 $\boldsymbol{v} = (1.2, 3.0, 5.5, -2.5)^{\mathrm{T}}$，$\boldsymbol{u}_i (i=1, \cdots, 5)$ 分别为如下矩阵的列时 $P(\boldsymbol{u}_i, \boldsymbol{v}) (i=1, \cdots, 5)$ 以及其对应的导数值。

u_1	u_2	u_3	u_4	u_5
1.67	8.25	0.57	2.35	1.13
0.10	2.74	1.47	1.94	6.22
1.98	1.16	0.64	8.68	0.07
3.84	1.05	0.14	0.45	1.61

9.4　试以《三国演义》第四十三回“诸葛亮舌战群儒，鲁子敬力排众议”倒数第二段“忽又一人大声曰……权邀孔明入后堂，置酒相待。”作为训练数据集[⊖]，利用 n 元语法模型预测“孔明”之后最可能出现的词是什么，并写出每个词的出现概率。

参考文献

[1] CHARNIAK E. Statistical language learning [M]. Cambridge: MIT press, 1996.

[2] 冯志伟. 自然语言处理的形式模型 [M]. 合肥：中国科学技术大学出版社，2010.

[3] JURAFSKY D, MARTIN J H. Speech and language processing: An introduction to natural language processing, computational linguistics, and speech recognition [M]. New Jersey: Prentice Hall, 2009, 1-1024.

[4] CHRISTOPHER D M, HINRICH S. Foundations of statistical natural language processing [M]. Cambridge: MIT press, 1999.

[5] STEPHEN B, LIEVEN VANDENBERGHE. 凸优化 [M]. 王书宁，许鋆，黄晓霖，译. 北京：清华大学出版社，2013.

[6] 杨宪泽，谈文蓉，刘莉. 自然语言处理的原理及其应用 [M]. 成都：西南交通大学出版社，2007.

⊖ 文本网址：http://www.purepen.com/sgyy/043.htm。

第10章

智能机器人

导　读

基本内容：智能机器人是一种可编程和多功能的，在感知—思维—效应方面全面模拟人的机器系统。图10-1为智能机器人，智能机器人具备形形色色的内部信息传感器和外部信息传感器，如视觉、听觉、触觉、嗅觉。除具有感受器外，它还有效应器，作为作用于周围环境的手段。人类身体上的效应器主要包括手臂、手指和腿。智能机器人的效应器主要包括车轮、机器腿、机械手和夹持器等。由此可见，智能机器人具备三方面的能力：感知环境的能力、执行某种任务而对环境施加影响的能力和把感知与行动联系起来的能力，也可称为三要素，即感觉要素、运动要素和思考要素。随着感知环境的不同，其效应方式和结构形式也不同。由于效应形式的单一性、简单性与感知环境的多样性、复杂性的矛盾，需要利用机器人思维对从环境中获得的非结构与半结构数据进行处理并传递给效应机构，以适应非结构环境的需要。由此可见，对机器人的智能化研究是必然的。随着机械向集成化、自动化、多功能方向发展，对机器人的智能化功能与性能的要求也越来越高，机器人的工作性能、精度、效率等在很大程度上取决于智能化的程度，因此必须重视对机器人的智能化研究。

图10-1　智能机器人

学习要点：机器人的智能化研究包括机器人构型及设计、智能模型建立、智能控制方法优化设计等方面。智能模型由于其直接关系到智能机器人研发工作的成败并决定机器人智能化程度的高低，因而在智能机器人的研发工作中处于核心地位。智能模型的研究也有多个方面，如神经网络、仿脑技术、自主心智发育等。作为感知、决策、行动和交互技术结合的产物，智能机器人集成了运动学与动力学、控制与传感器、模式识别与人工智能等学科领域的先进理论与技术。另外，大数据、云计算、深度学习等新兴思想的提出为机器人的智能化研究提供了新的思路。

10.1　智能机器人的分类

机器人可以分为一般机器人和智能机器人。一般机器人是指不具有智能，只具有一般编程能力和操作功能的机器人。到目前为止，在世界范围内还没有一个统一的智能机器人定义。大多数专家认为智能机器人至少要具备以下三个要素：一是感觉要素，用来认识周围环境状态；二是运动要素，对外界做出反应性动作；三是思考要素，根据感觉要素所得到的信息，思考出采用什么样的动作。感觉要素包括能感知视觉、接近、距离等的非接触型传感器和能感知力、压觉、触觉等的接触型传感器，这些要素实质上就相当于人的眼、鼻、耳等五官，它们的功能可以利用诸如摄像机、图像传感器、超声波传感器、激光器、导电橡胶、压电元件、气动元件、行程开关等机电元器件来实现。对运动要素来说，智能机器人需要有一个无轨道型的移动机构，以适应诸如平地、台阶、墙壁、楼梯、坡道等不同的地理环境，这可以借助轮子、履带、支脚、吸盘、气垫等移动机构来完成。在运动过程中要对移动机构进行实时控制，这种控制不仅要包括位置控制，而且还要有力度控制、位置与力度混合控制、伸缩率控制等。智能机器人的思考要素是三个要素中的关键，也是人们要赋予机器人必备的要素。思考要素包括判断、逻辑分析、理解等方面的智力活动。这些智力活动实质上是一个信息处理过程，而计算机则是完成这个处理过程的主要手段。

如果按照智能程度来划分智能机器人，又可将其分为三种：传感型、交互型和自主型。

传感型机器人又称外部受控机器人。机器人的本体上没有智能单元只有执行机构和感应机构，它具有利用传感信息（包括视觉、听觉、触觉、接近觉、力觉和红外、超声及激光等）进行传感信息处理、实现控制与操作的能力。其受控于外部计算机，在外部计算机上具有智能处理单元，处理由受控机器人采集的各种信息以及机器人本身的各种姿态和轨迹等信息，然后发出控制指令指挥机器人的动作。目前机器人世界杯的小型组比赛中使用的机器人就属于这种类型。

传感型机器人的基础是工业机器人。虽然工业机器人只能死板地按照人给它规定的程序工作，不管外界条件有何变化，自己都不能对程序也就是对所做的工作做相应的调整，但是传感型机器人可以在外部的计算机上进行程序的智能化。传感型机器人具有像人那样的感受、识别、推理和判断能力，可以根据外界条件的变化，在一定范围内自行修改程序，也就是它能适应外界条件变化对自己怎样做相应调整。不过，修改程序的原则由人预先给以规定。这种初级智能机器人已拥有一定的智能，虽然还没有自动规划能力，但也开始走向成熟，达到实用水平。

交互型机器人通过计算机系统与操作员或程序员进行人—机对话，实现对机器人的控制与操作。其虽然具有了部分处理和决策能力，能够独立地实现一些诸如轨迹规划、简单的避障等功能，但是还要受到外部的控制。

自主型机器人无需人的干预，能够在各种环境下自动完成各项拟人任务。自主型机器人的本体上具有感知、处理、决策、执行等模块，可以就像一个自主的人一样独立地活动和处理问题。机器人世界杯的中型组比赛中使用的机器人就属于这一类型。全自主移动机器人的最重要的特点在于它的自主性和适应性。自主性是指它可以在一定的环境中，不依赖任何外部控制，完全自主地执行一定的任务；适应性是指它可以实时识别和测量周围的物体，根据环境的变化，调节自身的参数、调整动作策略以及处理紧急情况。交互性也是自主型机器人的一个重要特点，机器人可以与人、与外部环境以及与其他机器人之间进行信息的交流。由于全自主移动机器人涉及诸如驱动器控制、传感器数据融合、图像处理、模式识别、神经网络等许多方面的研究，所以能够综合反映一个国家在制造业和人工智能等领域的水平。因此，很多国家都非常重视全自主移动机器人的研究。

智能机器人的研究从20世纪60年代初开始，经过几十年的发展，目前基于感觉控制的智能机器人（又称第二代机器人）已达到实际应用阶段，基于知识控制的智能机器人（又称自主机器人或下一代机器人）也取得了较大进展，已研制出多种样机。

10.2 智能机器人的相关技术

对智能机器人技术水平的衡量，有一定的技术指标和标准：能力评价指标包括智能程度，主要指机器人对外界的感觉和感知能力，具体包括记忆、运算、比较、鉴别、判断、决策、学习和逻辑推理等能力；机能特性主要指机器人的任务变通性、领域通用性或空间占有性等；物理能指标一般指的是机器人的指力、速度、可靠性、联用性和寿命等。机器人的组成部分一般包括执行机构、驱动装置、传感装置、智能控制系统和复杂机械等。下面从这几方面对智能机器人的相关技术进行阐述。

1. 执行机构

机器人的执行机构即机器人的本体。机器人的臂部（如有）一般采用空间开链连杆机构，其中的运动副（转动副或移动副）常称为关节，关节个数通常即为机器人的自由度数。根据关节配置形式和运动坐标形式的不同，机器人执行机构可分为直角坐标式、圆柱坐标式、极坐标式和关节坐标式等类型。面向某些应用场景，出于拟人化的考虑，常将机器人本体的有关部位分别称为基座、腰部、臂部、腕部、手部（夹持器或末端执行器）和行走部（对于移动机器人）等。

2. 驱动装置

驱动装置是驱使执行机构运动的装置，按照控制系统发出的指令信号，借助于动力元件使机器人进行相应的动作。驱动装置输入的是电信号，输出的是线、角位移量。机器人使用的驱动装置主要是电力驱动装置，如步进电动机、伺服电动机等；此外，面向某种特定场景的特定需求，也有采用液压、气动等驱动装置。

3. 传感装置

机器人一般通过各种传感器获得外界信息，传感器实时检测机器人的内部运动、工作情况，以及外界工作环境信息，根据需要反馈给控制系统，与设定信息进行比较后，对执行机构进行调整，以保证机器人的动作符合预定的要求。作为检测装置的传感器大致可以分为两类：一类是内部信息传感器，用于检测机器人各部分的内部状况，如各关节的位置、速度、加速度等，并将所测得的信息作为反馈信号送至控制器，形成闭环控制；另一类是外部信息传感器，用于获取有关机器人的作业对象及外界环境等方面的信息，以使机器人的动作能适应外界情况的变化，使之达到更高层次的自动化，甚至使机器人具有某种类人的“感觉”，向智能化发展，如视觉、声觉等外部传感器给出工作对象、工作环境的有关信息，利用这些信息构成一个大的反馈回路，从而将大大提高机器人的工作精度。

4. 控制系统

机器人的控制方式一般分为两种。一种是集中式控制，即机器人的全部控制由一台微型计算机（微机）完成。另一种是分散（级）式控制，即采用多台微机来分担机器人的控制。例如，当采用上、下两级微机共同完成机器人的控制时，主机常用于负责系统的管理、通信、运动学和动力学计算，并向下级微机发送指令信息；作为下级从机，各关节分别对应一个 CPU，进行插补运算和伺服控制处理，实现特定的运动，并向主机反馈信息。根据作业任务要求的不同，机器人的控制方式又可分为点位控制、连续轨迹控制和力（力矩）控制。

5. 智能系统

智能系统是指能产生类人智能或行为的计算机系统。智能系统不仅可自组织性与自适应性地在传统诺依曼计算机上运行，甚至也可自组织性与自适应性地在新一代的非诺依曼结构的计算机上运行。“智能”的含义涉及很广，其概念本身也在不断地进化，其本质有待进一步探索。因而，对“智能”这一词也难以给出一个完整确切的定义，但一般可做这样的表述：智能是人类大脑的较高级活动的体现，它至少应具备自动地获取和应用知识的能力、思维与推理的能力、问题求解的能力和自动学习的能力。智能机器人的“智能”指的是能够具有完成类似人类智能的功能。智能系统主要特征在于，其处理的对象不仅有数据，而且还有知识。对于知识的表示、获取、存取和处理的能力是智能机器人系统与传统机械系统的主要区别之一。因此，一个智能系统也是一个基于知识处理的系统，它需要如下设施：知识表示语言；知识组织工具；建立、维护与查询知识库的方法与环境；支持现存知识的重用。智能系统往往采用人工智能的问题求解模式来获得结果。它与传统系统所采用的求解模式相比，有三个明显特征：其问题求解算法往往是非确定性的或称启发式的；其问题求解在很大程度上依赖知识；其问题往往具有指数型的计算复杂性。智能系统通常采用的问题求解方法大致分为搜索、推理和规划三类。智能机器人系统与传统机械系统的又一个重要区别在于，智能系统具有现场感知（环境适应）的能力。所谓现场感知是指它能与所处的现实世界的抽象进行交互，并适应所处的现场。这种交互包括感知、学习、推理、判断并做出相应的动作。这也就是通常人们所说的自组织性与自适应性。

6. 智能人机接口系统

智能机器人目前不可能做到完全自主，还是需要与人交互，即使是完全自主的机器人，也需要向人反馈实时的任务执行情况。智能人机接口系统指能使机器人向用户提供更友善自然的自适应好的人机交互系统。在智能接口硬件的支持下，智能人机接口系统大致包含以下功能：采用自然语言进行人机直接对话，允许声、文、图形及图像等多介质进行人机交互，甚至通过脑波等生理信号与人交互，自适应不同用户类型，自适应用户的不同需求，自适应不同计算机系统的支持。

10.3　智能机器人的现状

随着科学技术的进步和社会的发展，人们希望更多地从繁琐的日常事务中解脱出来，因此促进了智能机器人市场的发展。另外，智能机器人产业作为衡量一个国家科技创新和高端制造业水平的重要标志，其发展越来越受到世界各国的高度关注。机器人技术被认为是对未来新兴产业发展具有重要意义的高技术之一。2009 年英国皇家工程学院在《自主系统》科学报告中预测，2019 年将迎来机器人革命。2014 年习近平总书记在中国科学院第十七次院士大会、中国工程院第十二次院士大会上的讲话中强调，机器人的研发、制造与应用是衡量一个国家科技创新和高端制造业水平的重要标志，不仅要提高中国机器人水平，还要尽可能多地占领市场。“机器人革命”有望成为“第四次工业革命”的一个切入点和重要增长点，将影响全球制造业格局，并且中国将成为全球最大的机器人市场。

在当代工业中，机器人指能自动执行任务的人造机器装置，用以取代或协助人类工作，一般会是机电装置，由计算机程序或电子电路控制。机器人可以做一些重复性高或是危险的人类不愿意从事的工作，也可以做一些因为尺寸限制而人类无法做的工作，甚至是像外太空或是深海中，不适合人类生存的环境。机器人在越来越多的方面可以取代人类，或是在外貌、行为和认知，甚至情感上取代人类。机器人技术最早应用于工业领域，但随着机器人技术的发展和各行业需求的提升，在计算机技术、网络技术、微机电技术等新技术发展的推动下，近年来，机器人技术正从传统的工业制造领域向医疗服务、教育娱乐、勘探勘测、生物工程、救灾救援等领域迅速扩展。过去几十年，机器人技术的研究与应用，大大推动了人类的工业化和现代化进程，并逐步形成了机器人的产业链，使机器人的应用范围也日趋广泛。

作为衡量一个国家科技创新和高端制造业水平的重要标志，机器人产业发展越来越受到世界各国的高度关注，主要经济体纷纷将发展机器人产业上升为国家战略，并以此作为保持和重获制造业竞争优势的重要手段。国外的机器人研究起步较早，发展较为成熟，其中以美国、日本和欧洲为代表，它们根据各自生产力发展的需要，研制了各种各样的机器人。从图 10-2中可以看出近些年来，所有的工业机器人公司均实现了销售额的增长。

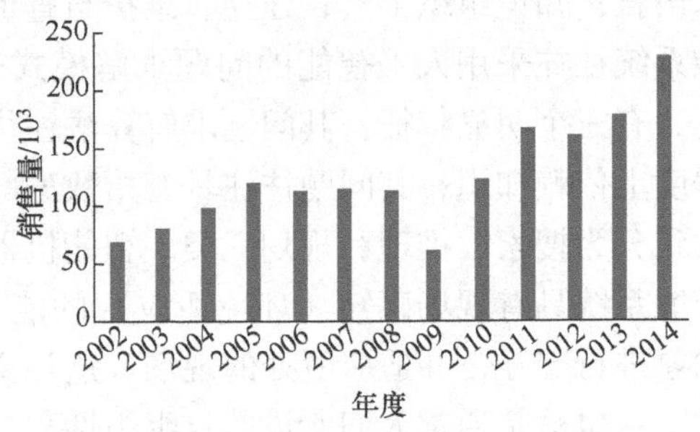

图 10-2　工业机器人销售数据

智能机器人是第三代机器人，这种机器人带有多种传感器，能够将多种传感器得到的信息进行融合，能够有效地适应变化的环境，具有很强的自适应能力、学习能力和自治能力。智能机器人涉及许多关键技术，这些技术关系到智能机器人智能性的高低。这些关键技术主要有以下几个方面：多传感信息融合技术，多传感器信息融合就是指综合来自多个传感器的感知数据，以产生更可靠、更准确或更全面的信息，经过融合的多传感器系统能够更加完善、精确地反映检测对象的特性，消除信息的不确定性，提高信息的可靠性；导航和定位技术，在自主移动机器人导航中，无论是局部实时避障还是全局规划，都需要精确知道机器人或障碍物的当前状态及位置，以完成导航、避障及路径规划等任务；路径规划技术，最优路径规划就是依据某个或某些优化准则，在机器人工作空间中找到一条从起始状态到目标状态，可以避开障碍物的最优路径；机器人视觉技术，机器人视觉系统的工作包括成像技术，即图像的获取、处理、分析、可视化输出和显示，核心任务是特征提取、图像分割和图像辨识；智能控制技术，智能控制方法提高了机器人的速度及精度；人机接口技术，人机接口技术是研究如何使人方便自然地与机器人交流。

10.4　智能机器人的广泛应用

现代智能机器人基本能按人的指令完成比较复杂的工作，如深海探测、作战、侦察、搜集情报、抢险、服务等，在不同领域有着广泛的应用。

智能机器人按照工作场所的不同，可以分为管道、水下、空中、地面机器人等。管道机器人可以用来检测管道使用过程中的破裂、腐蚀和焊缝质量情况，在恶劣环境下承担管道的清扫、喷涂、焊接、内部抛光等维护工作，对地下管道进行修复；水下机器人可以用于进行海洋科学研究、海上石油开发、海底矿藏勘探、海底打捞救生等；空中机器人可以用于通信、气象、灾害监测、农业、地质、交通、广播电视等方面；服务机器人半自主或全自主工作，为人类提供服务，其中医用机器人具有良好的应用前景；仿人机器人的形状与人类似，具有移动功能、操作功能、感知功能、记忆和自治能力，能够实现友好的人机交互；微型机器人以纳米技术为基础在生物工程、医学工程、微型机电系统、光学、超精密加工及测量（如扫描隧道显微镜）等方面具有广阔的应用前景。

在国防领域中，军用智能机器人得到前所未有的重视和发展。近年来，美英等国研制出第二代军用智能机器人，其特点是采用自主控制方式，能完成侦察、作战和后勤支援等任务，在战场上具有看、嗅等能力，能够自动跟踪地形和选择道路，具有自动搜索、识别和消灭敌方目标的功能，如美国的 Navplab 自主导航车、SSV（Side by Side Vehicle）自主地面战车、Big-Dog 机器人（见图 10-3a）等。在未来的军用智能机器人中，还会有智能战斗机器人、智能侦察机器人、智能警戒机器人、智能工兵机器人、智能运输机器人等，将成为国防装备中新的亮点。无人作战飞行器是无人机的升级形式，可以完成各种任务，包括战斗。无人战斗机如 BAE Systems Mantis（见图 10-3b），具有自主飞行、自主挑选航线和目标的功能，并且有自主做大部分决策的能力。BAE 雷神是由英国研发的一种无人作战飞行器，可以不用飞行员而跨大洲飞行，并且有新的手段以逃避侦查。

a)

b)

图 10-3　军用智能机器人

a）Big-Dog 机器人　b）无人战斗机 BAE Systems Mantis

在服务工作方面，世界各国尤其是西方发达国家都在致力于研究开发和广泛应用服务智能机器人。“服务机器人”这个词不太明确，国际机器人联合会给出了一个初步的定义：服务机器人是指这样一类机器人，其通过半自主或完全自主运作，为监护人类健康或监控设备运行状态提供有帮助的服务，但不包含工业性操作。以清洁机器人为例，随着科学技术的进步和社会的发展，人们希望更多地从繁琐的日常事务中解脱出来，这就使得清洁机器人进入家庭成为可能。日本的一款地面清扫机器人可沿地面从任何一个位置自动起动，利用不断旋转的刷子将废弃物扫入自带容器中。美国的一款清洁机器人“Roomba”具有高度自主能力，可以游走于房间各家具缝隙间，灵巧地完成清扫工作。瑞典的一款机器人“三叶虫”，表面光滑，呈圆形，内置搜索雷达，可以迅速地探测到并避开桌腿、玻璃器皿、宠物或任何其他障碍物，一旦微处理器识别出这些障碍物，它可重新选择路线，并对整个房间做出重新判断与计算，以保证房间的各个角落都被清扫到。机器人可以识别人或物体，如与人谈话，为其提供陪伴，监测环境质量，响应报警，拿起物品，或执行其他有用的任务。一些这样的机器人试图模仿人类，甚至可能在外表上类似人类，这种类型的机器人称为仿人机器人。仿人机器人的研究仍处于一个非常有限的阶段，截止目前没有仿人机器人能在从未到过的房间导航。因此，仿人机器人的功能和应用是相当有限的，尽管在熟悉的环境它们表现出相当智能的行为。图 10-4 所示的 FRIEND 是一个半自主机器人（轮椅机器人），可帮助老年人和残疾人在日常生活中的活动，如准备和服务吃饭。

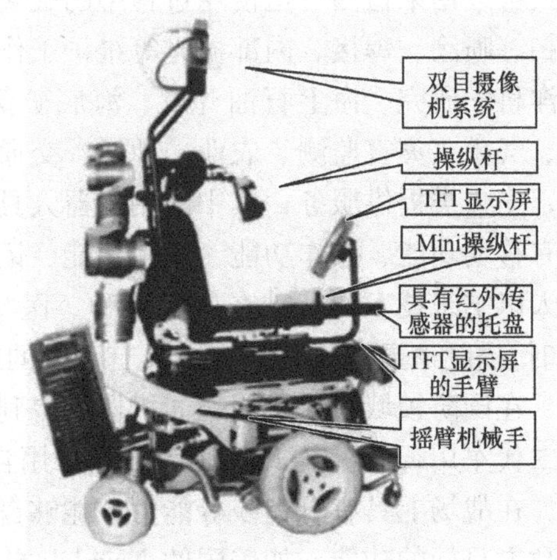

图 10-4　FRIEND 轮椅机器人

在教育领域，很早就有机器人的参与。20 世纪 80 年代，使用 Logo 语言编程的海龟机器人在学校投入使用。接下来，又有机器人的套件被投入使用，如乐高的机器人教学套件“BIOLOID”，帮助孩子学习数学、物理、编程和电子等知识。FIRST 公司也以一种与机器人进行比赛的形式，将机器人引入到中小学生的生活中。FIRST 组织也为后来的机器人比赛、乐高联盟、初级乐高联赛和第一技术挑战赛奠定了基础。另外，还有一些形状像机器人的设备，如教学计算机 Leachim（1974）和 2-XL（1976）等。

在体育比赛方面，智能机器人也有了很大的发展。近年来在国际上迅速开展起来了机器人足球高技术对抗比赛，并且已成立了相关的联合会 FIRA，以及许多地区成立了地区协会，而且已达到比较正规的程度且有相当的规模和水平。机器人足球比赛的目的是将足球撞入对方的球门而取胜。球场上空悬挂的摄像机将比赛情况传入计算机内，由预装的软件做出合适的决策，通过无线通信方式将指挥命令传回到机器人。在比赛过程中，机器人可以随时改变自己的位置，双方的教练员与系统开发人员不得进行干预。足球比赛中的机器人及其系统将计算机视觉、模式识别、决策对策、无线数字通信、自动控制、最优控制、智能体设计和电力传动等技术融为一体，是一个典型的智能机器人系统。

在机器人情感方面，近年来也有了迅速的发展。多所大学已经建立了关于情感计算和先进智能机器的实验室，并在情感陪护机器人领域取得了一定进展。具体而言，情感陪护机器人（见图 10-5）的功能包括但不限于人物身份和情感认知、手势语音互动、智能情感对话、情感交互等，并能够根据情感交互来进行心理健康感知且计算出健康指数，即心灵充实度。其适用的场景有家庭和医疗场所，对于老年人陪护、辅助特定病情（如孤僻症和抑郁症等）的康复有一定作用。

还有一种新型的机器人叫作脑控机器人，如图 10-6 所示。顾名思义，这种机器人将人脑电波转换成指挥机器人的计算机指令，从而实现用人脑直接控制机器人运动。在 2015 年，国防科技大学就已经研究出了脑控机器人。他们把人脑作为一个环节接入系统，利用人脑的智能提升整个系统的智能化水平。该团队的脑控技术，提供了除电气系统、人手之外的另一种系统的操控手段。在不久的将来，残疾人可以用脑控轮椅代替双脚行走，而对于许多开车一族来说，实现脑控驾驶无疑是一大福音。

图 10-5　情感陪护机器人

图 10-6　脑控机器人

10.5　工业智能机械臂

机器人系统是由视觉传感器、机械臂系统及主控计算机组成的，其中机械臂系统又包括模块化机械臂和灵巧手两部分，整个系统的构建模型如图 10-7 所示。

机械臂是一个高精度、多输入/多输出、高度非线性、强耦合的复杂系统。因其独特的操作灵活性，已在工业装配、安全防爆等领域得到广泛应用。其中，工业装配是应用的重点。那么，怎样实现机械臂的智能化呢？

深度学习是人工智能领域的一个重要分支。深度学习的本质就是分类，所以可以考虑将深度学习和机械臂结合起来，实现智能化的机械臂。例如，可以将深度学习算法应用到工业机器人的图像识别上，用来做商品或者零件分拣，通过大规模训练的方式让机器自动抓取相应的零件。尤其是当零件之间的差别很小时，深度学习的优势相比起传统的分拣方法就更加大了。这也是“工业 4.0”的发展方向之一。

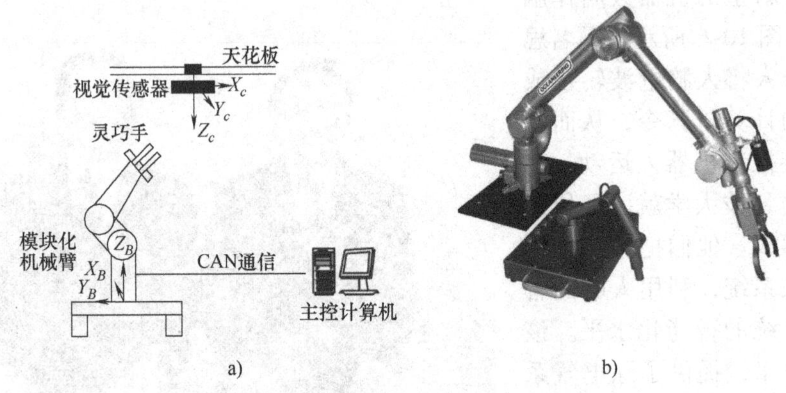

图 10-7　机器人系统及其中的机械臂

a）机器人系统　b）机械臂

一般来讲，将深度学习算法应用到工业机器人上，用来做商品或者零件分拣，大概可以分为分类和捡起两步：分类就是利用深度学习的本质是分类这个特点，而捡起可分为单个物件和多个物件来分析。

对于单个物件，要想将其成功捡起，关键是选择合适的把持位置，通俗地讲，就是机器人夹零件的哪个地方，可以使零件不下滑，从而成功地捡起来。其中一个比较典型的算法是采用两阶段的深度学习算法：第一阶段通过小型的神经网络，检测出数个可以把持的位置；第二阶段采用大型的神经网络，对第一阶段得到的各个把持位置候选进行评估，选择最终的一个把持位置。这种算法的成功率大概能达到65%。

对于多个物件堆积在一起的情形，除了把持位置的选择，还需要选择合适的抓取顺序，即先抓取哪一个零件，后抓取哪一个零件。这时可以采用强化学习的算法，最终可以达到约90%的成功率，和熟练工人的水平相当。

如果要把这些知识大规模应用在工业的流水线上，还需要考虑正确率的要求，一般来说，正确率需要高达99.9%才能较好地应用在工业流水线上。另外还要考虑速度问题，速度要快，如果机器人的分拣速度太慢，也失去了实际应用的价值。目前关于工业智能机械臂的许多改进就是围绕着精确度和速度来进行的。

10.6　智能汽车

10.6.1　智能汽车技术

近年来，随着经济的发展和城镇化的推进，全球汽车保有量和道路里程逐步增加，诸如交通拥堵、事故、污染、土地资源紧缺等一系列传统汽车无法妥善解决的问题日益凸显，而被视为有效解决方案的智能汽车技术，其发展备受瞩目。美国电气和电子工程师协会（IEEE）预测，至2040年，自动驾驶车辆所占的比例将达到75%。汽车交通系统概念将迎来变革，智能汽车可能颠覆当前的汽车交通运输产业运作模式。

智能汽车技术是指通过感知驾驶环境（人—车—路）提供信息或车辆控制，帮助或替代驾驶员最优（安全—高效—舒适—便利等）操控车辆的技术。它主要包括辅助驾驶和自动驾驶两个方面。

美国高速公路安全管理局（NHTSA）将汽车自动化定义为以下五个层次，其驾驶方式分别由图 10-8、图 10-9 和图 10-10 所示。

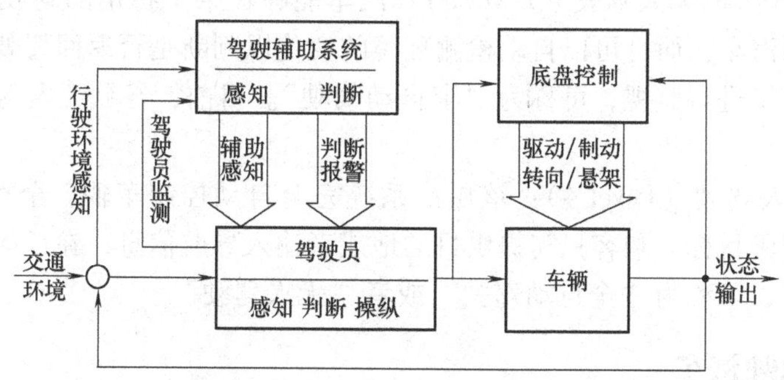

图 10-8　驾驶员全权驾驶（Level 0）

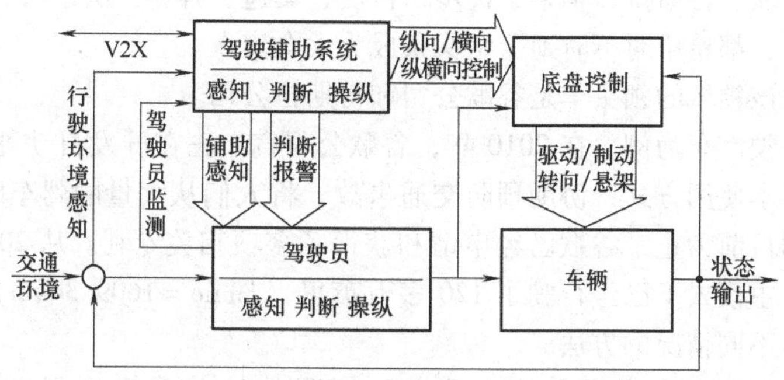

图 10-9　辅助驾驶（Level 1/2）

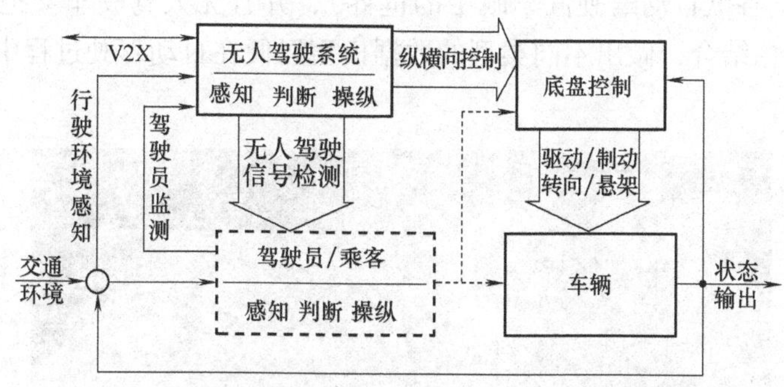

图 10-10　自动驾驶（Level 3/4）

1）无自动驾驶（Level 0）：完全由驾驶员时刻操控汽车的行驶，包括制动、转向、加速以及动力传动。

2）具有特定功能的自动驾驶（Level 1）：汽车具有一个或多个特殊自动控制功能，如电子稳定性控制（Electronic Stability Control，ESC）、自动紧急制动（Autonomous Emergency

Brake，AEB）等，车辆通过控制制动帮助驾驶员重新掌控车辆或是更快速地停车。

3）具有复合功能的自动驾驶（Level 2）：汽车具有将至少两个原始控制功能融合在一起实现的系统（如自适应巡航控制与车道保持融合一体），完全不需要驾驶员对这些功能进行控制，但驾驶员需要一直对系统进行监视并准备在紧急情况时接管系统。

4）具有限制条件的无人驾驶（Level 3）：汽车能够在某个特定的驾驶交通环境下让驾驶员完全不用控制汽车，而且可以自动检测环境的变化以判断是否返回驾驶员驾驶模式，驾驶员无需一直对系统进行监视，可称为“半自动驾驶”。目前，谷歌无人驾驶汽车基本处于这个层次。

5）全工况无人驾驶（Level 4）：该层次系统完全自动控制车辆，全程检测交通环境，能够实现所有的驾驶目标，乘客只需提供目的地或者输入导航信息，在任何时候都不需要乘客对车辆进行操控，可称为“全自动驾驶”或者“无人驾驶”。

10.6.2 自动驾驶汽车

在全球范围内，“智能驾驶”领域群雄并起，传统汽车制造和互联网科技企业都投入到了这场热潮中，谷歌、特斯拉、苹果、优步、百度、奥迪、奔驰、沃尔沃、宝马、腾讯、阿里等都在积极研发，都希望时不时地上个头条成为大众焦点。

全球范围内，该领域的领头羊是谷歌公司和特斯拉公司。

以谷歌自动驾驶汽车为例，在2010年，谷歌公司宣布正在开发自动驾驶汽车，目标是通过改变汽车的基本使用方式，协助预防交通事故，将人们从大量的驾车时间中解放出来，并减少碳排放。到目前为止，谷歌已经申请和获得了多项相关专利。从2009年开始，谷歌自动驾驶汽车在自主模式下已经行驶了120多万英里（1mile = 1609.344m），软件已经知道了许多如何去应对不同情况的方法。

谷歌自动驾驶汽车外部装置的核心是位于车顶的64束激光测距仪，能够提供200ft（1ft = 0.3048m）以内精细的3D地图数据，可以以一个360°的视角从周围环境中获取信息（图10-11所示就是谷歌自动驾驶汽车眼中的世界），并且无人驾驶车会把激光测到的数据和高分辨率的地图相结合，做出不同类型的数据模型以便在自动驾驶过程中躲避障碍物和遵循交通法规。

图10-11　谷歌自动驾驶汽车眼中的世界

谷歌无人车的各种传感器可以检测到远达两个足球场那样范围内的各种各样物体，包括行人、非机动车、机动车、建筑、禽类等，系统用各种各样的图示表示了不同的物体，如其他车辆用紫色标示、骑自行车的人用红色标示等。当信号灯不起作用的时候，它甚至可以识别交警的手势，这是非常了不起的。

安装在前挡风玻璃上的摄像头用于发现障碍物，识别街道标识和交通信号灯。GPS 模块、惯性测量单元以及车轮角度编码器用于监测汽车的位置并保证车辆行驶路线。汽车前后保险杠内安装有 4 个雷达传感器（前方 3 个，后方 1 个），用于测量汽车与前（和前置摄像头一同配合测量）后左右各个物体间的距离。在行进过程中，用导航系统输入路线，当汽车进入未知区域或者需要更新地图时，汽车会以无线方式与谷歌数据中心通信，并使用感应器不断收集地图数据，同时也储存于中央系统，汽车行驶得越多，智能化水平就越高。

图 10-12　特斯拉无人驾驶汽车

相比起谷歌，特斯拉就更厉害了，当其他公司的无人驾驶汽车还在萌芽状态的时候，它已经量产并投入使用了。虽然近些年无人驾驶汽车出了一些事故，但是这并不会阻止智能汽车不断向前发展的脚步。如图 10-12 所示，特斯拉无人驾驶汽车实现 Autopilot 辅助驾驶技术，调用了 12 个超声波传感器，分布在车身周围的 12 个不同的位置，有效地减少司机盲点。

图 10-13　百度奇瑞全电式无人驾驶汽车

图 10-13 所示是百度与奇瑞共同推出的全电式无人驾驶汽车。该车装载了百度 AutoBrain 软件——百度无人驾驶技术核心，有驾驶地图、探测、定位、控制和规划决策等自动化组件。2013 年起，百度就已涉足无人驾驶汽车项目，核心技术是“百度汽车大脑”，包括高精度地图、定位、感知、智能决策与控制四大模块。

10.6.3　智能汽车的软件系统

当前，汽车电子领域基础软件主要应用在两个方面：车辆控制及车载信息娱乐，核心是车辆控制。在车辆控制方面，基础软件架构主要有 AUTOSAR（Automotive Open System Architecture）。AUTOSAR 是由全球汽车制造商、部件供应商及其他电子、半导体和软件系统公司于 2003 年联合推出的一个开放的、标准化的软件架构，专门应用于汽车电子领域。该架构可以实现应用程序和基础模块之间的分离，从而优化整个软件的开发流程，有利于车辆电子系统软件的交换与升级。满足 AUTOSAR 架构的基础软件，具有可移植、可扩展、高实时、高可靠、满足功能安全要求的特点。

1. 部分自动驾驶级别的基础软件

部分自动驾驶实现特定场景下的自动驾驶，如全自动泊车、紧急制动、超级巡航，自动变道等功能。其主要运用前视摄像头、超声波雷达、环视摄像头等传感器，这些传感器具有信息处理能力，能够完成对周围环境的感知和识别，将识别后的数据通过网络传输至智能控制系统；智能车综合控制系统通过对传感器信息的有限融合，完成对动力总成控制系统、转向控制系统、车身控制系统的协调控制，实现特定场景下的自动驾驶功能。系统架构如图 10-14 所示。

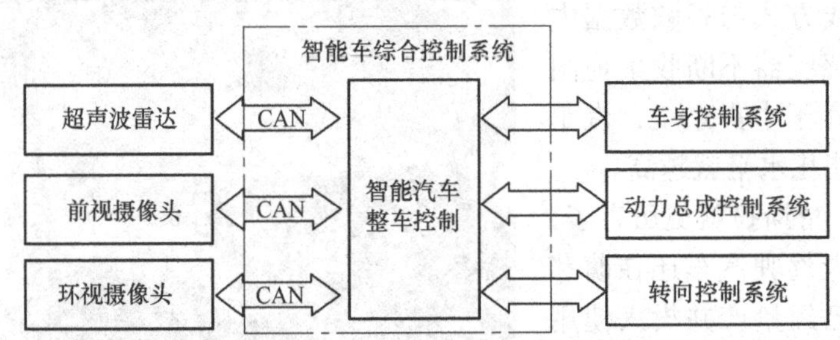

图 10-14 部分自动驾驶级别系统架构

智能车综合控制系统实现自动驾驶功能，有如下要求：

1）在自动驾驶过程中需要对整车进行控制，人只进行有限的干预，自动驾驶过程中为了避免对人的伤害，要求较高的功能安全等级。

2）智能车综合控制系统需要较高的实时性，以满足对车内各控制系统的实时控制。

3）传感器的数量并不多，且感知信息的处理和目标识别无须智能车综合系统参与，对数据融合的计算要求有限，对处理器要求并不高。

汽车电子控制领域的 AUTOSAR 基础软件框架能够满足该系统的这些要求。AUTOSAR4.0 以上版本对功能安全有相关支持，能够实现较高的功能安全要求；AUTOSAR 基于多核微控制单元（Microcontroller Unit，MCU）的实时操作系统能够满足对整车的实时控制要求；目前多核高端车控 MCU 能够支撑这个级别的感知信息融合的计算量。AUTOSAR 架构对车控有着完整的支持，具有完备的 CAN 总线，有完整的协议栈。通过 CAN 总线可以将传感器目标信息传入智能车综合控制器，由 AUTOSAR 通信服务组件完成对不同类型传感器信息的解释，形成传感器解释层，支撑应用程序对目标的判断及融合，如图 10-15所示。

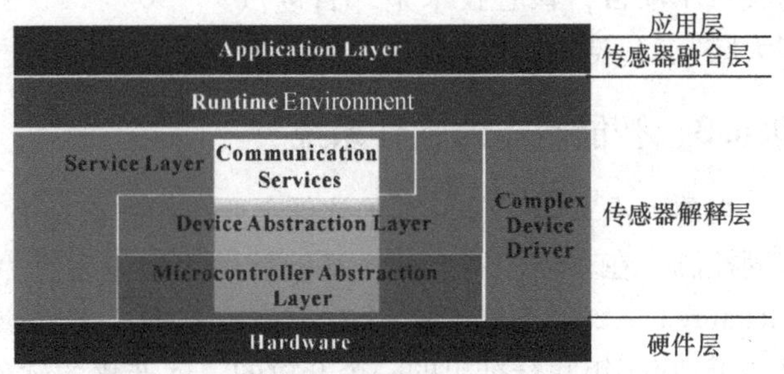

图 10-15 部分自动驾驶级别基础软件方案

这种方案对原有电子电气架构的影响较小，与整车控制器的开发类似，能够迅速实现这个级别的自动驾驶功能要求。但是由于车控 MCU 的性能毕竟有限，无法处理更大的计算量以及管理大存储器，导致无法实现更复杂的处理及应用。

2. 高度自动驾驶级别的基础软件

高度自动驾驶级别应用场景会更加复杂，除了部分自动驾驶级别已实现的功能，自动化更高的功能将被实现，如高速公路长时托管、运行轨迹规划等。这就要求智能车综合管理系统能够处理更多的输入信息，保证对整车智能化控制的需要。在环境感知方面，除了要采用前视摄像头、超声波雷达、环视摄像头等传感器外，毫米波雷达、激光雷达等传感器的数据将会被处理。同时，网联信息会被考虑，GPS 以及 V2X 等数据信息也将参与数据融合。高度自动驾驶级别对输入信息的各种计算处理以及数据融合任务量会变得非常大，部分驾驶级别的系统架构无法满足对数据处理的需要。为应对这样的需求，高度自动驾驶级别的智能车综合控制系统架构如图 10-16 所示。

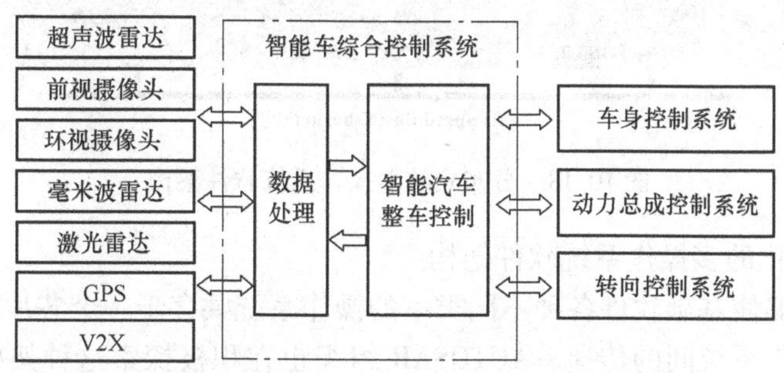

图 10-16　高度自动驾驶级别控制系统架构

整车控制仍然要求基础软件的高实时性及高级别的功能安全，这与上个级别没有区别；数据处理及融合，由于其结果作为整车控制的输入，直接影响自动驾驶决策，所以，数据处理模块也要求实时性，并达到一定的功能安全级别；更精细的实时地图构建、历史数据存储等要求基础软件管理更大的内存，基础软件中必须有文件系统的支持。根据以上分析，对于车辆的控制仍采用车控基础软件 AUTOSAR 框架，可满足对于车辆控制的高实时性和安全性；对于数据处理应采用 VxWorks、QNX 等具有文件系统的实时操作系统框架进行开发，以满足系统对实时计算及存储的要求。高度自动驾驶级别基础软件方案如图 10-17 所示。

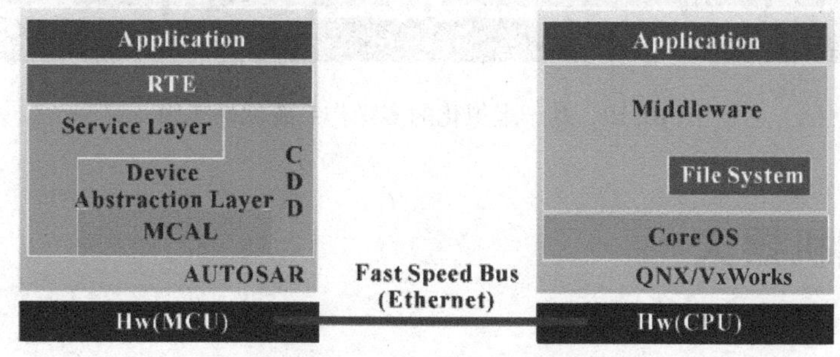

图 10-17　高度自动驾驶级别基础软件方案

3. 未来趋势展望

随着汽车智能化、信息程度的不断提高，智能、网联、信息娱乐的深度交互是必然的趋势，由于各种应用的特点不同，系统中存在不同基础软件的协同工作也是必然的。这里推测两种未来可能的架构方向。

（1）分布式的多操作系统软件架构

基于高速数据总线建立一体化的基础软件平台，同时满足控制、功能安全、数据处理、信息娱乐的要求。在高速总线通信技术的支撑之下，各控制器功能在空间上相对独立，信息通过高速总线交互。如图 10-18 所示，通过中间件技术向应用层提供统一的数据接口，不同类型特点的系统处理后的数据可以被整个系统访问，形成更为复杂的嵌入式软件架构。

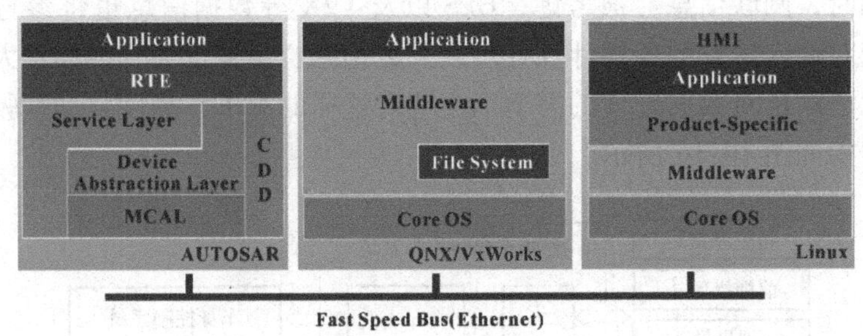

图 10-18　分布式的多操作系统软件架构

（2）基于虚拟化的多操作系统软件架构

虚拟化技术能够使基础软件各种不同类型的操作系统共存于一个芯片之中，通过虚拟机完成数据在不同操作系统间的传递。AUTOSAR 组织也在积极探索这种架构。采用虚拟机的软件架构有利于基础软件的平台化开发，同时由于控制器数量减少，可以大大降低电子电气的开发成本，其软件架构如图 10-19 所示。由于不同类型的应用要求的安全等级并不相同，虚拟机应保证各系统的充分隔离，同时也要解决虚拟机的效率问题。

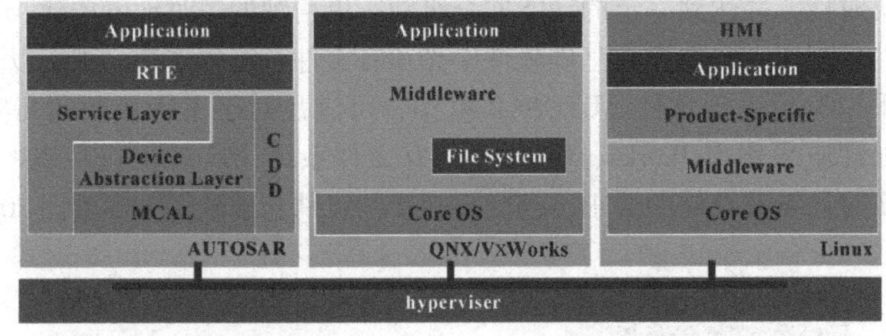

图 10-19　基于虚拟化的多操作系统软件架构

10.7　脑控机器人

10.7.1　脑控技术概念

随着国内外脑-机接口技术的不断发展，脑控技术这一新概念应运而生。根据被控对象的不同，笔者将脑控技术的概念进一步拓展为正问题——“脑控”与反问题——“控脑”两大技术内涵。“脑控”是以脑-机接口技术为基础，通过提取人或动物的脑皮层产生的脑电波（Electroencephalogram，EEG）信号，来推测大脑的思维活动，并将之翻译成相应的命令来控制外围的计算机或其他机电设备，以实现对人或动物的外围设备的意念控制，其系统模型如图 10-20 所示。“控脑”是以动物，如狗、袋鼠或猴子等为控制对象，采用侵入式脑-机接口技术，即通过对动物头部植入微电极，并利用计算机遥控实现对该电极产生电刺激，以产生相应电信号来取代动物脑部部分神经作用，从而实现对动物的意图控制，使动物按照人的意图完成相应的动作，其系统模型如图 10-21 所示。

意念、想法
意念驱动控制
电子设备
无线接口
微计算机
无线接口
脑电帽
放大器
被控对象
信号处理与识别
驱动控制
图 10-20 “脑控”系统模型

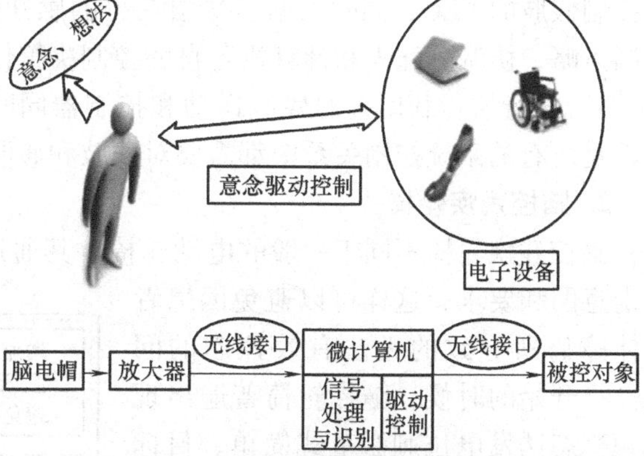

脑控技术属于认知科学的研究范畴，而且是偏向于应用的那部分。认知科学的目的在于揭示大脑智能的本质，相关研究已经成为当前科学界，特别是生命科学界的最前沿。21 世纪被许多科学家称为“生命科学、脑科学的百年”，未来战场上，脑控枪、脑控车都可以得到很重要的应用。

近几年，脑科学与认知科学研究取得了突破性进展，欧、美、日相继启动各种人脑计划，中国也将全面启动自己的脑科学计划。“中国脑计划”已经获得国务院批示，并列为“事关我国未来发展的重大科技项目”之一，将从认识脑、保护脑和模拟脑三个方向启动，全面推动脑科学的基础研究与应用研究，抢占新一轮产业革命制高点。

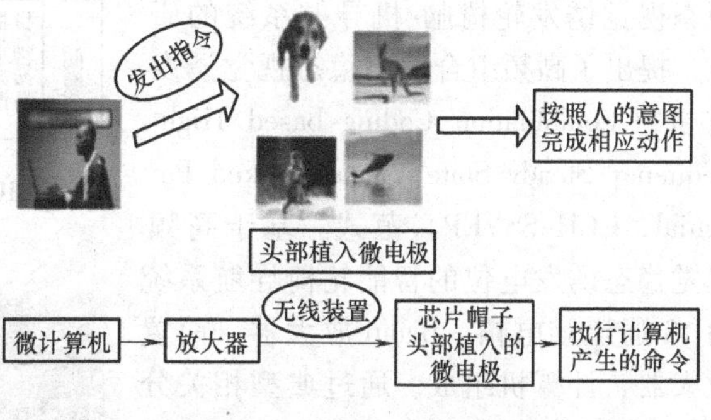

发出指令
按照人的意图完成相应动作
头部植入微电极
无线装置
微计算机
放大器
芯片帽子头部植入的微电极
执行计算机产生的命令
图 10-21 “控脑”系统模型

10.7.2 脑控机器人产品

在检测、识别技术日趋成熟的基础上，脑控技术已逐渐用于机器人的控制研究中，形成了如脑控智能假肢、脑控残疾轮椅、外骨骼机器人的智能感知与控制技术等新的研究领域。

1. 脑控智能假肢

近年来，随着脑控技术的发展，脑控智能假肢逐渐成为智能假肢研究领域的热点，尤其是生物医学工程、计算机技术、微电子技术的发展与成熟，促进着脑控智能假肢技术不断取得突破。脑控智能假肢因其适用性广、操作使用方便、人机交互能力强等优点，越来越得到相关领域研究人员的青睐。

首先来看大脑和人手之间的控制原理。人手的运动是神经传导通路把大脑皮层躯体运动区产生的不同时间和空间的神经冲动进行整合、传递的神经传导过程。躯体运动的神经传导通路主要由中枢神经系统（即大脑皮层）、次级中枢神经系统、周围神经系统、肌电信号及手部肌肉动作组成。

根据人机协同控制理论，结合上述人手运动过程的脑控机理模型与智能假肢控制任务需求，在脑控智能假肢控制系统中可以实现人与计算机的协同合作。脑控智能假肢人机协同控制系统模型由感知层、决策层和执行层组成。

1）感知层：通过人的感知器官与多传感器，感知分析三维空间下人—计算机—环境的状态信息。通过人的体征参数、假肢状态参数以及环境信息参数，依赖多传感器信息融合技术，评估假肢的实时状态。

2）决策层：借助实验室现有研究成果——表情驱动脑控方法，使用者根据自身意愿产生控制假肢的EEG，同时根据感知层获得的感知信息，确定假肢的整体动作状态及相应的控制策略，协调分配人和计算机各自的控制决策任务。

3）执行层：利用人的残肢运动和控制器同时控制，实现假肢的连续动作控制。此外，并不是所有的系统控制关系中都需要对残肢和假肢进行同时控制，将视情况而定。

2. 脑控残疾轮椅

脑控残疾轮椅不同于一般的电动轮椅，其通过提取患者的EEG特征信号来判断患者的行走意图和要求，这样可以避免因患者肢体障碍所导致的无法有效控制的问题。一开始的时候，脑控轮椅普遍出现低频稳态诱发电位刺激范式简单、目标数目少、稳定性差、识别率低等问题。后来，研究人员开展了基于BCI2000的稳态视觉诱发轮椅脑-机导航系统的研究，提出了高频组合编码稳态视觉诱发电位（Combination Coding-based High-frequency Steady State Visual Evoked Potential，CCH-SSVEP）范式。基于高频视觉稳态诱发电位的智能轮椅导航系统由13通道脑电帽、Bamp放大器、前置放大器、计算机组成，通过典型相关分析算法，成功地实现了轮椅的方向移动。该系统具有操作简单、传输速率高、抗疲劳等显著优势，其CCH-SSVEP脑控残疾轮椅的技术方案和工作场景分别如图10-22和图10-23所示。

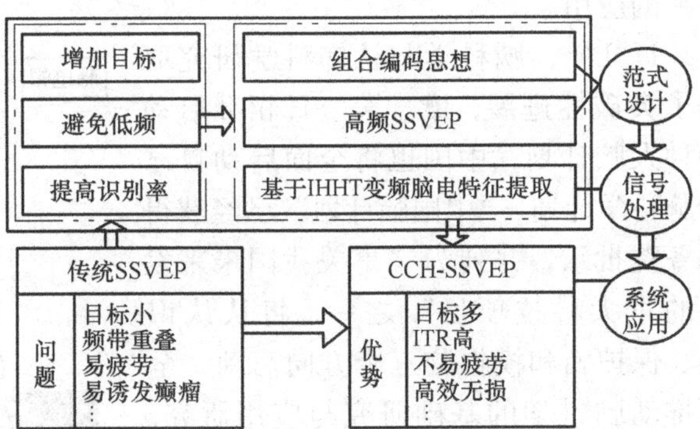

图10-22　CCH-SSVEP脑控残疾轮椅技术方案

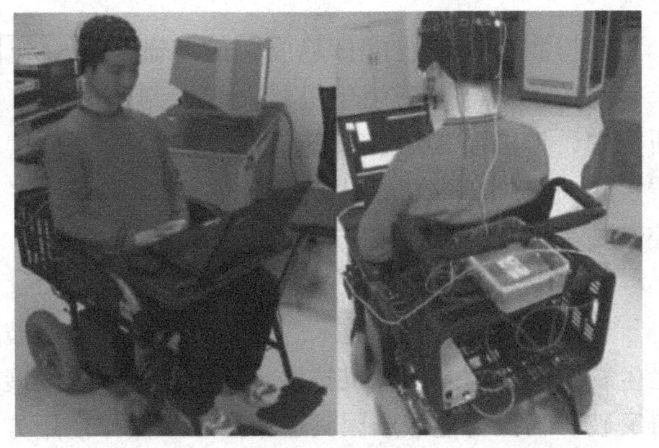

图10-23　脑控残疾轮椅工作场景

3. 外骨骼智能机器人

外骨骼机器人是一种穿戴在操作者身上，融合了传感、控制、信息耦合、移动计算等机器人技术的机械机构。它集支撑、防护和运动增强于一体，通过控制驱动外部机械机构，使其能够以更大的适应能力面对复杂的外界环境和极端的工作条件。它与人体协调配合完成相应的动作，极大地拓展了人们的运动范围，在军事、科考、医用假肢等领域具有广泛的应用前景。一方面，外骨骼可作为单兵作战系统的一个子系统，集交通运输工具、武器、通信系统等于一身，在战场上能以较少的自身能量消耗和较高的身体机动性、耐力、负载荷能力，完成长距离奔袭、伤员运送、装填炮弹等任务，大幅度地提升士兵的作战能力，增强部队的战斗力；另一方面，外骨骼不仅可以作为一种辅助人体改善运动障碍或运动困难的医疗系统，为残疾人、老年人等提供一定程度的支撑、保护并辅助他们完成目标动作，而且还可以作为增强型的助力助行系统，为探险者、矿工等特定人群提供助力，增强运动能力，协助其出色完成任务。

分析外骨骼机器人的关键技术，不难发现，具有预先感知能力的感知技术为其关键所在。当人体具有运动意图的时候，若能够准确识别这个意图，并把这个意图转化为指令，去驱动控制穿戴的外骨骼机器人动作，才能保证真正意义上的人-机耦合，实现人-机同步助力行走。

从结构上来说，外骨骼机器人大致可以分为上肢外骨骼机器人、下肢外骨骼机器人、全身外骨骼机器人（见图 10-24）和各类关节矫正或恢复性训练的关节外骨骼机器人。

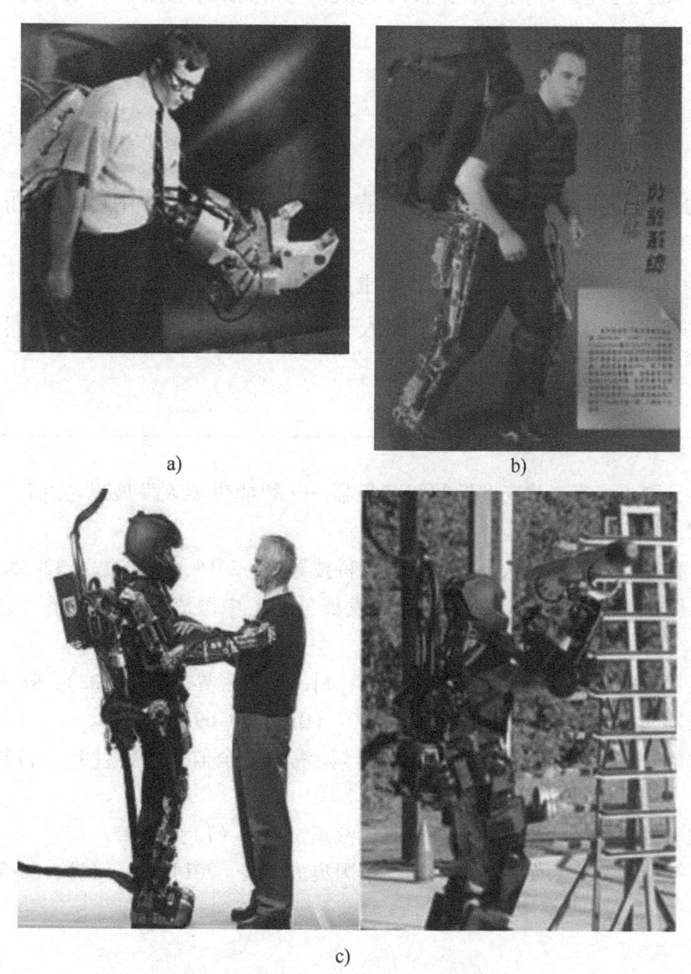

a)　　b)

c)

图 10-24　三种外骨骼机器人

a）上肢外骨骼机器人　b）下肢外骨骼机器人　c）全身外骨骼机器人

从功能上划分，外骨骼装置大致可以分为两种：一种是以辅助和康复治疗为主的外骨骼机器人，如辅助残疾人或老年人行走的外骨骼机器人，还有辅助肢体受损或运动功能部分丧失的患者进行康复治疗和恢复性训练的外骨骼机器人；另一种是以增强正常人力量、速度、负重和耐力等人体机能的增力型外骨骼机器人。近年来，许多国家开展了外骨骼装备的研制，并逐步将其应用于军事作战装备、辅助医疗设备、助力设备等领域，其中美国和日本在外骨骼机器人的研制上取得的成果最为显著。

本章小结

本章概述了机器人智能化研究的多个方面，内容涉及智能机器人的分类、智能机器人的相关技术、智能机器人的研究现状及其广泛应用，如智能机械臂、智能汽车和脑控机器人等。智能汽车作为智能机器人的重要分支，其研究已初具规模。脑控机器人作为脑-机接口技术发展的产物，近几年也取得了突破性的进展。多样性的思路和产品的出现，让机器人的智能化研究展现出更为广阔的前景。

习　题

10.1　你认为未来自动驾驶的发展趋势是什么？如果达到实用可能会面对什么样的技术挑战？

10.2　面对通用人工智能，在道德和法律层面上应该有什么新的约束？

10.3　想象一下 100 年之后，机器人和人工智能的结合会如何影响人们的生活。

参考文献

[1] 王田苗，陈殿生，陶永，等. 改变世界的智能机器——智能机器人发展思考 [J]. 科技导报，2015，33 (21)：16-22.

[2] 任福继，孙晓. 智能机器人的现状及发展 [J]. 科技导报，2015，33 (21)：32-38.

[3] 孟庆春，齐勇，张淑军，等. 智能机器人及其发展 [J]. 中国海洋大学学报（自然科学版），2004 (5)：831-838.

[4] 王晓芳. 智能机器人的现状、应用及其发展趋势 [J]. 科技视界，2015 (33)：98-99.

[5] 董砚秋. 智能机器人概述 [J]. 网络与信息，2007 (07)：68-69.

[6] 翁岳暄. 汽车智能化的道路：智能汽车、自动驾驶汽车安全监管研究 [J]. 科技与法律，2014，6 (4)：632-655.

[7] 吴忠泽. 智能汽车发展的现状与挑战 [J]. 时代汽车，2015 (7)：42-45.

[8] 陈慧，徐建波. 智能汽车技术发展趋势 [J]. 中国集成电路，2014，23 (11)：64-70.